飞机驾驶舱人机智能交互建模理论与设计方法

Modelling Theories and Design Methods for Intelligent
Human-Computer Interaction in Aircraft Cockpits

孙有朝　张　夏　著

科学出版社

北京

内 容 简 介

本书面向飞机驾驶舱人机交互智能化的发展趋势,遵循互补式人机智能交互技术向混合式人机智能交互技术的演进路线,从人机智能交互信息语义建模方法、人机智能交互网络建模方法、多模态人机智能交互设计方法(触控交互、语音交互、体感交互、眼动交互)、人机交互异常行为监测方法、人机交互意图识别方法、人机界面重构与负荷均衡方法、人机演化博弈与智能协作机制等方面,深入论述飞机驾驶舱人机智能交互的基本原理、建模理论、关键技术与设计方法,探讨多通道人机智能交互信息如何组织、多模态人机智能交互生态如何设计、人机系统决策冲突如何消解等问题,创建面向智能交互的飞机驾驶舱人机交互理论、模型与方法体系,为飞机驾驶舱人机智能交互设计、评估、适航验证与审定提供科学依据、理论支撑和解决途径。

本书可供飞机驾驶舱设计、制造、适航验证与审定等相关领域的技术人员使用与参考,也可供人机交互、人机工效等专业的技术人员参考,还可作为高等院校航空航天、民航运输、船舶工程、车辆工程等专业教师、研究生和本科生的教材和参考书。

图书在版编目(CIP)数据

飞机驾驶舱人机智能交互建模理论与设计方法 / 孙有朝,张夏著. -- 北京:科学出版社,2025.6.
ISBN 978-7-03-080569-0

Ⅰ. V223

中国国家版本馆 CIP 数据核字第 2024YG7179 号

责任编辑:胡文治 / 责任校对:谭宏宇
责任印制:黄晓鸣 / 封面设计:义和文创

科 学 出 版 社 出版
北京东黄城根北街 16 号
邮政编码:100717
http://www.sciencep.com

南京展望文化发展有限公司排版
苏州市越洋印刷有限公司印刷
科学出版社发行 各地新华书店经销

*

2025 年 6 月第 一 版   开本:B5(720×1000)
2025 年 6 月第一次印刷   印张:18 3/4
字数:368 000

定价:160.00 元
(如有印装质量问题,我社负责调换)

前　言

　　飞机驾驶舱人机系统是飞行员与飞机信息交互的唯一途径,驾驶舱复杂交互过程不仅影响飞行员的生理、心理和意识活动,而且直接影响着飞行员工作效率和飞机飞行安全。良好的驾驶舱人机交互设计是飞行员顺利完成飞行任务的重要保证,是充分发挥机载系统性能以及飞行员技术水平的关键。航空运输业的快速发展对飞机的飞行性能、安全性、经济性等方面提出了更高要求。通过结构优化、系统集成、冗余设计等手段,飞机的结构、系统复杂程度越来越高,组成和系统逻辑越来越复杂,系统之间的耦合性越来越强。飞机驾驶舱内的人机交互活动呈现出信息量大、交互节点多、交互过程复杂、即时性要求高,以及界面构型和交互模式单一等特点,使得驾驶舱人机系统的数据处理和事务调度变得越来越复杂,极易导致飞行员认知负荷失衡、情景意识丧失,由驾驶舱人机交互所导致的飞行事故或事故征候不断增加。

　　近年来,信息技术与智能控制技术的快速发展,推动了飞机驾驶舱人机智能交互技术的应用落地。借助人工智能与大数据的融合,采用大尺寸触摸屏、语音交互、体感交互、眼动跟踪、生物识别等新兴交互方式进行多通道智能交互,已成为飞机驾驶舱人机系统发展的必然趋势。目前,Rockwell Collins、Garmin、Thales、Barco、Honeywell 等国外航电系统供应商,已将触摸屏引入至波音 B777X、空客 A350XWB、湾流 G500/G600 等多个型号飞机的驾驶舱中,综合集成了飞行显示、飞行规划、机载系统控制等操控功能;欧洲的台风战斗机、美国的 F‐35 战斗机驾驶舱已经装备了先进的语音/触摸输入管理系统,利用直接语音输入和触摸控制有效降低了飞行员的工作量,但这一技术尚未应用于飞机驾驶舱;中国商飞在自主研发的 C919 大型客机驾驶舱中采用大屏幕显示,此外在中国商飞大型飞机未来智能驾驶舱的概念设计方案中,也已将触控和语音交互等作为主要的人机交互方式。引入了触控、语音、体感等新型智能交互技术的飞机驾驶舱人机系统,具有多通道高效交互、人机界面可重构、动态人机功能分配、人机协同决策等优势,但同时其多通道人机智能交互信息认知适配机理、驾驶舱人机协同的耦合作用机制、人机智能交互安全风险的影响机理尚未明确,亟须建立支撑适航审定的飞机驾驶舱人机智能交互安全风险评估技术与方法体系,为飞机驾驶舱人机智能交互安全风险评估和适航审定提供科学依据、理论支撑和解决途径。

本书面向飞机驾驶舱人机交互智能化的发展趋势,遵循互补式人机智能交互技术向混合式人机智能交互技术的演进路线,从人机智能交互信息语义建模方法、人机智能交互网络建模方法、多模态人机智能交互设计方法(触控交互、语音交互、体感交互、眼动交互)、人机交互异常行为监测方法、人机交互意图识别方法、人机界面重构与负荷均衡方法、人机演化博弈与智能协作机制等方面,深入论述飞机驾驶舱人机智能交互的基本原理、建模理论、关键技术与设计方法,探讨多通道人机智能交互信息如何组织、多模态人机智能交互生态如何设计、人机系统决策冲突如何消解等问题,创建面向智能交互的飞机驾驶舱人机交互理论、模型与方法体系,为飞机驾驶舱人机智能交互设计、评估、适航验证与审定提供科学依据、理论支撑和解决途径。本书是作者在从事飞机驾驶舱人机智能交互理论、方法、工程和技术应用的科学研究工作基础上,经过提炼与整理完成的,全面阐述了飞机驾驶舱人机智能交互建模与设计的理论、方法、工程及应用,强调基本理论与技术的系统性、融合性与前瞻性,反映了飞机驾驶舱人机智能交互研究前沿的最新理论与方法,丰富和充实了已有的人机智能交互设计理论与技术体系。

感谢国家自然科学基金(U2033202、U1333119、52172387)、国家科技重大专项、国防基础科研计划、国防技术基础、中国民航局科技计划等项目给予的资助。感谢中国民用航空局民航飞机机载系统适航工程技术研究中心和南京航空航天大学可靠性与适航技术研究中心吴红兰、王强老师所做的相关工作,研究生吴仇颀、吴薇、李瑞航、刘豪、晏传奇、乔璐、江佳运、吴浩然、王深深(按章节先后顺序)提供了相关支持,同时书中也参考了国内外专家、学者的相关科技论文和著作,在此一并致以诚挚的谢意。

由于作者水平、经验及时间所限,书中难免存在不足之处,敬请广大读者批评指正。

作者

2024 年 12 月

目　　录

上篇　互补式人机智能交互技术

下篇　混合式人机智能交互技术

第1章
绪　论

1.1　引言

　　飞机驾驶舱是飞行员执行任务的主要场所,舱内集成了供飞行任务所需的所有人机交互设备。在人机交互过程中,飞行员与机载系统之间形成的互相依赖、互相约束关系很大程度上影响着任务绩效[1-2],飞机驾驶舱人机交互设计水平的高低是飞行员能否安全、高效完成飞行任务的基础和关键。从技术水平上看,军机驾驶舱人机系统的发展整体上领先于民机驾驶舱人机系统,军机驾驶舱人机系统的设计更关注于提高飞行员工作效率和发挥飞机性能水平,而民机驾驶舱人机系统的设计以安全性为核心目标,任何新颖的技术必须在成熟发展并充分满足适航要求之后才能体现在民机驾驶舱人机系统的设计中。因此,先进显示控制技术往往优先在军机驾驶舱人机系统中得到应用。

　　迄今为止,军机驾驶舱的发展大致可划分为六个阶段。第一次世界大战期间,典型战斗机驾驶舱布局与当时的汽车、火车驾驶舱室布局类似,控制面板上只装备了简单的刻度盘和指示器,方向舵脚蹬、中央驾驶杆和左手油门杆为主要的飞行控制设备。到了第二次世界大战时期,战斗机普遍采用了封闭式增压驾驶舱设计,飞行仪表可指示飞机飞行状态、发动机温度和压力等重要信息,飞行员也可通过多种辅助控制设备来操纵飞机[3]。20世纪60年代,战斗机驾驶舱仪表板上装备了飞行姿态、马赫数、发动机、无线电通信、无线电信标导航、告警、雷达等显示装置,此外还出现了显示雷达波探测物体的阴极射线管(cathode ray tube, CRT)显示器。20世纪70年代,典型战斗机驾驶舱前仪表板上安装了CRT显示器、平视显示器及大量的机电指示仪,通过操纵台和仪表控制板上的按钮,飞行员可控制新引入的导航、通信和武器瞄准计算机系统[4]。20世纪80年代后期,随着计算机技术的快速发展,机载系统全面采用了数字化电子控制技术,推动了玻璃化驾驶舱的出现[5],最有代表性的特征为三块多功能显示器布局,综合、有序、简洁的显控方式为飞行员提供了大量战术、地图、机电系统的状态信息,飞行员得以通过按键、开关、旋钮等实体与机载系统进行交互。21世纪以来,以F-35为代表的新一代战斗机的驾驶舱充分采用了最新技术成果,"简约"成为驾驶舱设计的最大亮点,大屏幕多功能显示器取代了多显示器,飞行员可以直接通过触控的方式调整信息显示方式和布局;此外,语音控制系统取代了大量的键盘输入工作,头盔综合显示器完全替代了平视显示器,飞行员得以将注意力放在战术运用而非烦琐的交互操作上。

　　民机驾驶舱和军机驾驶舱在早期的发展上区别有限。第一次世界大战前后的民机驾驶舱内也集成了简单的机械式仪表,包括气压高度表、空速表、磁罗盘、发动机转速表等,飞行员通过机械式操纵装置进行飞机控制。在第二次世界大战前后逐步发展起来的无线电导航、仪表着陆系统、飞行指引仪表系统等技术实现了飞行员与飞机之间的多层面信息交互,驾驶舱仪表面板逐步向集成化、综合化发展。与军机驾驶舱一致,20 世纪 70~80 年代,电子信息技术的进步推动了民机玻璃驾驶舱的发展,多电子显示单元、系统仪表在驾驶舱显控面板上集成,电子姿态指引仪(electronic attitude director indicator, EADI)和电子水平状态指示器(electronic horizontal situation indicator, EHSI)出现并组成综合电子飞行仪表系统(electronic flight instrument system, EFIS);与此同时,按键、开关、旋钮等机械控制方式也未被完全摒弃[6]。到了以 B787、A380 为代表的民机驾驶舱,电子显示屏进一步向大屏化发展,并通过增强显示的方式提高了信息显示的维度与综合度,同时飞行员得以通过光标与飞机进行计算机式的人机交互,平视显示器的应用也使飞行员可同时观察窗外情况和飞行信息,驾驶舱的整体设计充分体现了新技术与飞行员需求的融合[7-8]。美国国家航空航天局(National Aeronautics and Space Administration, NASA)在智能驾驶舱集成技术(integrated intelligent flight deck technologies, IIFDT)和自然驾驶舱(naturalistic flight deck, NFD)系统项目中,提出将先进人机交互与显示控制技术作为下一代驾驶舱的重点研发方向[9-10]。融合触控、语音、眼动、体感等多通道智能交互方式,已成为民机驾驶舱人机系统发展的必然趋势。

　　另一方面,航空运输业的快速发展,对民机安全性、经济性、舒适性等提出了更高要求,通过结构优化、系统集成、冗余设计、新技术应用等手段,飞机综合性能持续提升,驾驶舱设计的新颖性、复杂性和集成性也越来越高。民机驾驶舱人机交互呈现出信息容量大、交互节点多、交互模式单一、交互过程复杂、即时性要求高等特点,极易引发飞行员认知负荷失衡、情景意识丧失、人为差错频发等问题,由驾驶舱人机交互所导致的飞行事故和事故征候不断增加。综合国际航空运输协会(International Air Transport Association, IATA)、国际民航组织(International Civil Aviation Organization, ICAO)、波音公司、空客公司等组织机构近年来关于航空事故的统计数据[11-14],民机驾驶舱人为因素问题关联的事故数量超过了事故总数的 60%,已成为导致航空飞行事故最主要的原因之一。

　　民机驾驶舱人机交互导致的风险问题易发、高发,是民机安全性评估与适航审定的重点和难点。为确保民机的设计、制造和运行能够满足必需的安全水平,世界各国或相关国际组织及机构,对民机运行提出了一系列的适航审定要求。在美国联邦航空管理局(Federal Aviation Administration, FAA)和欧洲航空安全局(European Union Aviation Safety Agency, EASA)最新发布的适航规章中,涉及运输类民机驾驶舱人机交互问题的专用适航条款是 25.1302。20 世纪 90 年代,FAA 和EASA 针对驾驶舱人为因素问题联合成立了协调工作组。2007 年,EASA 在其适航标准第三次修订时正式增加 CS 25.1302 条款。2013 年,FAA 在第 137 号修正案中正式增加 FAR 25.1302 条款,并同时发布了咨询通告 AC 25.1302 - 1。在此之前,各国适航规章中的相关条款仅对驾驶舱特定机载设备和系统的设计进行了规定,没有针对驾驶舱人机交互问题给出防止和处理人为差错的相关适航条款。25.1302 条款不仅包含了驾驶舱功能与飞行任务相匹配的设计要求,还规定了在驾驶舱中引入新技术之后,应从设计上防止和处理机组差错等人为因素问题的要求。目前,中国民用航空规章运输类飞机适航标准 CCAR - 25 - R4 中尚未引入人为因素专用条款 25.1302。在国内民机型号中,已投入航线运营的 ARJ21 支线客机未针对 25.1302 条款进行适航符合性验证,而在 C919 大型客机的适航取证中已增加了人为因素适航符合性的验证工作[15],但尚未针对 25.1302 条款形成体系化的适航符合性验证理论、方法与程序。

新颖性(novelty)、复杂性(complexity)和集成性(integration)是现代飞机驾驶舱系统最显著的特征,同时也是驾驶舱适航性设计、评估、验证与审定重点关注的因素。近年来,在信息技术与智能控制技术快速发展的背景下,借助于人工智能与大数据的融合,采用超宽超大触摸显示,基于语音控制、眼动追踪、体感交互等新兴多通道人机智能交互方式,引入态势感知、虚拟现实等增强显示技术,逐步提高飞行员与机载系统之间的自然交互程度以降低安全风险,已成为驾驶舱人机系统发展的迫切趋势。目前,航电系统供应商 Rockwell Collins、Garmin、Thales、Barco、Honeywell 等已将触摸屏引入至波音 B777X、空客 A350XWB、湾流 G500/G600 等多个型号民机驾驶舱中,综合集成了飞行显示、飞行规划、机载系统控制等操控功能;欧洲的台风战斗机、美国的 F - 35 战斗机驾驶舱已经装备了先进的语音/触摸输入管理系统,利用直接语音输入和触摸控制有效降低了飞行员的工作量,但这一技术尚未应用于民机驾驶舱;在中国商飞大型民机未来智能驾驶舱的概念方案中,已将触控和语音交互等作为主要的人机交互方式。波音 B777X、空客 A350XWB、湾流G500/G600 等民机已引入的触控交互,在一定程度上提升了驾驶舱智能化水平,但交互通道仍较单一。

触控、语音、眼动、体感等多通道人机智能交互方式的引入,推动了飞机驾驶舱人机交互向智能、高效、简洁的方向发展,良好的人机智能交互设计有利于均衡飞行员任务负荷、维持飞行员情境意识,高效的人机协作机制有利于减少机组人为差错、提升飞行安全水平。融合应用人机智能交互技术的飞机驾驶舱,具有交互通道

多样化、功能分配动态化、人机决策协同化等优势,但同时也为人机协作与适航验证带来了新的挑战,主要包括:

(1)人机智能交互技术体系如何构建,主要体现在目前尚未对飞机智能驾驶舱的概念定义达成广泛共识,尚未建立飞机驾驶舱人机智能交互技术体系架构。

(2)人机智能交互信息如何组织,主要体现在多通道人机智能交互信息呈现出巨量、多维、强耦合等特点,尚未形成系统化、规范化的技术解决途径。

(3)人机系统决策冲突如何消解,主要体现在传统的飞机驾驶舱人机功能分配模式无法实现自适应协作,在智能驾驶舱背景下,智能交互元素具有网络化传输、协同化决策等特点,智能交互事务具有结构非线性、逻辑复杂性等特质,人机系统如何通过自适应协作的方式提高综合效能尚不清晰。

(4)人机智能交互综合效能评估理论方法体系如何构建,主要体现在缺乏支撑人机智能交互综合效能评估的理论方法,如何量化飞机智能驾驶舱的运行品质尚不明确。

2016年,国务院发布的《“十三五”国家科技创新规划》指出:深入实施包括大型飞机在内的国家科技重大专项,开展民机适航审定关键技术研究;发展航空运输技术与装备,开展未来民机产品概念方案论证研究,突破先进航电等技术,为提高民机产品竞争力提供支撑;大力发展安全智能的新一代信息技术,促进信息技术向各行业广泛渗透与深度融合;发展智能交互技术,构建智能交互的理论体系,突破自然交互、生理计算、情感表达等核心关键技术,形成智能交互的共性基础软硬件平台,提升智能交互在设备和系统方面的原始创新能力,并在关键行业形成示范应用,推动人机交互领域研究和应用达到国际先进水平。2017年,国务院发布的《新一代人工智能发展规划》指出:新一代人工智能关键共性技术的研发部署要以提升感知识别、知识计算、认知推理、运动执行、人机交互能力为重点,形成开放兼容、稳定成熟的技术体系。2022年,交通运输部和科学技术部联合发布的《交通领域科技创新中长期发展规划纲要(2021—2035年)》指出:加快大型民用飞机、重型直升机、智能化通用航空器等研发,推动完善民用飞机产品谱系化;突破航空器自主适航审定、航空运输广域协同共享与安全可靠服务等技术;发展智慧民航技术,突破有人/无人驾驶航空器融合运行、民航运行多要素透彻感知、宽带移动通信、空地泛在互联、智能融合应用等新一代智慧民航技术。2024年,工业和信息化部、中央网络安全和信息化委员会办公室、国家发展和改革委员会、国家标准化管理委员会联合发布的《国家人工智能产业综合标准化体系建设指南(2024版)》指出:围绕装备行业,研制智能装备感知、交互、控制、协作、自主决策等标准;规范多通道、多模式和多维度的交互途径、模式、方法和技术要求。

结合国家科技创新战略方向,本书面向飞机驾驶舱人机交互智能化发展的迫切需求,遵循互补式人机智能交互技术向混合式人机智能交互技术的演进路线,深入论述飞机驾驶舱人机智能交互技术总体框架,包括基本原理、建模理论、关键技术与设计方法,如图 1.1 所示。本书定义的互补式人机智能交互技术,旨在通过触控交互、语音交互、体感交互、眼动交互等更加自然的交互方式,为飞行员提供多通道并用、多模态共存的交互选择,第 2 章~第 7 章将详细介绍多模态交互设计与评估方法;本书定义的混合式人机智能交互技术,旨在充分发挥机器智能和人类智能的融合优势,创建人与人工智能和谐共生的人机协同生态,第 8 章~第 11 章将重点论述行为监测、意图识别、界面重构、人机博弈等原理机制与实现方法。本书重点解决多通道人机智能交互信息如何组织、多模态人机智能交互生态如何设计、人机系统决策冲突如何消解的问题,创建面向智能交互的飞机驾驶舱人机交互理论、模型与方法体系,为飞机驾驶舱人机智能交互设计与适航验证提供理论基础和科学依据。

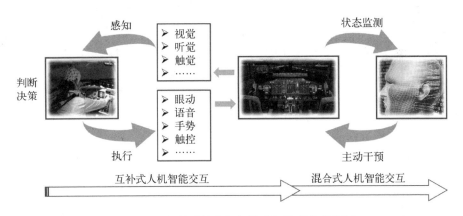

图 1.1 飞机驾驶舱人机智能交互技术总体框架

1.2 国内外技术发展现状

1.2.1 多模态交互理论与方法

人机智能交互的基础是人机系统知识化,包括知识获取、知识表示、知识推理等,其研究目标是挖掘和抽取人类思维模式,并用一种特定形式加以表示,使之成为计算机可操作的对象,从而使计算机具备一定的人类智能。智能交互系统的设计基础是人机智能交互理论与方法,目前研究中重点关注的智能交互方式包括触控交互、语音交互、眼动追踪、体感交互等[16],其中触控交互技术和语音交互技术在航空领域内的研究较为成熟,已成功应用到了 F‑35、B777X、A350XWB 等机型的驾驶舱中。智能交互系统的发展体现在信息输入/输出设备、操作反馈方式、界面可视化方法、人机协同程度等方面[17],随着人机交互和人工智能(artificial intelligence，AI)技术的进一步发展,混合现实交互、脑机交互、人-AI交互等智能交互技术正成为新一代智能交互系统最新颖的设计特征[18-20],但如何确保人-AI交互技术的安全性仍不明确[21],目前尚未应用于飞机驾驶舱复杂人机系统的设计中。

在触控交互理论与技术方面,触控交互经历了从电阻式触屏到红外式触屏、从手持式触屏到大尺寸触屏、从传统的单点触屏到多点触屏的发展过程,美国贝尔实验室、卡内基梅隆大学交互系统实验室、斯坦福大学人工智能研究中心等都在此领域进行了广泛的研究[22-24],工效学研究成果表明,双手直接触控与传统输入方式(鼠标、键盘等)的作业绩效(时间、错误率等)相比有着显著的优势[25]。触控交互技术为飞机驾驶舱显示和控制方式带来了多方面的改变[26],主要体现在:① 对于飞行员而言,触控交互的方式降低了其信息加工的难度,更容易实现手眼协调;② 对于驾驶舱设计而言,软件选择方面有了更多的灵活性,且由于无须为传统机械式输入设备规划工作空间,驾驶舱空间布局可得到进一步优化。触控交互技术在飞机驾驶舱中的发展仍存在局限性,需要重点关注的人为因素问题包括:① 触摸屏必须安装在驾驶舱内的特定位置,需适应检修和工作姿势的要求,如果触摸屏没有安装到飞行员的操作舒适区域之内,可能会引起飞行员肌肉疲劳和骨骼疾病,从而降低飞行任务绩效;② 飞行振动、触摸屏安装位置、触控图标尺寸大小等因素,均会导致飞行员在触控交互中发生误操作[27],触控交互编码应进行防差错设计,关键触控功能应有传统机械式组件的备份。

在语音交互理论与技术研究方面,深度学习理论的发展促使语音交互取得了重要突破,以微软提出的深度神经网络模型[28-29]为代表的新一代语音交互技术取代了沿用数十年的隐马尔可夫-混合高斯模型[30],以反馈神经网络[31]为代表的建模方法也获得了比传统 n - gram 方法[32]更好的效果。在智能驾驶舱的概念架构中,语音控制作为驾驶舱交互模式的组成部分之一,通过识别飞行员的特定指令词汇,可用于激活特定飞行管理或飞行控制功能,包括启用菜单中的选择、标记、缩放、锁定等选项[33]。使用语音识别技术的优势主要体现在:① 可使飞行员在保持抬头姿态时能够完成更多操作,从而减少其观察驾驶舱内部情况的频次和时长,提升飞行任务绩效[34];② 相对于键盘输入,语音控制技术能够使飞行员更加集中注意力在当前的任务上,有利于减少操作上的失误;③ 在完成相同任务时,语音控制方式需要的输入指令更少,可有效降低任务整体操作时间[35]。已有研究基于模拟器试验的方式,提出了适合采用语音控制的任务类型,包括数据输入、显示管理、握杆操纵、机组协助等,并指出了语音控制技术的完善方向,包括语法设计灵活性、语音识别性能稳定性、人机功能重分配等方面[36]。此外,考虑到语音交互的人为因素问题,该技术主要应完善和发展的研究方向包括:① 需提供适当的反馈方式来维持飞行员的情境意识;② 采用有限状态图对系统进程进行表征[37];③ 需提供结构化的方法对语音交互的语义和语法进行设计。

　　在眼动追踪理论与技术研究方面,目前研究关注的重点是对头部转动和眼球转动的精确捕捉和计算,涉及的核心算法主要包括:基于面部和眼部特征的图像识别算法[38]、基于红外特征的识别算法[39]、基于眼电信号的视线识别算法[40]及基于关键点的识别算法[41],但该技术的实现受光线环境、视野范围、跟踪精度等要素所限,对传感设备有极大的依赖性。已有大量的研究表明,飞行员认知状态与眼球运动之间存在着密切联系,眼动数据可以反映飞行员的专业技能、心理负荷、情境意识等关键信息[42]。眼球运动特征捕捉技术可集成于飞行员眼动追踪系统中[43],该系统建立在飞行模拟器试验获得的大量眼动追踪记录之上,可实时监控与评估飞行员的注意力状态。基于眼动追踪技术可评估新型驾驶舱显示控制设备的可用性,通过定量分析可建立基于眼动反馈的启发式交互机制,从而为飞行员提供辅助的信息输入方式[44-45]。现阶段,在飞机驾驶舱内实现眼动辅助操作仍需依托多功能显示器,该技术存在识别精度低、识别范围小、受飞行环境影响大等缺陷,未来研究需重点突破具有高敏感性的飞行员视觉注意信息识别技术,重点显示与任务需求密切相关的信息,实时监控飞行员的任务负荷和情境意识状态,可在跟踪飞行员技能水平、改善飞行训练效果、提高人机交互效率、保证飞行安全等多方面产生积极效应[46]。

　　在体感交互理论与技术研究方面,该技术的核心是对人体运动特征的跟踪和识别,加拿大卡尔加里大学的 Greenberg 等[47]提出了基于面部朝向、移动方向、移动速度等运动信息的空间交互技术,滑铁卢大学的 Haque 等[48]通过检测分析肌电信号实现了手势动作与特定的操作命令相对应,而该技术的发展主要受限于硬件的识别精度和算法的稳定程度[49]。在飞机驾驶舱人机交互环境中,现阶段体感交互的研究重点是飞行员手势动作和头部姿态的识别算法。Li 等[50]设计了基于手势动作控制的虚拟检查表,并通过与传统纸质检查表的实验对比,发现虚拟检查表引起了飞行员更高的工作负荷。Caputo 等[51]基于手势动作跟踪与识别技术,研发了一套飞机模拟驾驶舱系统“XR - Cockpit”,并验证了不同可视化解决方案在虚拟现实和增强现实交互中的有效性。乔体洲等[52]提出了基于特征点的飞行员头部姿态识别方法,采用曲率分析技术有效提高了有遮挡情况下的识别精度,并在虚拟座舱环境中得到了成功应用。周来等[53]建立了图像特征与手势姿态参数之间的映射关系,实现了虚拟手的可视化,并在半虚拟驾驶舱环境中进行了验证。目前,以虚拟环境中复现手势动作和头部姿态为核心的体感交互技术,尚处在模拟驾驶舱平台的验证层面,未在典型机型中得到应用,未来仍需突破的主要技术瓶颈包括:① 在驾驶舱设备遮挡以及振动、眩光等特殊环境干扰下的识别精度问题;② 与现有驾驶舱设备的功能集成问题;③ 采用手势动作控制易诱发负荷失衡的问题。

综上所述,以触控交互、语音交互、眼动追踪、体感交互等为代表的人机智能交互新技术成为推动飞机驾驶舱变革的主要手段,其中触控交互、语音交互等新技术已在部分新型军机驾驶舱中得到了成熟应用(如 F‐35 等),且经过一定的技术积累之后,已部分应用或正尝试应用在更关注安全性的民机驾驶舱中(如 A350XWB、B777X 等)。伴随着以人工智能技术为核心的新工业革命的到来,集成多通道融合、脑机控制、全息显示、自然语言理解、增强现实等人机交互前沿技术的"智能驾驶舱"已成为下一代飞机研制的显著特征。对于智能化发展的驾驶舱人机系统,其交互信息呈现出巨量化、多维化、高耦合化等特点,多通道人机智能交互信息如何耦合作用、多模态人机智能交互如何设计与评估等问题,已成为与飞机驾驶舱人机交互智能化发展并发的关键问题。

1.2.2　人机智能协作关键技术

人机智能协作是人工智能技术发展过程中衍生的重要研究问题,其基础是人机系统的知识化,包括知识获取、知识表示和知识推理等,其研究内容主要包括挖掘和抽取人类思维模式,并用一种特定形式对其加以表示,使之成为计算机可操作的对象,在计算机具备一定的人类智能后,能够使其遵循高效、互补、安全、自适应的行为策略参与人的决策过程。

在人机智能协作建模方法方面,Liang 等[54]提出了人机网络(human-machine networks, HMN)中博弈分析与建模的总体要求,包括稳定性、适用性、有效性、可行性、可扩展性、个体合理性等,同时指出在分析有多个参与者的系统交互行为时,应广泛采用演化博弈(evolutionary game)理论作为新的研究方向。Gabler 等[55]针对工业装配场景中的"人-机器人"协作问题,提出了基于博弈理论纳什均衡条件的人机行为策略选择方法。Hu 等[56]研究了人机协同制造系统的人机性能优化问题,建立了基于随机 Petri 网的人机任务动态分配模型,可模拟受时间和事件驱动的人员疲劳相关连续时间马尔可夫决策过程。Bayrak 等[57]提出了在动态竞争环境下"人-计算机"协作解决复杂问题的决策方法,结合了机器学习中的聚类和顺序学习方法与动态纳什均衡点学习方法,提出了零和博弈的动态解决方案。Zhou 等[58]通过试验研究了不同认知负荷条件对人机协作的影响,指出只有在低认知负荷和足够认知资源的情况下,人对智能系统的信任程度才会增加。Schelble 等[59]研究了不同强化学习算法在博弈场景中对"人-人工智能"合作关系的作用机制,指出了选择合适强化学习算法的重要性。黄宏程等[60]构建了基于博弈的"人-机器人"情感认知模型,通过模拟交互过程中的心理博弈生成最优策略,有效解决了现有人机交互系统存在的情感缺失、参与度不高等问题。许雄锐[61]提出了考虑复杂场景中多个体博弈与演化动力学的网络演化博弈理论,基于零行列式策略研究了群体合作演化机理与个体的博弈行为特性。

人机智能协作最主要的研究方法之一是将协作过程抽象为"人-智能体"或"智能体-智能体"之间的交互过程。Minsky[62]在其著作《心智社会》(*The Society of Mind*)中提出了智能体的概念,认为智能体是只能处理低级事务的小程序,以特别的方式形成社群之后才能产生真正的智能,这种特别的方式包括组成层级结构,依据既定规则展开沟通、学习、记忆、协作等。Ryan 等[63]利用基于智能体的模型研究了舰载无人机控制方式在人机协作环境中的系统级影响,给出了无人机行为参数以及系统设计参数,但未表明舰载环境下的系统特征和各无人机之间交互的方式。Brittain 等[64]提出了基于多智能体的强化学习框架,能够在高密度、随机、动态的航路环境中有效识别和解决飞机之间的冲突问题,为构建自主的空中交通管制系统提供了有效技术解决途径。Stroeve 等[65]基于智能体仿真技术模拟了飞机进近过程中机组在不同技术系统中的表现,但模型偏重于定性描述,机组心理状态模拟结果也仅仅可以反映相对变化趋势。廖守亿等[66]基于智能体方法构建了天战系统仿真模型,并以高层体系架构(high level architecture, HLA)为核心建立了多智能体的协同和通信环境。冯强等[67]提出了基于多智能体的舰载机动态保障模型,提出了可提高多智能体间协商效率的合同网交互机制,为舰载机保障资源动态调度提供了算法支撑。

综上所述,人机智能协作关键技术领域的相关研究侧重点在博弈行为策略、人机作用机制、人机交互体验等方面,通过引入演化动力学理论、强化学习算法以及多属性决策方法,建立了多应用场景的演化博弈规则与人机协作机制。针对基于多智能体的人机智能协作建模与仿真,随着人工智能技术的发展,多智能体系统得以在多种语言环境和算法背景下运行,但这些不同的语言和算法却无法在更高层级上实现相互验证,致使仿真结果有强烈的工具依赖性。在智能化发展的飞机驾驶舱复杂人机系统中,如何用准确的模型来描述人机智能协作行为特点,如何识别与理解人的行为意图,如何动态调整人机接口来更好地适配人的状态需求,是混合人类智能和机器智能以实现人机智能协作的关键问题。

上　篇

互补式人机智能交互技术

第 2 章
基于本体的人机智能交互
信息语义建模方法

2.1 引言

　　飞机驾驶舱人机智能交互信息语义是对交互场景的抽象化描述,交互场景定义了飞行员与驾驶舱人机接口之间的交互关系。在概念上,交互场景不同于任务场景或动作场景,构成任务场景的最小单元是按层级关系划分的底层飞行子任务,而交互场景的设定并不一定以完成某个任务为目的;动作场景以飞行员为中心,飞行员单向的操作控制也可以构成有意义的动作场景,而交互场景描述的是双向的人机关系。本章以飞行员认知行为、系统功能行为、人机交互行为、人机交互情境为约束,定义飞机驾驶舱人机智能交互场景要素。基于本体的形式化描述语言,以概念、关系、函数、公理、实例五元组表示方法,构建飞机驾驶舱人机智能交互场景本体知识模型;基于"信念-愿望-意图"(belief-desire-intention, BDI)认知架构,建立飞行员认知行为本体模型;基于系统功能与子功能架构关系,建立系统功能行为本体模型;基于人机智能交互信息流传递过程,建立人机交互行为本体模型;基于飞机驾驶舱人机智能交互的"社会-技术系统"特征,建立人机交互情境本体模型。

2.2 人机智能交互场景要素定义

　　人机智能交互场景要素包括构成场景的利益相关方(即对象)及其相互作用关系。在基于场景的需求工程领域,场景要素包括背景、任务目标、计划、行为、事件、知识等[68-69];在基于场景的可用性工程领域,场景要素包括目标、程序、行为、事件、用户、设备、环境、交互等[70-71]。上述不同要素涵盖的范围存在重叠,且在定义时未能形成结构化的层次关系。针对飞机驾驶舱人机智能交互场景,从"飞行员在环"(pilot in the loop, PITL)的角度出发提炼场景要素,构建如表 2.1 所示的场景要素体系,各级要素之间的关系如图 2.1 所示。

表 2.1 飞机驾驶舱人机智能交互场景要素体系

一级要素	英文名称	二级要素	英文名称
飞行员认知行为	Pilot	信念	Belief
		愿望	Desire
		意图	Intention
系统功能行为	System Function	飞行控制	Flight Control
		飞行管理	Flight Management
		系统监视	System Surveillance
		系统控制	System Control
		通信	Communication
人机交互行为	Interaction	交互方式	Modes
		交互通道	Modalities
		编码内容	Encoding
		制约因子	Factors
人机交互情境	Situation	飞行计划	Flight Plan
		航路环境	Enroute Environment
		操作程序	Operating Procedure
		机组资源	Crew Resource

注：表中的英文名称与中文名称并不是对应翻译关系,英文名称为后文图中的变量名称。

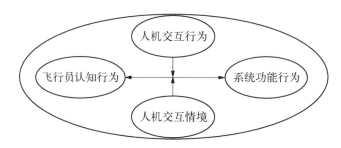

图 2.1　飞机驾驶舱人机智能交互场景中一级要素之间的关系

表 2.1 中各要素的含义如下：

（1）飞行员认知行为：与飞行员自身认知决策相关的要素,从认知建模的角度看,包括信念、愿望、意图等二级要素[72-73]。

① 信念：指飞行员认知模型拥有的对外界、对自身的基本认识信息,通过感知器获得。

② 愿望：指飞行员认知模型希望达到的状态,愿望由层次分析后的飞行任务生成,经承诺生成意图并产生行为后,愿望最终可能实现也可能无法实现。

③ 意图：指飞行员认知模型承诺要实现的愿望,意图会驱动效应器产生相应行为。

（2）系统功能行为：飞机驾驶舱人机系统中提供交互通道或交互接口的功能要素，包括飞行控制、飞行管理、系统监视、系统控制、通信等二级要素。

① 飞行控制：指通过飞行操纵器件、控制面板、飞行显示器、灯光等人机接口与飞行控制系统产生交互作用的功能要素。

② 飞行管理：指通过多功能显示器、飞行显示器、导航显示器、控制面板、键盘光标等人机接口与飞行计划、导航、制导等系统产生交互作用的功能要素。

③ 系统监视：指通过显示组件与发动机、燃油、液压等飞机系统，以及天气、地形、空域等外部环境产生信息交互的功能要素，包括系统正常/非正常信息的显示与应急告警。

④ 系统控制：指通过控制组件与发动机、燃油、液压、防火、防冰、环控等飞机系统产生控制交互的功能要素。

⑤ 通信：指供飞行员与空中交通管制员、机组成员、客舱乘员、地勤人员等角色进行通信的功能要素。

（3）人机交互行为：构成多通道人机交互行为的要素，包括交互方式、交互通道、编码内容、制约因子等二级要素。

① 交互方式：结合当前人机交互技术发展状态，按已在军机/民机驾驶舱中得到广泛应用、部分应用或试验测试为筛选标准，多通道交互方式包括基于传统设备的交互、触摸交互、语音交互、眼动交互、体感交互等，其中基于传统设备的交互指通过传统显示控制装置、键盘、轨迹球等控制方式实现信息的定位与输入，其中键盘光标控制组件（keyboard and cursor control unit，KCCU）已经在波音系列、空客系列等多个型号的飞机驾驶舱中得到应用；触摸交互指直接通过手指单点或多点触控的方式实现交互，目前已经在投入航线运行的空客 A350XWB 飞机驾驶舱机载信息系统，以及正处于验证试飞阶段的波音 B777X 驾驶舱中得到应用；语音交互指飞行员直接通过下达语音指令的方式实现信息交互或控制交互，目前已经在 F‑35 等军机驾驶舱中得到应用；眼动交互指通过捕捉飞行员眼部运动特征实现目标定位等功能的交互方式，目前该项交互技术处于试验测试阶段，尚未在任何机型中应用；体感交互指通过捕捉飞行员手部姿势、头部姿势、脑部活动等体感特征实现交互，目前仅手部姿势识别在 F‑35 等军机驾驶舱中得到应用，其他体感交互方式尚处于试验测试阶段。

② 交互通道：指多通道人机交互方式依托的视觉、听觉、触觉等感官通道，以及眼动、语音、肢体等执行通道。

③ 编码内容：指与多通道人机交互方式对应的人机接口表现形式，包括形状、尺寸、颜色等传统编码内容，也包括触控手势、语音指令、眼动特征、体态手势等从属于人机智能交互方式的编码内容。

④ 制约因子：指制约人机交互行为的因子，包括飞行员制约因子、人机交互设

备制约因子、人机交互环境制约因子等。

（4）人机交互情境：构成人机智能交互场景的任务、环境、组织等社会系统范畴内的要素，包括飞行计划、航路环境、操作程序、机组资源等二级要素。

① 飞行计划：指飞行前制订的关于如何执行航线运输、作战机动等任务的顶层约束。

② 航路环境：指飞机在航路飞行过程中的气象、地形、空域等外部环境要素。

③ 操作程序：指在飞机运行类手册中规定的飞行员应对正常、非正常、应急任务的操作步骤与要求事项，飞行员在实际操作过程中可能会偏离程序的规定。

④ 机组资源：指飞行机组内部通过交流、简令等方式分工协作，以达到控制工作负荷、保持情境意识、保障飞行安全等目的的相关要素。

在以上飞机驾驶舱人机智能交互场景要素定义的基础上，基于对象建模技术（object modeling technique，OMT）对各要素之间的顺序、并列、从属等逻辑关系进行形式化描述，如图 2.2 所示。由 Rumbaugh 等[74]提出的 OMT 方法，通过图形模块化的表示方式，可对不同概念对象之间的关联进行形式化描述。OMT 方法以及在 OMT 方法基础上拓展的统一建模语言（unified modeling language，UML）等方法在需求工程领域得到了广泛应用[75-77]。

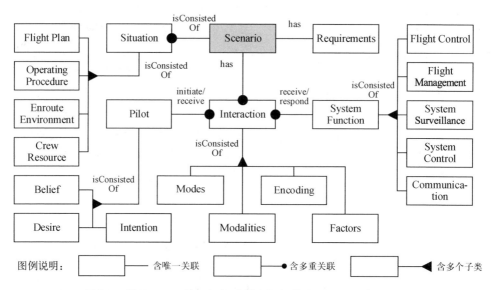

图 2.2　基于 OMT 的飞机驾驶舱人机智能交互场景要素关系图

has 表示具有；isConsisted Of 表示由……组成

图 2.2 形式化地描述了表 2.1 中构成飞机驾驶舱人机智能交互场景（Scenario）的各要素之间的层次结构关系。人机智能交互场景由交互需求（Requirements）、交互情境（Situation）及交互行为（Interaction）构成，其中交互行为产生于飞行员认知

行为(Pilot)和系统功能行为(System Function)之间的信息交互过程中,飞行员认知行为发起(initiate)控制指令或接收(receive)系统信息,系统功能行为接收(receive)或响应(respond)相关信息。

图 2.2 描述了功能-任务-行为框架下[78]不同人机智能交互场景要素之间的关联,其中：受任务需求和外部环境的制约,人机交互场景(Scenario)为交互提供了环境功能；飞行员模块(Pilot)为交互提供了人的相关功能；系统功能模块(System Function)为人机交互提供了相关执行功能。完整的飞机驾驶舱人机智能交互设计需要考虑图 2.2 中从属于交互模块(Interaction)的各子类及其之间的关系。

2.3　飞行员认知行为本体建模

在 Bratman[73]提出的 BDI 认知架构下,飞行员认知行为可看作由信念、愿望、意图这三个核心模块构成。其中,信念的生成来自飞行员对外界刺激和反馈的感知信息,意图的实现依赖于飞行员对执行机构输出的操控指令,愿望承接了信念和意图之间的传递功能,需建立在对信念进行分析判断的基础上,通过选择性承诺的方式生成意图。在实现人机智能交互的飞机驾驶舱中,操控方式与感知方式深度融合,飞行员得以通过更多与感官通道一致的方式完成交互,与依托键盘光标、仪表面板等传统交互载体的模式相比,其认知行为本体呈现出大量差异化特征。人机智能交互背景下的飞行员 BDI 认知过程如图 2.3 所示。

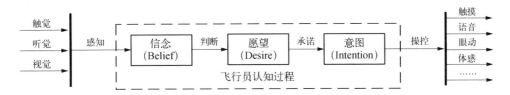

图 2.3　人机智能交互背景下的飞行员 BDI 认知过程

根据 Perez 等[79]提出的本体知识五元组定义方法,将飞行员认知行为本体定义为

$$\text{Pilot\_onto}: = \langle \text{PL\_Concepts}, \text{PL\_Relations}, \text{PL\_Functions}, \\ \text{PL\_Axioms}, \text{PL\_Instances} \rangle \tag{2.1}$$

式中,PL_Concepts、PL_Relations、PL_Functions、PL_Axioms、PL_Instances 分别表示飞行员认知行为本体中的概念集合、关系集合、函数集合、公理集合、实例集合。

飞行员认知行为本体中概念集合的元素包括信念(Belief)、愿望(Desire)、意图(Intention),可用定义式表示为

$$PL\_Concepts: = \{Belief,\ Desire,\ Intention\} \tag{2.2}$$

根据定义,概念集合中的元素"信念"可以进一步表示为

$$Belief: = \{Belief\_self,\ Belief\_extr,\ Belief\_src\} \tag{2.3}$$

式中,Belief_self 表示对自身的基本认识信息(自身信念),自身信念类的对象构成集合 $\{Info\_self_1,\ Info\_self_2,\ \cdots,\ Info\_self_i,\ \cdots,\ Info\_self_m\}$, $i = 1,\ 2,\ \cdots,\ m$; Belief_extr 表示对外界的基本认识信息(外界信念),外界信念类的对象构成集合 $\{Info\_extr_1,\ Info\_extr_2,\ \cdots,\ Info\_extr_i,\ \cdots,\ Info\_extr_n\}$, $i = 1,\ 2,\ \cdots,\ n$; Belief_src 表示信念信息的来源。

概念集合中的元素"愿望"可进一步表示为

$$Desire: = \{State_1,\ State_2,\ \cdots,\ State_p\} \tag{2.4}$$

式中,$State_i (i = 1,\ 2,\ \cdots,\ p)$ 表示飞行员希望通过交互行为达到的若干状态,这些状态受飞行任务、飞行环境等因素的制约,可以是关于飞机或系统的(如操纵飞机爬升到某一高度),也可以是关于机组成员的(如机长将操纵权转移给副驾驶),随着时间和空间的推进,飞行员会根据态势演变情况选择对不同的愿望做出承诺,即产生意图、计划并实现愿望。

概念集合中的元素"意图"可进一步表示为

$$Intention: = \{Commitment,\ Goal,\ Plan\} \tag{2.5}$$

式中,Commitment 表示飞行员对愿望做出的承诺,承诺类的对象构成集合 $\{Info\_cmmt_1,\ Info\_cmmt_2,\ \cdots,\ Info\_cmmt_i,\ \cdots,\ Info\_cmmt_q\}$, $i = 1,\ 2,\ \cdots,\ q$; Goal 表示意图的目标;Plan 表示为达到目标所进行的计划,计划类的对象构成集合 $\{Action_1,\ Action_2,\ \cdots,\ Action_j,\ \cdots,\ Action_l\}$, $j = 1,\ 2,\ \cdots,\ l$, 表示为实现意图而计划的行动序列。

从面向对象建模的观点来看,飞行员认知行为本体中关系集合的元素包括关联(Association)、聚合(Aggregation)与继承(Inheritance),可用定义式表示为

$$PL\_Relations: = \{Association,\ Aggregation,\ Inheritance\} \tag{2.6}$$

式中,关联(Association)表示对象之间存在的控制流和信息流关系;聚合(Aggregation)表示一个聚集对象的多个组成对象之间的关联,组合(Composition)是一种特殊的聚合关系,表示这些对象之间的关联具有强约束性;继承(Inheritance)表示子类对象继承了父类的属性、操作、关联等特征,具有多层次的泛化(Generalization)关系。

在以上定义的基础上,记 $R(ArrowTail,\ ArrowHead) \in PL\_Relations$ 表示类与类、对象与对象或类与对象之间的关系,则飞行员认知行为本体概念集合中存在的关联关系包括:

（1）$R($Belief_self, Belief_src$)$ = Association，表示对自身的基本认识信息（自身信念）及其来源，同一信念可以存在多个来源，不同信念也可以来自同一来源；

（2）$R($Belief_extr, Belief_src$)$ = Association，表示对外界的基本认识信息（外界信念）及其来源，同一信念可以存在多个来源，不同信念也可以来自同一来源；

（3）$R($Belief, Desire$)$ = Association，表示信念与愿望之间的关联，根据信念做出判断并生成愿望，可以根据对多个信念的综合判断生成愿望，同一个信念也可为多个愿望提供支撑；

（4）$R($Desire, Commitment$)$ = Association，表示愿望与承诺之间的关联，对于某个愿望，可以做出承诺并生成意图，也可以不做出承诺；

（5）$R($Commitment, Goal$)$ = Association，表示对愿望的承诺及其产生的意图目标，同一承诺可以存在多个意图目标，不同承诺也可以对应于同一意图目标；

（6）$R($Plan, Goal$)$ = Association，表示实现意图的计划与意图目标之间的关联，同一计划可以存在多个目标，不同目标也可以对应于同一计划。

飞行员认知行为本体概念集合中存在的聚合（组合）关系包括：

（1）$R($[Belief, Desire, Intention], Pilot$)$ = Composition，表示构成认知行为的信念、愿望、意图之间存在着组合关系，受认知规律约束，三者之间存在着强耦合作用；

（2）$R($[Belief_self, Belief_extr], Belief_src$)$ = Aggregation，表示构成信念的元素之间存在聚合关系，可用于表征信念对象的不同属性与来源；

（3）$R($[Commitment, Goal, Plan], Intention$)$ = Aggregation，表示构成意图的承诺、目标、计划之间存在着聚合关系。

飞行员认知行为本体概念集合中存在的继承关系包括：

（1）$R($Info_self, Belief_self$)$ = Inheritance，表示对自身的基本认识信息对象继承于自身信念类；

（2）$R($Info_extr, Belief_extr$)$ = Inheritance，表示对外界的基本认识信息对象继承于外界信念类；

（3）$R($State, Desire$)$ = Inheritance，表示希望通过交互行为达到的状态对象继承于愿望类；

（4）$R($Info_cmmt, Commitment$)$ = Inheritance，表示对愿望做出的承诺对象继承于承诺类；

（5）$R($Action, Plan$)$ = Inheritance，表示实现意图的行动对象继承于计划类。

飞行员认知行为本体中的函数集合用以描述认知行为应遵循的一般规则。函数也是一种特殊的关系，第 n 个元素可通过前 $n-1$ 个元素的推理唯一确定[79]：

$$\text{PL\_Functions：} C_1 \times C_2 \times \cdots C_{n-1} \rightarrow C_n \tag{2.7}$$

式中,元素 $C_i \in$ PL_Concepts $\cup$ PL_Relations,$i = 1,2,\cdots,n$。

(1) 愿望生成规则:若选择了某个信念对象 belief,且对其做出的判断为真,则认为该信念对象 belief 可生成愿望对象,记为 desire。用函数关系可以表示为

$$\exists belief \in Belief,\ [CHOOSE(belief) = True] \cap [JUDGE(belief) = True]$$
$$\to desire = DESIRE(belief) \tag{2.8}$$

式中,CHOOSE( )表示布尔选择函数,输出为 True(表示选择了该对象)或 False(表示未选择该对象);JUDGE( )表示布尔判断函数,输出为 True(表示判断结果为真)或 False(表示判断结果为假);DESIRE( )表示愿望与信念之间的映射关系。

(2) 意图生成规则:若选择了某个愿望对象 desire,且对其做出的承诺为真,则认为该愿望对象 desire 可生成意图对象,记为 intention。用函数关系可以表示为

$$\exists desire \in Desire,\ (CHOOSE(desire) = True) \cap (COMMIT(desire) = True)$$
$$\to intention = INTENTION(desire) \tag{2.9}$$

式中,CHOOSE( )表示布尔选择函数,输出为 True(表示选择了该对象)或 False(表示未选择该对象);COMMIT( )表示布尔承诺函数,输出为 True(表示做出了承诺)或 False(表示未做出承诺);INTENTION( )表示意图与愿望之间的映射关系。

(3) 可溯性推理规则:由任意已形成的意图对象 intention,可确定一个愿望对象 desire、信念对象 belief 与之对应,并构成一条连续的映射链路。用函数关系可以表示为

$$\forall intention \in Intention,\ \exists desire \in Desire,\ \exists belief \in Belief$$
$$\to (DESIRE(belief) = desire) \cap (INTENTION(desire) = intention)$$
$$\tag{2.10}$$

式中,DESIRE( )表示愿望与信念之间的映射关系;INTENTION( )表示意图与愿望之间的映射关系。

飞行员认知行为本体中的公理集合用真命题的形式表示概念之内、不同概念之间应满足的约束条件。区别于关系,公理侧重于描述本体的恒真属性,定义为

$$PL\_Axioms:= \{Axiom_1,\ Axiom_2,\ \cdots,\ Axiom_u\} \tag{2.11}$$

公理 1:每个自身信念的对象、外部信念的对象都至少有一个来源。

$$\forall b_1 \in Belief\_self,\ \exists \geqslant_1 hasSource(b_1,\ source),\ source \in Belief\_src \tag{2.12}$$

$$\forall b_2 \in Belief\_extr,\ \exists \geqslant_1 hasSource(b_2,\ source),\ source \in Belief\_src \tag{2.13}$$

公理 2:每个计划的对象都至少有一个目标。

$$\forall\,\text{plan} \in \text{Plan},\ \exists\ \geqslant_1 \text{hasGoal}\,(\text{plan},\text{goal}),\ \text{goal} \in \text{Goal} \qquad (2.14)$$

公理 3：每个愿望的对象至少在判断一个信念的对象基础上生成。

$$\forall\,\text{desire} \in \text{Desire},\ \exists\ \geqslant_1 \text{makeJudgment}\,(\text{desire},\text{belief}),\ \text{belief} \in \text{Belief} \qquad (2.15)$$

公理 4：每个愿望的对象最多对其做出一次承诺。

$$\forall\,\text{desire} \in \text{Desire},\ \exists\ \leqslant_1 \text{makeCommitment}\,(\text{desire},\text{commitment}),$$
$$\text{commitment} \in \text{Commitment} \qquad (2.16)$$

公理 5：每个承诺的对象至少对其设定一个目标。

$$\forall\,\text{commitment} \in \text{Commitment},\ \exists\ \geqslant_1 \text{setGoal}\,(\text{commitment},\text{goal}),\ \text{goal} \in \text{Goal} \qquad (2.17)$$

飞行员认知行为本体中的实例集合用于实例化表示本体中的元素以及元素之间的关系，可以用定义式表示为

$$\text{PL\_Instances}:= \{\text{Instance}_1,\ \text{Instance}_2,\ \cdots,\ \text{Instance}_v\} \qquad (2.18)$$

式中，$\text{Instance}_i \in \text{PL\_Concepts}\,(i = 1,\ 2,\ \cdots,\ v)$；$R(\text{Instance}_i,\ \text{Instance}_j) \in \text{PL\_Relations}\,(i,\ j = 1,\ 2,\ \cdots,\ v)$。

2.4　系统功能行为本体建模

根据人机智能交互场景要素的定义，通用的系统功能包括飞行控制、飞行管理、系统监视、系统控制、通信等。系统功能行为本体中的类和对象包括分解后的系统子功能，以及执行底层系统功能的显示器件、操控器件等作动机构。

根据本体知识五元组定义方法，将系统功能行为本体定义为

$$\text{SystemFunction\_onto}:= \langle \text{SF\_Concepts},\ \text{SF\_Relations},\ \text{SF\_Functions},$$
$$\text{SF\_Axioms},\ \text{SF\_Instances} \rangle \qquad (2.19)$$

式中，SF_Concepts、SF_Relations、SF_Functions、SF_Axioms、SF_Instances 分别表示系统功能行为本体中的概念集合、关系集合、函数集合、公理集合、实例集合。

系统功能行为本体中概念集合的元素包括飞行控制（flight control，FC）、飞行管理（flight management，FM）、系统监视（system surveillance，SS）、系统控制（system control，SC）、通信（communication，CM），可用定义式表示为

$$\text{SF\_Concepts}:= \langle \text{FC},\ \text{FM},\ \text{SS},\ \text{SC},\ \text{CM} \rangle \qquad (2.20)$$

根据 2.2 节中的定义,概念集合中的元素"飞行控制"可以进一步表示为

$$\text{FC}: = \langle \text{FC\_Systems}, \text{FC\_Interfaces} \rangle \tag{2.21}$$

式中,FC_Systems 表示与飞行控制功能相关的系统,其类的对象为飞行控制系统,构成集合{FC_FlightControlSystem};FC_Interfaces 表示与飞行控制功能相关的人机接口,其类的对象包括操纵组件(飞行操纵器件)、控制组件(控制面板)、显示组件(飞行显示器、灯光),构成集合{FC_FlightControls, FC_ControlUnits, FC_DisplayUnits}。

概念集合中的元素"飞行管理"可以进一步表示为

$$\text{FM}: = \langle \text{FM\_Systems}, \text{FM\_Interfaces} \rangle \tag{2.22}$$

式中,FM_Systems 表示与飞行管理功能相关的系统,其类的对象包括飞行计划、导航系统、制导系统,构成集合{FM_FlightPlan, FM_Navigation, FM_Guidance};FM_Interfaces 表示与飞行管理功能相关的人机接口,其类的对象包括控制组件(控制面板、键盘光标)、显示组件(多功能显示器、飞行显示器、导航显示器),构成集合{FM_ControlUnits, FM_DisplayUnits}。

概念集合中的元素"系统监视"可以进一步表示为

$$\text{SS}: = \langle \text{SS\_Systems}, \text{SS\_Interfaces} \rangle \tag{2.23}$$

式中,SS_Systems 表示与系统监视功能相关的系统,其类的对象包括发动机系统、燃油系统、液压系统、环控系统等,构成集合{SS_Engine, SS_Fuel, SS_Hydraulic, SS_ECS};SS_Interfaces 表示与系统监视功能相关的人机接口,其类的对象为显示组件(信息显示与应急告警),构成集合{SS_DisplayUnits}。

概念集合中的元素"系统控制"可以进一步表示为

$$\text{SC}: = \langle \text{SC\_Systems}, \text{SC\_Interfaces} \rangle \tag{2.24}$$

式中,SC_Systems 表示与系统控制功能相关的系统,其类的对象包括发动机系统、燃油系统、液压系统、环控系统、防火系统、防冰系统等,构成集合{SC_Engine, SC_Fuel, SC_Hydraulic, SC_ECS, SC_FireProtection, SC_IceProtection};SC_Interfaces 表示与系统控制功能相关的人机接口,其类的对象为控制组件,构成集合{SC_ControlUnits}。

概念集合中的元素"通信"可以进一步表示为

$$\text{CM}: = \langle \text{CM\_Systems}, \text{CM\_Interfaces} \rangle \tag{2.25}$$

式中,CM_Systems 表示与通信功能相关的系统,其类的对象包括实现与空中交通管制员、机组成员、客舱乘员、地勤人员等角色通信的子系统(设备),构成集合

{CM_ATC, CM_FlightCrew, CM_CabinCrew, CM_GroundCrew}；CM_Interfaces 表示
与系统控制功能相关的人机接口,其类的对象包括控制组件、显示组件,构成集合
{CM_ControlUnits, CM_ DisplayUnits}。

与式(2.6)描述的本体关系定义式类似,系统功能行为本体中关系集合的元素
包括关联(Association)、聚合(Aggregation)与继承(Inheritance),可用定义式表示为

$$SF\_Relations:= \{Association, Aggregation, Inheritance\} \tag{2.26}$$

记 $R(ArrowTail, ArrowHead) \in SF\_Relations$ 表示类与类、对象与对象或类与
对象之间的关系,则系统功能行为本体概念集合中存在的关联关系包括:

(1) $R(FC\_Systems, FC\_Interfaces) = Association$,表示与飞行控制功能相关联
的系统及其人机接口之间的关系。同一系统可通过多个人机接口与飞行员进行飞
行控制功能相关的交互,如飞行控制系统(flight control system, FCS)可通过主飞行
显示器(primary flight display, PFD)、飞行控制面板、着陆灯、驾驶杆等人机接口与
飞行员交互;同一人机接口也可被多个系统传递的飞行控制信息共用,如 PFD 不
仅可显示飞行姿态、飞行高度/速度等与飞行控制相关的参数信息,也可叠加显示
与机场导航相关的冲出跑道等告警信息。

(2) $R(FM\_Systems, FM\_Interfaces) = Association$,表示与飞行管理功能相关联
的系统及其人机接口之间的关系。同一系统可通过多个人机接口与飞行员进行飞行
管理功能相关的交互,如飞行管理系统(flight management system, FMS)可通过导航
显示器(navigation display, ND)、多功能显示器(multi-function display, MFD)、KCCU
等人机接口与飞行员交互;同一人机接口也可被多个系统传递来的飞行管理信息共
用,如飞行员可通过 MFD 获得与飞行计划、导航、制导等飞行管理功能相关的信息。

(3) $R(SS\_Systems, SS\_Interfaces) = Association$,表示与系统监视功能相关联的
系统及其人机接口之间的关系。同一系统可通过多个人机接口与飞行员进行系统监
视功能相关的交互,如发动机系统可通过系统显示器(system display, SD)、发动机控
制面板等人机接口与飞行员交互;同一人机接口也可被多个系统传递来的系统监视信
息共用,如 SD 可显示发动机、燃油、液压、引气、空调等多个系统的状态及告警信息。

(4) $R(SC\_Systems, SC\_Interfaces) = Association$,表示与系统控制功能相关联
的系统及其人机接口之间的关系。同一系统可通过多个人机接口与飞行员进行系
统控制功能相关的交互,如液压系统可通过液压面板(HYD① panel)、地面液压面
板(GND② HYD panel)等人机接口与飞行员交互;同一人机接口也可被多个系统传
递来的系统控制信息共用,如驾驶舱顶部控制面板上集成了发动机、燃油、液压、环
控等多个系统的控制组件。

---

① HYD 为 hydraulic 的简写。
② GND 为 ground 的简写。

（5）R（CM_Systems，CM_Interfaces）= Association，表示与通信功能相关联的系统（角色）及其人机接口之间的关系。同一系统（角色）可通过多个人机接口与飞行员进行通信，如飞行员可通过无线电管理面板（radio management panel，RMP）、MFD、KCCU、消息按钮等人机接口与空管通信系统（空中交通管制员）交互；同一人机接口也可被多个系统（角色）传递来的通信信息共用，如飞行员通过客舱广播与机组成员、客舱乘员进行交互。

系统功能行为本体概念集合中存在的聚合（组合）关系包括：

（1）R（[FC，FM，SS，SC，CM]，SystemFunction）= Composition，表示构成系统功能行为的飞行控制、飞行管理、系统监视、系统控制及通信子功能之间存在着组合关系，各子功能共同构成系统整体功能，各子功能的生命周期依赖于系统整体功能的生命周期；

（2）R（FC_Systems，FC_Interfaces）= Aggregation，表示与飞行控制功能关联的系统和人机接口之间存在着聚合关系；

（3）R（FM_Systems，FM_Interfaces）= Aggregation，表示与飞行管理功能关联的系统和人机接口之间存在着聚合关系；

（4）R（SS_Systems，SS_Interfaces）= Aggregation，表示与系统监视功能关联的系统和人机接口之间存在着聚合关系；

（5）R（SC_Systems，SC_Interfaces）= Aggregation，表示与系统控制功能关联的系统和人机接口之间存在着聚合关系；

（6）R（CM_Systems，CM_Interfaces）= Aggregation，表示与通信功能关联的系统和人机接口之间存在着聚合关系。

系统功能行为本体概念集合中存在的继承关系包括：

（1）R（FC_FCS，FC_Systems）= Inheritance，表示飞行控制系统对象继承于与飞行控制功能相关联的系统类；

（2）R（[FC_FlightControls，FC_ControlUnits，FC_DisplayUnits]，FC_Interfaces）= Inheritance，表示操纵组件对象、控制组件对象、显示组件对象继承于与飞行控制功能相关联的人机接口类；

（3）R（[FM_FlightPlan，FM_Navigation，FM_Guidance]，FM_Systems）= Inheritance，表示飞行计划对象、导航系统对象、制导系统对象继承于与飞行管理功能相关联的系统类；

（4）R（[FM_ControlUnits，FM_DisplayUnits]，FM_Interfaces）= Inheritance，表示控制组件对象、显示组件对象继承于与飞行管理功能相关联的人机接口类；

（5）R（[SS_Engine，SS_Fuel，SS_Hydraulic，SS_ECS]，SS_Systems）= Inheritance，表示发动机系统对象、燃油系统对象、液压系统对象、环控系统对象继承于与系统监视功能相关联的系统类；

（6）R（SS_DisplayUnits, SS_Interfaces）= Inheritance, 表示显示组件对象继承于与系统监视功能相关联的人机接口类；

（7）R（[SC_Engine, SC_Fuel, SC_Hydraulic, SC_ECS, SC_FireProtection, SC_IceProtection], SC_Systems）= Inheritance, 表示发动机系统对象、燃油系统对象、液压系统对象、环控系统对象、防火系统对象、防冰系统对象继承于与系统控制功能相关联的系统类；

（8）R（SC_ControlUnits, SC_Interfaces）= Inheritance, 表示控制组件对象继承于与系统控制功能相关联的人机接口类；

（9）R（[CM_ATC, CM_FlightCrew, CM_CabinCrew, CM_GroundCrew], CM_Systems）= Inheritance, 表示实现与空中交通管制员、机组成员、客舱乘客、地勤人员等角色通信的子系统（设备）对象继承于与通信功能相关联的系统类；

（10）R（[CM_ControlUnits, CM_DisplayUnits], CM_Interfaces）= Inheritance, 表示控制组件对象、显示组件对象继承于与通信功能相关联的人机接口类。

系统功能行为的设计需求来源于飞行任务。经飞机级、系统级、设备级逐层分解后,飞行任务与组成系统的各设备之间形成关联关系,多个设备通过互相协作构成某子任务的最小行动单元,多个最小行动单元的集合在宏观上表现出相应的系统功能行为。其中,与飞行员存在交互需求的功能行为需要通过人机接口来实现。因此,系统功能行为的推理规则可从"任务层-功能层-接口层"三个层次进行描述,依次包括任务序列生成规则、功能层次生成规则、界面交互关联规则,这些规则存放在系统功能行为本体的函数集合 SF_Functions 中。

（1）任务序列生成规则：对于子任务 i 和 j,若其时间区间 TS(i) 和 TS(j) 的交集为空,则 i 和 j 属于串行序列关系；若其时间区间 TS(i) 和 TS(j) 的交集不为空,且 i 和 j 之间不存在其他分支路径,则 i 和 j 属于并行序列关系,否则属于选择序列关系。用函数关系可以表示为

$$\exists i, j \in \text{Task}, \text{TS}(i) \cap \text{TS}(j) = \varnothing \rightarrow R(i, j) = \text{Serial} \tag{2.27}$$

$$\exists i, j \in \text{Task}, (\text{TS}(i) \cap \text{TS}(j) \neq \varnothing) \cap (\text{BRANCH}(i, j) = \varnothing)$$
$$\rightarrow R(i, j) = \text{Parallel} \tag{2.28}$$

$$\exists i, j \in \text{Task}, (\text{TS}(i) \cap \text{TS}(j) \neq \varnothing) \cap (\text{BRANCH}(i, j) \neq \varnothing)$$
$$\rightarrow R(i, j) = \text{Optional} \tag{2.29}$$

式中,Task 表示经层次分解后形成的任务集合;TS 表示时间区间（time section）函数,区间的上下界分别是执行任务的起止点,可将任务执行的前后逻辑转换为时间维度上的先后次序进行衡量;BRANCH 函数判断任务之间是否存在分支结构;R 函数判断任务序列关系,包括串行序列关系（Serial）、并行序列关系（Parallel）、选择

序列关系(Optional)。

下面进一步给出时间约束下的任务区间上下界确定方法。基于 Petri 网形式化建模工具中的库所(place, P)、变迁(transition, T)、弧(arc, A)等基本元素,可将串行序列关系、并行序列关系和选择序列关系这三种构成任务序列的基本关系表示成如图 2.4 所示的形式。

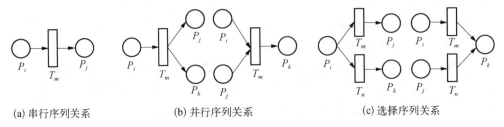

(a) 串行序列关系   (b) 并行序列关系   (c) 选择序列关系

图 2.4   基于 Petri 网的任务序列基本关系示意图

任务序列的时间约束(time constraint, TC)包括任务内部时间约束和任务间时间约束两类。任务内部时间约束与变迁 T 的状态有关,记为 TC_in,包括变迁使能后至可激发所经历的时间 TC_enab、变迁可激发至实际激发所经历的时间 TC_flex 和变迁激发后至激活所经历的时间 TC_fire,即

$$TC\_in = f(TC\_enab, TC\_flex, TC\_fire) \tag{2.30}$$

式中,TC_flex 由飞行员在实际任务中决定,取决于飞行员的感知、认知、判断、决策等行为表现能力。

分析静态时间约束时可将 TC_flex 视为 0,即认为变迁实际激发时间为变迁使能后的可激发时间,不受飞行员个人行为表现的影响,因而静态时间约束只能反映任务网络的结构特征,而不考虑飞行员行为表现对任务完成时间的动态影响。动态时间约束即在静态时间约束的前提下,考虑变迁实际激发时间的不确定性,研究飞行员行为表现对任务完成的动态影响。

任务间时间约束与资源 Token 在库所 P 中的滞留时间有关,即资源 Token 抵达库所 P 至输出到变迁 T 所经过的时间,记为 TC_ex。

记执行第 i 个子任务占据的时间区间为 TS_i,则串行操作关系中第 i 个与第 $i+1$ 个子任务之间满足:

$$TS_i \cap TS_{i+1} \subseteq \{SingleTimePoint\} \tag{2.31}$$

式中,SingleTimePoint 表示第 i 个与第 $i+1$ 个子任务之间的衔接时刻点。考虑到系统本身的延误响应与飞行员认知决策的反应时间,这样的时刻点在实际情况中并不存在,此处仅出于逻辑上的完整性而列出,因而式(2.31)也可近似表示为

$$TS_i \cap TS_{i+1} = \varnothing \tag{2.32}$$

同样地,并行操作关系中第 i 个和第 $i+1$ 个子任务之间满足:

$$TS_i \cap TS_{i+1} \supseteq \{SingleTimePoint\} \tag{2.33}$$

实际操作情况下,式(2.33)也可近似表示为

$$TS_i \cap TS_{i+1} \neq \varnothing \tag{2.34}$$

由于选择任务序列关系描述的是飞行员依据当前态势判断与经验积累,在多种后序任务之中选择一种进行执行的情况,从时间序列上来看,前序子任务 i 与后序子任务 $i+1$ 之间的关系与串行任务序列情况一致。记第 i 个子任务开始和结束时间分别为 ST_i、ET_i,根据不同时间约束的定义式与不同任务之间的关系式,推导不同任务序列关系的时间约束上下界(分别用 Sup 和 Inf 表示)。对于串行/选择任务序列关系,时间约束的上下界范围如图 2.5 所示。

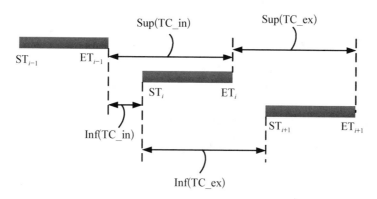

图 2.5　串行/选择任务序列关系时间约束上下界范围示意图

任务内部时间约束的上下界分别为

$$\begin{cases} Sup(TC\_in) = \max\{ET_i - ET_{i-1}\} \\ Inf(TC\_in) = \min\{ST_i - ET_{i-1}\} \end{cases} \tag{2.35}$$

任务间时间约束的上下界分别为

$$\begin{cases} Sup(TC\_ex) = \max\{ET_{i+1} - ET_i\} \\ Inf(TC\_ex) = \min\{ST_{i+1} - ST_i\} \end{cases} \tag{2.36}$$

对于并行任务序列关系,时间约束的上下界范围如图 2.6 所示。

任务内部时间约束的上下界分别为

$$\begin{cases} Sup(TC\_in) = \max\{|\ ET_i - ET_{i-1}\ |\} \\ Inf(TC\_in) = \min\{ET_{i-1} - ST_i\} \end{cases} \tag{2.37}$$

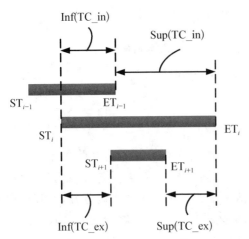

图2.6　并行任务序列关系时间约束上下界范围示意图

任务间时间约束的上下界分别为

$$\begin{cases} \mathrm{Sup(TC\_ex)} = \max\{|\ \mathrm{ET}_{i+1} - \mathrm{ET}_i\ |\} \\ \mathrm{Inf(TC\_ex)} = \min\{\mathrm{ST}_{i+1} - \mathrm{ST}_i\} \end{cases}$$

$$(2.38)$$

（2）功能层级生成规则：对于所有系统功能要素 $\mathrm{SF} = \{\mathrm{sf}_1, \mathrm{sf}_2, \cdots, \mathrm{sf}_n\}$ 所形成的可达矩阵 $M = (m_{ij})_{n \times n}$（$m_{ij} = 1$ 表示从节点 i 到节点 j 存在有向连接关系，$m_{ij} = 0$ 表示从节点 i 到节点 j 不存在有向连接关系），若某节点功能要素 sf_i 的可达集合 $R(\mathrm{sf}_i) = \{\mathrm{sf}_i \in \mathrm{SF} \mid m_{ij} = 1\}$、先行集合 $F(\mathrm{sf}_i) = \{\mathrm{sf}_i \in \mathrm{SF} \mid m_{ji} = 1\}$，满足 $R(\mathrm{sf}_i) = R(\mathrm{sf}_i) \cap F(\mathrm{sf}_i)$，则 sf_i 属于较高层级的系统功能要素。用函数关系可以表示为

$$\exists\, \mathrm{sf}_i \in \mathrm{SF},\ R(\mathrm{sf}_i) = R(\mathrm{sf}_i) \cap F(\mathrm{sf}_i) \rightarrow \forall\, \mathrm{sf}_j \in \mathrm{SF}(j \neq i),$$
$$\mathrm{LEVEL}(\mathrm{sf}_i) > \mathrm{LEVEL}(\mathrm{sf}_j),\ i, j = 1, 2, \cdots, n \qquad (2.39)$$

式中，LEVEL( )表示系统功能要素的层级函数。

（3）人机接口关联规则：人机接口的设计应促进系统功能和任务需求之间形成一致性[80]，如果完成某项任务（subtask）的过程中需要与飞行员进行交互，则相应的系统功能应将相关信息（info）提供给飞行员并且/或者从飞行员处获得相关反馈，这些信息的提供和反馈通过人机接口关联。用函数关系表示为

$$\exists\, \mathrm{subtask} \in \mathrm{Task},\ \mathrm{INTERACTION}(\mathrm{subtask}) = \mathrm{True} \rightarrow \exists\, \mathrm{info} \in \mathrm{SF},$$
$$(\mathrm{OFFERTO}(\mathrm{info}) = \mathrm{True}) \cup (\mathrm{FEEDBACK}(\mathrm{info}) = \mathrm{True}) \qquad (2.40)$$

式中，INTERACTION( )表示判断是否需要和飞行员进行交互的布尔函数；OFFERTO( )表示判断是否将信息传递给飞行员的布尔函数；FEEDBACK( )表示判断是否从飞行员处获得反馈的布尔函数。

系统功能行为本体中的公理集合描述飞行控制、飞行管理、系统监视、系统控制、通信等本体概念的内部约束和外部约束，包括：

公理1：系统功能行为本体概念的对象都有系统和人机接口两类属性，且每个系统都至少有一类人机接口。

$$\forall\, \mathrm{sys} \in \mathrm{Systems},\ \exists \geqslant_1 \mathrm{hasInterfaces}\,(\mathrm{sys}, \mathrm{hmi}),\ \mathrm{hmi} \in \mathrm{Interfaces}$$

$$(2.41)$$

公理 2：每个人机接口的对象至少包括一个显示单元子对象或者一个控制单元子对象。

$$\forall\, hmi \in Interfaces,\ \exists \geqslant_1 (hasUnits(hmi,\ display) \cup hasUnits(hmi,\ control)) \tag{2.42}$$

系统功能行为本体的实例集合用于实例化表示本体中的元素以及元素之间的关系，同样可以用定义式表示为类似于式（2.18）的形式。

$$SF\_Instances：= \{Instance_1,\ Instance_2,\ \cdots,\ Instance_v\} \tag{2.43}$$

式中，$Instance_i \in SF\_Concepts\ (i = 1,\ 2,\ \cdots,\ v)$，$R(Instance_i,\ Instance_j) \in SF\_Relations\ (i,\ j = 1,\ 2,\ \cdots,\ v)$。

2.5　人机交互行为本体建模

从微观角度看，飞机驾驶舱任务环境中的人机交互行为可以用飞行员和驾驶舱之间的信息流传递过程来描述，人机接口在其中发挥着组织调度和编码解码的作用。飞机驾驶舱人机交互信息流传递如图 2.7 所示，在复杂任务背景下，以信息为传递介质，飞行员通过触摸屏、头盔追踪器、语音识别系统、手势或生物电位控制界面等方式与驾驶舱进行交互，人体的感受机构将视觉、听觉、触觉等感官通道获取的信息传入中枢神经系统进行加工，认知负荷、情境意识的形成与感知、理解、决策等信息加工过程紧密相关，决策生成的行为序列通过作动机构作用于驾驶舱控制组件，采取的控制方式可承载于肢体、语音、眼动等通道。

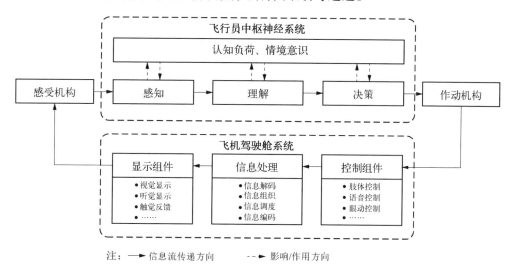

图 2.7　飞机驾驶舱人机交互信息流传递示意图

根据本体知识五元组定义方法,将人机交互行为本体定义为

$$Interaction\_onto: = \langle IA\_Concepts, IA\_Relations, IA\_Functions,$$
$$IA\_Axioms, IA\_Instances \rangle \tag{2.44}$$

式中,IA_Concepts、IA_Relations、IA_Functions、IA_Axioms、IA_Instances 分别表示人机交互行为本体中的概念集合、关系集合、函数集合、公理集合、实例集合。

人机交互行为本体中概念集合的元素包括交互方式(Modes)、交互通道(Modalities)、编码内容(Encoding)、制约因子(Factors),可用定义式表示为

$$IA\_Concepts: = \langle Modes, Modalities, Encoding, Factors \rangle \tag{2.45}$$

概念集合中的元素"交互方式"可以进一步表示为

$$Modes: = \langle TDBI, TI, VI, GI, SI, \cdots \rangle \tag{2.46}$$

式中,TDBI 表示基于传统设备的交互(traditional devices based interaction);TI 表示触摸交互(touch interaction);VI 表示语音交互(voice interaction);GI 表示眼动交互(gaze interaction);SI 表示体感交互(somatosensory interaction)。传统交互设备是指无法实现上述人机智能交互功能的交互载体,包括键盘光标、按键、开关、按钮、旋钮等。

概念集合中的元素"交互通道"可以进一步表示为

$$Modalities: = \langle Receptors, Effectors \rangle \tag{2.47}$$

式中,Receptors 表示飞行员的感受机构,感受机构类的对象构成集合｛Vision, Audition, Tactility, …｝,分别表示视觉、听觉、触觉等接收信息的感官通道;Effectors 表示飞行员的作动机构,作动机构类的对象构成集合｛Eyes, Voice, Limbs, …｝,分别表示眼动、语音、肢体等发出控制指令的执行通道。

概念集合中的"编码内容"可以进一步表示为

$$Encoding: = \langle TDBI\_Codes, TI\_Codes, VI\_Codes, GI\_Codes, SI\_Codes, \cdots \rangle \tag{2.48}$$

式中,TDBI_Codes 表示基于传统设备的人机交互编码内容,其类的对象构成集合｛DisplayModes, ControlModes｝,分别表示显示编码要素(颜色、尺寸、形状等)和控制编码要素(位置布局、表面纹理、动觉反馈等)[81-82];TI_Codes 表示触摸交互编码内容,其类的对象构成集合｛TouchArea, FingerGestures｝,分别表示有效区域和触控手势(点击、滑动、旋转等)[83-84];VI_Codes 表示语音交互编码内容,其类的对象构成集合｛WakeupWords, Commands, Feedbacks, Quality｝,分别表示语音交互的唤醒词、指令、反馈、音质[85-86];GI_Codes 表示眼动交互编码内容,其类的对象构成集合

{Fixation, Saccade, Blink}，分别表示注视、扫视、眨眼特征[87]；SI_Codes 表示体感交互编码内容，其类的对象构成集合{BodyGestures, HandGestures}，分别表示体感交互中的体态特征和手势特征[88]。

概念集合中的"制约因子"可以进一步表示为

$$\text{Factors}\colon = \langle \text{PilotFactors}, \text{MachineFactors}, \text{ContextFactors} \rangle \tag{2.49}$$

式中，PilotFactors 表示与飞行员相关的制约因子，体现在其交互过程中的行为表现上，类的对象构成集合{Reaction, Detection, Search, Errors}，分别表示反应能力（在视觉、听觉、触觉等刺激作用下）、辨识能力（在视觉、听觉等干扰作用下）、搜索能力（以视觉搜索为主）、差错水平[89-90]；MachineFactors 表示与交互设备相关的制约因子，其类的对象构成集合{Activation, Retrieval, Knowledge}，分别表示激活方式、检索方式、知识库[91]；ContextFactors 表示与人机交互环境相关的制约因子，其类的对象构成集合{Environment, Tasks}，分别表示驾驶舱物理环境（振动、噪声、光照等）和任务环境。

根据本体关系定义式，人机交互行为本体中关系集合的元素包括关联（Association）、聚合（Aggregation）与继承（Inheritance），可用定义式表示为

$$\text{IA\_Relations}\colon = \{\text{Association}, \text{Aggregation}, \text{Inheritance}\} \tag{2.50}$$

记 $R(\text{ArrowTail}, \text{ArrowHead}) \in \text{IA\_Relations}$ 表示类与类、对象与对象或类与对象之间的关系，则人机交互行为本体概念集合中存在的关联关系包括：

（1）$R(\text{TDBI}, \text{TI}) = \text{Association}$，表示基于传统设备的交互和触摸交互之间的关系，触摸交互的实现可视为在传统显示装置的基础上增加触摸控制区域，通过虚拟按钮、滑条等形式替代原有的物理按键，即在控制方式上实现了改变，而字符、图像等视觉信息的显示依然需要依靠传统设备的显示功能；

（2）$R(\text{TDBI\_Codes}, \text{TI\_Codes}) = \text{Association}$，表示基于传统设备的人机交互编码内容和触摸交互编码内容之间的关系；

（3）$R(\text{Receptors}, \text{Effectors}) = \text{Association}$，表示飞行员感受机构与作动机构之间的关系，外界信息被视觉、听觉、触觉等多个感受机构接收，并经中枢神经系统处理后形成可驱动肢体、语音、眼动等多个作动机构执行的控制指令；

（4）$R(\text{Eyes}, \text{Vision}) = \text{Association}$，表示眼动与视觉之间的关系，飞行员视觉通道通过眼球活动捕捉外部刺激信息，并提供给中枢神经系统进一步分析处理；

（5）$R(\text{Voice}, \text{Audition}) = \text{Association}$，表示语音与听觉之间的关系，飞行员听觉通道通过感知语音刺激形成中枢神经系统可处理的信息；

（6）$R(\text{MachineFactors}, \text{PilotFactors}) = \text{Association}$，表示人机交互设备性能与飞行员交互行为相关制约因子之间的关系，人机交互设备本身的性能特征直接影

响着飞行员从各交互通道上获取信息、完成任务的能力,飞行员人机交互行为受到多个设备因素的耦合作用;

(7) $R(\text{ContextFactors}, \text{PilotFactors}) = \text{Association}$,表示人机交互环境特征与飞行员交互行为相关制约因子之间的关系,物理环境和任务环境直接影响着飞行员人机交互的行为绩效,例如振动环境影响飞行员视觉信息的判读和触摸控制的准确性,任务环境影响飞行员交互方式的选取和交互事务的处理效率,飞行员人机交互行为受到多个环境因素的耦合作用;

(8) $R(\text{Retrieval}, \text{Knowledge}) = \text{Association}$,表示人机交互设备自身的检索方式与知识库之间的关系,设备对人机交互信息语义的识别和匹配依赖于对知识库中规则的检索,对多通道人机交互信息中复杂语义的推理,是体现智能交互过程中"机器智能"的重要环节;

(9) $R([\text{Reaction}, \text{Detection}, \text{Search}], \text{Errors}) = \text{Association}$,表示飞行员反应能力、辨识能力、搜索能力与差错水平之间的关系,在触觉、听觉、视觉等不同感官通道的刺激下,受到振动、噪声、光照等不同环境因素的影响,同时因自身能力的制约以及设备设计的缺陷,飞行员在反应、辨识、搜索等信息接收环节上会触发多种人为差错模式。

人机交互行为本体概念集合中存在的聚合(组合)关系包括:

(1) $R([\text{Modes}, \text{Modalities}, \text{Encoding}, \text{Factors}], \text{Interaction}) = \text{Composition}$,表示构成人机交互行为的交互方式、交互通道、编码内容以及制约因子之间存在组合关系,不同交互方式的实现依托不同交互通道为载体,每种交互方式都有其特定的编码内容,并受到"人-机-环境"耦合因素的影响,这几种概念都不能脱离人机交互行为这一整体而独立存在;

(2) $R([\text{Receptors}, \text{Effectors}], \text{Modalities}) = \text{Composition}$,表示构成交互通道的感受机构和作动机构之间存在组合关系,两者是抽象化的人体生理结构中不可或缺的组成部分,感受机构通过触觉、听觉、视觉等感官通道获取信息,经中枢神经系统感知、理解、决策之后由肢体、语音、眼动等作动机构执行具体指令;

(3) $R([\text{PilotFactors}, \text{MachineFactors}, \text{ContextFactors}], \text{Factors}) = \text{Composition}$,表示影响交互行为的飞行员因素、交互设备因素、环境因素之间存在着组合关系,"飞行员在环"的人机交互行为受到"人-机-环境"因素的耦合作用,由此可能诱发认知负荷失衡、情境意识丧失、工作效率降低、人为差错频发等人机系统安全性问题;

(4) $R([\text{TDBI}, \text{TI}, \text{VI}, \text{GI}, \text{SI}, \cdots], \text{Modes}) = \text{Aggregation}$,表示基于传统设备的交互、触摸交互、语音交互、眼动交互、体感交互共同聚合成驾驶舱内的人机交互方式,随着人机交互技术的发展,可引入驾驶舱人机系统的交互方式也是不断拓展的,不同交互方式之间通过互相补充、互为备份的关系共同实现人机交互功能;

（5）R（[TDBI_Codes, TI_Codes, VI_Codes, GI_Codes, SI_Codes, …]，Encoding）= Aggregation，表示基于传统设备的人机交互编码内容、触摸交互编码内容、语音交互编码内容、眼动交互编码内容、体感交互编码内容之间存在着聚合关系。

人机交互行为本体概念集合中存在的继承关系包括：

（1）R（[Vision, Audition, Tactility]，Receptors）= Inheritance，表示视觉对象、听觉对象、触觉对象继承于飞行员的感受机构类；

（2）R（[Limbs, Voice, Eyes]，Effectors）= Inheritance，表示肢体对象、语音对象、眼动对象继承于飞行员的作动机构类；

（3）R（[DisplayModes, ControlModes]，TDBI_Codes）= Inheritance，表示显示编码要素对象和控制编码要素对象继承于基于传统设备的人机交互编码内容类；

（4）R（[TouchArea, FingerGestures]，TI_Codes）= Inheritance，表示触控有效区域对象和触控手势对象继承于触摸交互编码内容类；

（5）R（[WakeupWords, Commands, Feedbacks, Quality]，VI_Codes）= Inheritance，表示语音交互的唤醒词对象、指令对象、反馈对象、音质对象继承于语音交互编码内容类；

（6）R（[Fixation, Saccade, Blink]，GI_Codes）= Inheritance，表示注视特征对象、扫视特征对象、眨眼特征对象继承于眼动交互编码内容类；

（7）R（[BodyGestures, HandGestures]，SI_Codes）= Inheritance，表示体感交互的体态特征对象和手势特征对象继承于体感交互编码内容类；

（8）R（[Reaction, Detection, Search, Errors]，PilotFactors）= Inheritance，表示飞行员反应能力对象、辨识能力对象、搜索能力对象、差错水平对象继承于飞行员因素类；

（9）R（[Activation, Retrieval, Knowledge]，MachineFactors）= Inheritance，表示交互设备激活方式对象、检索方式对象、知识库对象继承于交互设备因素类；

（10）R（[Environment, Tasks]，ContextFactors）= Inheritance，表示物理环境对象和任务环境对象继承于交互环境因素类。

区别于传统交互设备为主的飞机驾驶舱，引入多通道人机智能交互的驾驶舱需对交互信息进行融合处理，以弥补传统人机交互模式在认知特征独立、信息容量有限[92]等方面的不足。此外，多通道人机智能交互信息特征的巨量化、多样化、耦合化发展，极易诱发飞行员认知层面的问题，人机智能交互信息编码内容需与飞行员在动态任务场景中的认知能力相适配。当飞行员处于认知负荷失衡、情境意识丧失等非正常状态时，驾驶舱人机系统通过主动的生理状态监控和行为绩效评估，采取人机冲突诊断、协作关系重构、状态参数调整等途径，实现人机交互的自适应协同。通过以上分析，人机交互行为本体的函数集合 IA_Functions 中应包括多通道交互信息融合规则、编码内容认知适配规则、人机协同交互规则。

（1）多通道交互信息融合规则：若从触控通道交互信息中提取的特征集合为 $\{touch_1,\ touch_2,\ \cdots\}$、从语音通道交互信息中提取的特征集合为 $\{voice_1,\ voice_2,\ \cdots\}$、语音通道特征融合规则为 g_2，眼动通道交互信息中提取的特征集合为 $\{gaze_1,\ gaze_2,\ \cdots\}$、眼动通道特征融合规则为 g_3，体感通道交互信息中提取的特征集合为 $\{somato_1,\ somato_2,\ \cdots\}$、体感通道特征融合规则为 g_4，则多通道交互信息融合函数关系可表示为

$$Fusion = f(g_1(touch_1,\ touch_2,\ \cdots),\ g_2(voice_1,\ voice_2,\ \cdots),\ g_3(gaze_1,\ gaze_2,\ \cdots),$$
$$g_4(somato_1,\ somato_2,\ \cdots),\ \cdots,\ g_n(\cdots)) \tag{2.51}$$

式中，g_n 表示单通道交互信息融合函数，自变量为单通道交互信息特征值；f 表示多通道交互信息融合函数，自变量为各单通道的融合结果；Fusion 表示多通道交互信息融合结果，其量纲与各通道交互信息的量纲一致。f 和 g_n 均可用支持向量机、贝叶斯网络、神经网络等分类器来设计实现。

（2）编码内容认知适配规则：若第 i 个人机交互通道信息编码内容 $code_i$，独立作用形成的飞行员认知负荷为 $load(code_i)$，则对于由 n 个人机交互通道融合而成的人机接口构型，在任务场景中应使飞行员总体认知负荷 $load(Encoding)$ 处于均衡状态，用函数关系可以表示为

$$load(Encoding) = MODERATE(load(code_1),\ load(code_2),\ \cdots,\ load(code_n)) \tag{2.52}$$

式中，MODERATE( ) 表示融合多通道人机交互信息编码认知负荷的优化函数。由于不同交互通道信息之间的耦合性，人机接口构型的总体认知负荷与单通道认知负荷之间为非线性关系，该优化函数可通过非线性回归模型的目标优化算法来设计实现。

（3）人机协同交互规则：在离散时间点 j，若飞行员实际认知负荷水平 $load_j$ 与期望认知负荷水平 $load_{expc}$ 的偏差超过阈值 ε，则替代的人机协同交互策略应使得整体效用最大化。用函数关系可以表示为

$$\exists j \in timeseries,\ |\ load_j - load_{expc}\ | > \varepsilon \rightarrow \exists k \in Solutions,$$
$$Utility(k) = \max\left(\sum Worth(k) - \sum Cost(k)\right) \tag{2.53}$$

式中，timeseries 表示离散化的时间序列；Solutions 表示存储在知识库中的人机协同交互方案集，k 表示其中待选的最优方案；Utility( ) 是人机协同交互方案的最优效用，表示为效益与代价的差值函数；Worth( ) 表示人机协同交互方案的效益函数，Cost( ) 表示人机协同交互方案的代价函数，两者需考虑安全风险、任务绩效、自动化成本等方面的因素。

人机交互行为本体中的公理集合描述交互方式、交互通道、编码内容、制约因子等本体概念的内部约束和外部约束,具体包括如下。

公理 1:对于某个交互通道,至少有一种交互方式与其对应;对于某种交互方式,都有仅适用于该交互方式的编码内容。

$$\forall \, modal \in Modalities, \, \exists \, \geqslant_1 hasModes(modal, \, mode), \, mode \in Modes \tag{2.54}$$

$$\forall \, mode \in Modes, \, \exists \, !hasEncoding(mode, \, code), \, code \in Encoding \tag{2.55}$$

公理 2:触摸交互可从基于传统设备的交互通道获得显示功能的支持,也可仅保留控制功能而独立存在。

$$\forall \, tdbi, \, ti \in Modes, \, \exists \, \leqslant_1 offerDisplay(tdbi, \, ti) \tag{2.56}$$

公理 3:交互通道中,每个作动机构的对象只能从相应感受机构的对象处获取信息,即视觉感官通道只从眼动对象获取信息、听觉感官通道只从语音对象获取信息、触觉感官通道只从肢体对象获取信息。

$$\forall \, receptor, \, effector \in Modalities, \, \exists \, !offerInformation(effector, \, receptor) \tag{2.57}$$

公理 4:人机交互行为中,感受机构和作动机构之间至少形成一条完整的信息链路。

$$\forall \, receptor, \, effector \in Modalities, \, \geqslant_1 offerInformation$$
$$(effector, \, receptor) \cap sendCommands(receptor, \, effector) \tag{2.58}$$

公理 5:人机交互行为中,飞行员人为差错的来源至少是反应能力、辨识能力、搜索能力其中之一。

$$\forall \, error \in Errors, \, \exists \, reaction \in Reaction, \, detection \in Detection,$$
$$search \in Search, \, \geqslant_1 determine(r, \, e) \cup determine(d, \, e) \cup determine(s, \, e) \tag{2.59}$$

人机交互行为本体的实例集合用于实例化表示本体中的元素以及元素之间的关系,用定义式可表示为

$$IA\_Instances: = \{Instance_1, \, Instance_2, \, \cdots, \, Instance_v\} \tag{2.60}$$

式中,$Instance_i \in IA\_Concepts$ $(i = 1, \, 2, \, \cdots, \, v)$,$R(Instance_i, \, Instance_j) \in IA\_Relations$ $(i, \, j = 1, \, 2, \, \cdots, \, v)$。

2.6 人机交互情境本体建模

飞机驾驶舱人机交互具有典型的社会学属性,即飞行员需要在与不同人员(机组成员、空中交通管制员等)、智能系统的协作过程中,共同完成既定任务。将这一过程中的不同角色抽象成智能体模型来看,不同智能体在人机交互过程中协作分工,表现出无法脱离整体而独立存在的特性,因此相对于传统飞机驾驶舱,引入智能交互的飞机驾驶舱以更接近于"社会–技术系统"[93]的形式而存在。在这一背景下,人机交互情境为该系统提供任务、环境、组织等约束,具体的情境要素包括飞行计划、航路环境、操作程序、机组资源等。

根据本体知识五元组定义方法,将人机交互情境本体定义为

$$\text{Situation\_onto:} = \langle \text{SA\_Concepts, SA\_Relations, SA\_Functions,}$$
$$\text{SA\_Axioms, SA\_Instances} \rangle \tag{2.61}$$

式中,SA_Concepts、SA_Relations、SA_Functions、SA_Axioms、SA_Instances 分别表示人机交互情境本体中的概念集合、关系集合、函数集合、公理集合、实例集合。

人机交互情境本体中概念集合的元素包括飞行计划(flight plan, FP)、航路环境(enroute environment, EE)、操作程序(operating procedure, OP)、机组资源(crew resource, CR),用定义式表示为

$$\text{SA\_Concepts:} = \langle \text{FP, EE, OP, CR} \rangle \tag{2.62}$$

根据 2.2 节中的定义,概念集合中的元素"飞行计划"可以进一步表示为

$$\text{FP:} = \langle \text{Profile, Airway, Loading, Fuel} \rangle \tag{2.63}$$

式中,Profile 表示飞行剖面,其类的对象包括滑行、起飞、爬升、巡航、下降、进近、着陆等飞行阶段,构成集合|Taxing, Takeoff, Climbing, Cruise, Descent, Approach, Landing|;Airway 表示航路信息,其类的对象包括航路点位置、航程、航向、航段距离等,构成集合|Waypoint, Range, Heading, Sector|;Loading 表示载重数据,其类的对象包括运行空重、停机坪重量、起飞重量、无油重量等,构成集合|OWE, RampWeight, TOW, ZFW|;Fuel 表示燃油信息,其类的对象包括轮挡油量、改航油量、备份油量、起飞总油量等,构成集合|BlockFuel, DiversionFuel, BackupFuel, RampFuel|,每个燃油信息对象中应包含时间属性。

概念集合中的元素"航路环境"可以进一步表示为

$$\text{EE:} = \langle \text{Weather, Terrain, Airspace} \rangle \tag{2.64}$$

式中,Weather 表示航路气象,会对正常飞行任务产生严重影响的恶劣天气因素包括风切变、湍流、结冰、暴雨等,构成集合|Windshear, Turbulence, Icing, Rainstorm, …|;

Terrain 表示地形因素,其类的对象包括高原、山地等,构成集合｛Plateau,Mountain,…｝;Airspace 表示空域因素,其类的对象包括航路宽度、航路容量等,构成集合｛Width,Capacity,…｝。

概念集合中的元素"操作程序"可以进一步表示为

$$OP:=\langle Normal, Abnormal, Emergency, Supplementary\rangle \qquad (2.65)$$

式中,Normal 表示正常操作程序;Abnormal 表示非正常操作程序;Emergency 表示应急操作程序;Supplementary 表示补充操作程序。

正常操作程序按不同飞行阶段划分,包括滑行、起飞、爬升、巡航、下降、进近、着陆等。非正常操作程序和应急操作程序包括失效状态信息、程序记忆项目、故障处置操作项目、判断项、故障隔离操作项目、不工作项、延迟操作项以及其他通告项。补充操作程序包括特殊环境下的操作、特定场景下的操作、机动类动作要求、独立机载设备告警以及新航行技术应用。

概念集合中的元素"机组资源"可以进一步表示为

$$CR:=\langle Hardware, Software, Liveware\rangle \qquad (2.66)$$

式中,Hardware 表示硬件资源,其类的对象包括提供飞行控制、飞行管理、系统监视、系统控制、通信等功能的机载设备,构成集合｛Hardware_FC,Hardware_FM,Hardware_SS,Hardware_SC,Hardware_CM｝;Software 表示软件资源,其类的对象包括规章条例、性能数据、运营信息、技术出版物等,构成集合｛Regulations,PerformanceData,OperationInfo,Publications｝;Liveware 表示人件资源,其类的对象包括空中交通管制员、机组成员、客舱乘员、地勤人员,构成集合｛ATC,FlightCrew,CabinCrew,GroundCrew｝。

根据本体关系的定义,人机交互情境本体中关系集合的元素包括关联(Association)、聚合(Aggregation)与继承(Inheritance),可用定义式表示为

$$SA\_Relations:=\{Association, Aggregation, Inheritance\} \qquad (2.67)$$

记 $R(ArrowTail, ArrowHead) \in SA\_Relations$ 表示类与类、对象与对象或类与对象之间的关系,则人机交互情境本体概念集合中存在的关联关系包括:

(1) $R([Airway, Loading, Fuel], Profile) = Association$,表示航路信息、载重数据、燃油信息与飞行剖面之间的关系,航路信息、载重数据、燃油信息都影响到飞行剖面的设计,包括确定航路点之间的飞行高度、飞行速度、飞行时间[94]等要素。

(2) $R(Loading, Fuel) = Association$,表示载重数据和燃油信息之间的关系,停机坪重量、起飞重量等载重数据的计算都需将油量考虑在内。

(3) $R(Emergency, Abnormal) = Association$,表示紧急操作程序与非正常操作程序之间的关系,紧急操作程序是一类特殊的非正常操作程序,差异性主要体现在

需要飞行员采取应对措施的迫切程度上。

（4）$R([\text{Hardware}, \text{Software}], \text{Liveware}) = \text{Association}$，表示硬件资源、软件资源与人件资源之间的关系，硬件资源为人件资源提供交互的技术支持，智能交互技术为飞机驾驶舱的硬件资源带来了革新，也深刻改变着人件资源的行为组织方式；软件资源为人件资源提供交互的必要信息，在智能交互技术进一步减轻飞行员体力负荷的背景下，软件资源成为影响飞行员任务负荷、情境意识的主要因素。

人机交互情境本体概念集合中存在的聚合（组合）关系包括：

（1）$R([\text{FP}, \text{EE}, \text{OP}, \text{CR}], \text{Situation}) = \text{Composition}$，表示构成人机交互情境的飞行计划、航路环境、操作程序、机组资源之间存在着聚合关系；

（2）$R([\text{Profile}, \text{Airway}, \text{Loading}, \text{Fuel}], \text{FP}) = \text{Composition}$，表示构成飞行计划的飞行剖面、航路信息、载重数据、燃油信息之间存在着聚合关系；

（3）$R([\text{Weather}, \text{Terrain}, \text{Airspace}], \text{EE}) = \text{Composition}$，表示构成航路环境的航路气象、地形因素、空域因素之间存在着聚合关系；

（4）$R([\text{Normal}, \text{Abnormal}, \text{Emergency}, \text{Supplementary}], \text{OP}) = \text{Aggregation}$，表示构成操作程序的正常操作程序、非正常操作程序、应急操作程序、补充操作程序之间存在着组合关系，这四者都是构成操作程序不可分割的部分，无法脱离其隶属的操作程序这一概念而存在；

（5）$R([\text{Hardware}, \text{Software}, \text{Liveware}], \text{CR}) = \text{Aggregation}$，表示构成机组资源的硬件资源、软件资源、人件资源之间存在着组合关系，在飞机驾驶舱人机智能交互场景中，这三类资源的存在与整体机组资源的生命周期一致，无法独立于机组资源而单独存在。

人机交互情境本体概念集合中存在的继承关系包括：

（1）$R([\text{Taxing}, \text{Takeoff}, \text{Climbing}, \text{Cruise}, \text{Descent}, \text{Approach}, \text{Landing}], \text{Profile}) = \text{Inheritance}$，表示滑行、起飞、爬升、巡航、下降、进近、着陆等不同飞行阶段对象继承于飞行剖面类；

（2）$R([\text{Waypoint}, \text{Range}, \text{Heading}, \text{Sector}], \text{Airway}) = \text{Inheritance}$，表示航路点位置对象、航程对象、航向对象、航段距离对象继承于航路信息类；

（3）$R([\text{OWE}, \text{RampWeight}, \text{TOW}, \text{ZFW}], \text{Loading}) = \text{Inheritance}$，表示运行空重对象、停机坪重量对象、起飞重量对象、无油重量对象继承于载重数据类；

（4）$R([\text{BlockFuel}, \text{DiversionFuel}, \text{BackupFuel}, \text{RampFuel}], \text{Fuel}) = \text{Inheritance}$，表示轮挡油量对象、改航油量对象、备份油量对象、起飞总油量对象继承于燃油信息类；

（5）$R([\text{Windshear}, \text{Turbulence}, \text{Icing}, \text{Rainstorm}], \text{Weather}) = \text{Inheritance}$，表示风切变气象对象、湍流气象对象、结冰气象对象、暴雨气象对象继承于航路气象类；

（6）$R([\text{Plateau}, \text{Mountain}], \text{Terrain}) = \text{Inheritance}$，表示高原地形对象、山地

地形对象继承于地形因素类；

（7）$R([\text{Width}, \text{Capacity}], \text{Airspace}) = \text{Inheritance}$，表示航路宽度对象、航路容量对象继承于空域因素类；

（8）$R([\text{Hardware\_FC}, \text{Hardware\_FM}, \text{Hardware\_SS}, \text{Hardware\_SC}, \text{Hardware\_CM}], \text{Hardware}) = \text{Inheritance}$，表示飞行控制设备对象、飞行管理设备对象、系统监视设备对象、系统控制设备对象、通信设备对象继承于硬件资源类；

（9）$R([\text{Regulations}, \text{PerformanceData}, \text{OperationInformation}, \text{Publications}], \text{Software}) = \text{Inheritance}$，表示规章条例对象、性能数据对象、运营信息对象、技术出版物对象继承于软件资源类；

（10）$R([\text{ATC}, \text{FlightCrew}, \text{CabinCrew}, \text{GroundCrew}], \text{Liveware}) = \text{Inheritance}$，表示空中交通管制员对象、机组成员对象、客舱乘员对象、地勤人员对象继承于人件资源类。

人机交互情境本体的函数集合 SA_Functions 中包括飞行阶段连续性关联规则、操作程序分类规则、人机资源关联规则。

（1）飞行阶段连续性关联规则：构成人机交互情境的不同飞行阶段应遵循连续性原则，即对于人机交互情境中设定的飞行阶段集合 Phases，如果该集合中包括多个飞行阶段，则对于其中任意一个飞行阶段 phase，则其时间序列上的前/后件飞行阶段至少有一个也存在于该集合中。用函数关系可以表示为

$$\forall \text{phase} \in \text{Phases}, \text{Sizeof}(\text{Phases}) \geqslant$$
$$1 \rightarrow \text{Preorder}(\text{phase}) \cup \text{Postorder}(\text{phase}) \tag{2.68}$$

式中，Sizeof( )表示计算集合中元素个数的函数；Preorder( )表示取前序飞行阶段的函数；Postorder( )表示取后序飞行阶段的函数。

（2）操作程序分类规则：以功能危险性评估（function hazard assessment，FHA）结果为输入，将在系统正常工作状态使用的、与系统故障或失效无关的程序定义为正常操作程序（normal procedures，NPs），将危害等级高、需要处置操作的程序定义为非正常操作程序（abnormal procedures，APs），其中迫切需要飞行员进行处置的程序为应急操作程序（emergency procedures，EPs），此外将特殊场景、特殊环境、非标准构型等情形下的非必需程序定义为补充操作程序（supplementary procedures，SPs）。用函数关系可以表示为

$$\exists p_1 \in \text{Procedures}, \text{Hazard}(p_1) = \varnothing \rightarrow p_1 \in \text{NPs} \tag{2.69}$$

$$\exists p_2 \in \text{Procedures}, \text{Hazard}(p_2) = \text{High} \rightarrow p_2 \in \text{APs} \tag{2.70}$$

$$\exists p_3 \in \text{Procedures}, (\text{Hazard}(p_3) = \text{High}) \cap (\text{Urgency}(p_3)$$
$$= \text{High}) \rightarrow p_3 \in \text{EPs} \tag{2.71}$$

$$\exists p_4 \in \text{Procedures}, \ (\text{Supp}(p_4, \text{NPs}) = \text{True}) \cup (\text{Supp}(p_4, \text{APs})$$
$$= \text{Ture}) \rightarrow p_4 \in \text{SPs} \tag{2.72}$$

式中,Procedures 表示操作程序集合;Hazard 函数用于判断操作程序所处置故障或失效场景的危害程度;Urgency 函数用于判断操作程序所处置故障或失效场景的紧迫程度;Supp(x, y) 为判断操作程序 x 是否作为操作程序集合 y 补充的布尔函数。

（3）人机资源关联规则：在人机交互情境中,如果人件资源中的某个对象 obj_L 处于人机交互的闭环链路中,则存在着相应的硬件资源对象 obj_H、软件资源对象 obj_S 为其提供交互所需资源的支持。用函数关系表示为

$$\exists \text{obj}_L \in \text{Liveware}, \ \text{Loop}(\text{obj}) = \text{True} \rightarrow \exists \text{obj}_H \in \text{Hardware},$$
$$\exists \text{obj}_S \in \text{Software}, \text{OfferInter}(\text{obj}_H, \text{obj}_L) \cap \text{OfferInfo}(\text{obj}_S, \text{obj}_L) \tag{2.73}$$

式中,Loop 是用于判断人件资源对象是否处于交互链路中的布尔函数;OfferInter(x, y) 函数表示对象 x 向对象 y 提供人机交互硬件资源支持;OfferInfo(x, y) 函数表示对象 x 向对象 y 提供人机交互软件资源支持。

人机交互情境本体中的公理集合描述飞行计划、航路环境、操作程序、机组资源等本体概念的内部约束和外部约束,具体包括：

公理1：操作程序中,紧急操作程序是非正常操作程序的真子集。

$$(\forall \text{ep} \in \text{Emergency}, \text{ep} \in \text{Abnormal}) \cap (\exists \text{ap} \in \text{Abnormal}, \text{ap} \notin \text{Emergency}) \tag{2.74}$$

公理2：对于描述人机交互情境的飞行剖面,应至少包含一种飞行阶段,且受到载重、燃油、航路等因素的综合影响。

$$\forall \text{profile} \in \text{Profile}, \ \exists \geqslant_1 \text{phase} \in \text{Phases} \cup \text{affect}(\text{Loading}, \text{phase})$$
$$\cup \text{affect}(\text{Fuel}, \text{phase}) \cup \text{affect}(\text{Airway}, \text{phase}) \tag{2.75}$$

公理3：机组资源中,硬件资源可为人件资源提供交互所需设备的支持,软件资源可为人件资源提供交互所需信息的支持。

$$\forall \text{hardware} \in \text{Hardware}, \ \forall \text{software} \in \text{Software}, \ \exists \geqslant_1 \text{offerInteraction}(\text{hard-ware},$$
$$\text{liveware}) \cup \text{offerInformation}(\text{hardware}, \text{liveware}), \text{liveware} \in \text{Liveware} \tag{2.76}$$

人机交互情境本体的实例集合用于实例化表示本体中的元素以及元素之间的关系,用定义式可表示为

$$\text{SA\_Instances}: = \{\text{Instance}_1, \text{Instance}_2, \cdots, \text{Instance}_v\} \tag{2.77}$$

式中,Instance$_i \in \text{SA\_Concepts}$ $(i = 1, 2, \cdots, v)$, $R(\text{Instance}_i, \text{Instance}_j) \in \text{SA\_Relations}$ $(i, j = 1, 2, \cdots, v)$。

第3章
基于信息流的人机智能交互
网络建模方法

3.1　引言

在复杂的飞机驾驶舱人机系统中,广义的信息流可被定义为信息通过光、声音、电等介质在飞行员和驾驶舱人机界面之间的传递。狭义的信息流则可被定义为在飞行员和驾驶舱之间通过光、声音等媒介传递的具有一定功能、目标和结构的客体。区别于键盘、光标、按键、开关、按钮、旋钮等传统交互方式,飞机驾驶舱引入触摸、语音、眼动、体感等人机智能交互方式之后,信息流类型、方向、容量、负载等属性呈现出明显差异。除了传统的模拟电信号和数字信号之外,人机智能交互信息流类型还包括触控信号、语音信息、眼动信号、手势信号等非电特征信号。人机智能交互方式的引入扩充了多种信息流反向传递与主动激发渠道,包括振动触感、语音提示、眼动热点等,飞行员得以通过传统视觉/听觉告警以外的控制反馈回路及时获取信息,人机智能交互网络即用来描述信息流在不同交互对象之间按照任务逻辑序列进行传递的模型。多交互通道的并行有效提高了人机智能交互信息流的容量上限,但随之而来的信息流高负载更易诱发飞行员认知负荷失衡问题,飞行员认知能力对复杂任务环境中的信息流负载设计与调节方案形成了约束。本章研究信息流在多通道人机交互过程中的传递规律,提出基于信息流负载的加权社会网络模型构建方法,定义多通道智能交互模式的转换规则。结合典型任务场景,给出人机智能交互网络建模与评估案例。

3.2　加权社会网络分析方法

人机智能交互加权社会网络模型是对人机智能交互信息语义模型的进一步拓展,旨在将飞机驾驶舱人机交互相关智能体置于任务场景中进行分析,通过在任务场景中引入人机智能交互新技术,定量表征其中的信息流传递方向、传递强度等特征,优化传统人机交互模式的社会网络性能参数,寻求可行的人机智能交互优化方案。

3.2.1　加权社会网络分析流程

本章提出的加权社会网络分析(weighted social network analysis，WSNA)方法，是对传统社会网络分析(social network analysis，SNA)方法的扩展。SNA 是用于描述社会技术系统中多智能体及其之间交互关系的图论建模方法[95]，多智能体之间的关系对智能体的行为和网络的性能有显著影响[96]。社会网络由节点和连接节点的有向边构成，可通过中心度、接近度、偏心度、密度等度量指标来衡量智能体地位和网络性能[97]。

在社会网络模型中，节点来自信息语义本体模型的概念集合和实例集合，包括与人机交互任务场景直接相关的类、对象或实例，而不包括类、对象、实例的内涵结构、影响因素等衍生概念；节点之间通过有向边连接，边约束根据信息语义本体模型的关系集合确定，包括关联、聚合、组合、继承等，边的方向代表人机交互过程中信息流的传递方向。

描述飞机驾驶舱人机智能交互场景的社会网络模型包括以下节点群。

(1)交互人员节点群：根据操作程序的职责分工方法，将飞行机组节点进一步拆分为操纵飞机的飞行员(pilot flying，PF)节点和监控飞机的飞行员(pilot monitoring，PM)节点。此外，节点群还包括空中交通管制员节点、客舱机组节点、地勤机组节点等。

(2)系统功能节点群：由飞行控制功能子节点群、飞行管理功能子节点群、系统监视功能子节点群、系统控制功能子节点群、通信功能子节点群组成，每个子节点群由若干显示组件节点和控制组件节点组成，飞行控制功能子节点群还包括相应的飞行操纵组件节点。

(3)交互功能节点群：由基于传统设备的交互功能子节点群、触摸交互功能子节点群、语音交互功能子节点群、眼动交互功能子节点群、体感交互功能子节点群组成，每个子节点群由若干实现完整交互功能的组件节点组成。

定义了节点之后，传统社会网络模型统计任务场景中不同节点之间的信息传递次数(即通信频率)与传递方向(即通信方向)，根据通信频率和通信方向建立关联矩阵、构造社会网络图，再通过计算中心度、接近度、偏心度、密度等度量指标评价社会网络的性能[95]。传统社会网络模型以通信频率来衡量不同节点之间信息交互的方法，在人机智能交互场景中，无法反映交互方式对网络性能的影响能力。显然，引入智能交互的目的就在于改善节点之间的信息传输量、平衡网络各节点的信息负载，而这些对网络性能的提升方式，无法单纯地通过通信频率来衡量。在某些情况下，虽然通信频率保持不变，但智能交互降低了交互步骤的复杂度和交互信息的认知难度，从而使得有向边的信息负载大大降低。

为此，本书提出一种加权社会网络模型的构造方法，将不同交互方式的操作复杂度和认知信息量作为有向边的动态权重，建立包含通信频率、操作复杂度、认知信息量在内的复合关联矩阵，进而构造加权社会网络图，通过计算网络性能指标，定量分析智能交互对人机交互性能的改善程度,满足人机智能交互信息流建模的需要。加权社会网络模型与传统社会网络模型的分析流程对比如图 3.1 所示。

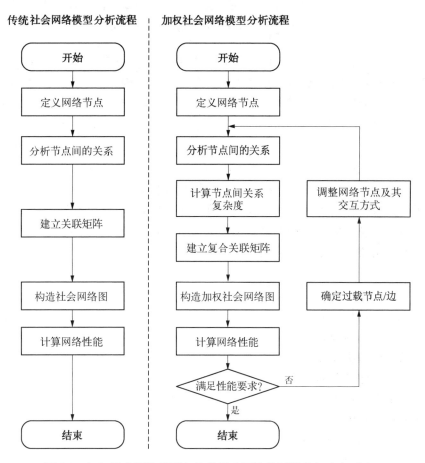

图 3.1　加权社会网络模型与传统社会网络模型的分析流程对比

3.2.2　节点关系复杂度计算方法

社会网络模型节点间的关系复杂度(node relation complexity,NRC)包括操作复杂度和认知复杂度,分别用 OC(operation complexity)和 CC(cognition complexity)表示,根据欧几里得范数可将节点关系复杂度表示为

$$NRC = \sqrt{(\omega_1 \cdot OC)^2 + (\omega_2 \cdot CC)^2} \qquad (3.1)$$

式中,ω_1、ω_2 分别表示操作复杂度和认知复杂度的权重系数, $\omega_1 + \omega_2 = 1$。

基于图熵(graph entropy)理论计算操作复杂度的基础是由操作序列和操作对象形成的动作控制图,动作控制图由带序号标记的节点和连接节点的有向边构成,

表示的是动作之间的先后顺序和逻辑关系。基于信息熵理论,计算动作控制图熵值的方法为[98]

$$H = - \sum_{i=1}^{\text{Cat}} \text{prop}(\text{num}_i) \log_2 \text{prop}(\text{num}_i) \tag{3.2}$$

式中,Cat 表示节点类别数;num_i 表示第 i 类别包含的节点数目;$\text{prop}(\text{num}_i)$ 表示第 i 类节点占所有节点总数的比值;H 表示所有类别节点构成的动作控制图熵值。

由动作控制图熵值表征的操作复杂度包括操作逻辑复杂度和操作规模复杂度[99]。操作逻辑复杂度描述的是动作控制图的规则性,图中同类型的节点越多,图的熵值越低,直观上感受到的操作逻辑越简洁单一,记为 H_{logic};操作规模复杂度描述的是动作控制图的对称性,图的结构越对称,图的熵值越低,直观上感受到的各操作分支间的差异越小,记为 H_{size}。计算操作逻辑复杂度时,判断节点是否属于同一类型的分类标准为节点的入度和出度是否对应相同;计算操作规模复杂度时,判断节点是否属于同一类型的分类标准为节点是否共有同样的相邻节点。根据欧几里得范数可将操作复杂度表示为

$$\text{OC} = \sqrt{(\lambda \cdot H_{\text{logic}})^2 + (\mu \cdot H_{\text{size}})^2} \tag{3.3}$$

式中,λ、μ 分别表示操作逻辑复杂度和操作规模复杂度的权重系数,$\lambda + \mu = 1$。

认知复杂度与飞行员信息加工过程中的资源需求有关,不同人机交互通道的资源需求强度取决于不同人机交互任务的特点。McCracken 等[100]在评价轻型直升机飞行员工作负荷时提出了包含视觉(visual)、听觉(auditory)、认知(cognitive)、动作(psychomotor)四维度的 VACP 评分量表,并在之后的研究中进一步完善了不同等级的划分尺度[101];Liu 等[102]将这一方法运用到了核电站紧急操作程序的任务复杂度分析中,但同时也指出 VACP 量度不足以明显区分不同元操作之间的差异[103],并在后续的研究中细化了非正常/紧急情况下的任务复杂度影响因子[104]。VACP 量度是针对飞行任务环境设计的,描述动作维度的需求因子具有明显的飞行任务依赖性。由图 2.3 可知,感知是认知过程的重要输入,研究飞行员认知资源需求必须考虑触觉、听觉、视觉等多通道人机交互信息的感知过程,这里选取 VACP 量度中与认知相关的因子及其评分等级,包括视觉认知资源需求、听觉认知资源需求、触觉认知资源需求、认知加工资源需求,采用平均认知需求度表征节点间的认知复杂度,即

$$\text{CC} = \sum_{i=1}^{\text{Stp}} \sum_{j=1}^{\text{Ops}} \sum_{k=1}^{\text{Res}} \text{CL}_{i,j,k} \tag{3.4}$$

式中,Stp 表示分解后的飞行操作程序包含的操作步骤总数;Ops 表示每个分解的操作步骤包含的元操作总数;Res 表示每个元操作包含的资源需求类型总数;

$\mathrm{CL}_{i,j,k}$ 表示第 i 个操作步骤中第 j 个元操作的第 k 种类型认知资源对应的评分等级。

　　式(3.4)是通过累积不同认知资源需求的评分等级来量化认知复杂度,而式(3.2)、式(3.3)是通过熵值来衡量操作复杂度,两者属于不同维度的度量方式,无法直接通过式(3.1)所示的欧氏距离进行综合。为此,可将式(3.4)改写为与熵值度量方式在同一对数度量空间的认知复杂度表示形式:

$$CC = -\sum_{i=1}^{\mathrm{Stp}} \sum_{j=1}^{\mathrm{Ops}} \sum_{k=1}^{\mathrm{Res}} \log_2 \frac{\mathrm{CL}_{i,j,k}}{\max(\mathrm{CL})} \tag{3.5}$$

式中,$\max(\mathrm{CL})$ 表示认知资源需求的最高评分等级,其他变量的含义与式(3.4)一致。

　　将认知复杂度转换为熵值空间的度量方式之后,还需确认其与操作复杂度的一致性。由于认知资源需求的评分等级随着认知复杂度的增加而提高,经式(3.5)的熵值变换后,其单调性发生了转置,即认知复杂度的熵增表征了认知复杂度的降低,动作控制图结构不规则性和不对称性引起的熵增表征了操作复杂度的增加。

　　为了与熵值衡量的操作复杂度单调性变化规律一致,并且符合熵值衡量系统无序性的统计学定义,在 Aldrich 等[101]研究的基础上,从两个方面改进传统 VACP 量度的描述方式:① 转置评分等级与资源需求的匹配关系,即评分等级越高,表征的资源需求越小;② 增加评分等级"8",对应的描述为"无相关资源需求",适用于无须视觉认知、听觉认知、触觉认知、认知加工的场景。经变换后,可通过式(3.1)所示的欧氏距离得出认知复杂度和操作复杂度综合表征的节点关系复杂度。

　　基于 VACP 量度的视觉认知资源需求、听觉认知资源需求、触觉认知资源需求、认知加工资源需求及其评分等级分别如表 3.1~表 3.4 所示。

表 3.1　视觉认知资源需求与评分等级

评分等级	视觉认知资源需求描述	适用的视觉认知场景
1	视觉监视	持续进行状态监视
2	视觉识读	识读符号、文字等信息
3	视觉追踪	保持目标所在方向进行追踪
4	视觉定位	识别出目标所在方向
5	视觉检查	静态场景
6	视觉区分	区分出视觉信息的差异
7	视觉察觉	察觉到图形、文字等信息载体的存在
8	无相关资源需求	无须视觉认知的场景

表 3.2　听觉认知资源需求与评分等级

评分等级	听觉认知资源需求描述	适用的听觉认知场景
1	听觉特征	辨识语音信息的模式特征
2	听觉区分	区分出语音信息的差异
3	听觉理解	理解语义信息
4	听觉反馈	获得预期的语音反馈信息
5	听觉选择性定位	描述声音的具体方向
6	听觉总体性定位	描述声音的大致方向
7	听觉察觉	察觉到声音信息的存在
8	无相关资源需求	无须听觉认知的场景

表 3.3　触觉认知资源需求与评分等级

评分等级	触觉认知资源需求描述	适用的触觉认知场景
1	触觉连续调整(飞控类)	飞控类操纵器件位置或状态的连续调节
2	触觉连续调整(开关类)	开关类受控对象位置或状态的连续调节
3	冲突检测	通过触觉检查发现与视觉信息产生冲突
4	触觉串行操作	连续输入信息
5	触觉离散调整	受控对象位置或状态的非连续调节
6	触觉检查	检查位置或状态
7	触觉激活	开关/按钮的状态触发或切换
8	无相关资源需求	无须触觉认知的场景

表 3.4　认知加工资源需求与评分等级

评分等级	认知加工资源需求描述	适用的认知加工场景
1	估算、计算、转换	需要进行估算、计算、转换等操作的场景
2	多维评估	考虑多重因素的评估场景
3	编码、解码	对信息载体进行深度加工
4	单维评估	考虑单个因素的评估场景
5	符号/信号识别	对符号、信号等载体进行模式匹配
6	选择	经认知加工后需要进行选择的情况
7	直接关联	在刺激作用下直接产生反应
8	无相关资源需求	无须认知加工的场景

3.2.3　复合关联矩阵构造方法

　　加权社会网络模型的复合关联矩阵由关联频次矩阵和关联强度矩阵复合作用

而成。关联频次矩阵中的元素表示的是在待考察的任务片段中,网络任意两个通过有向关系连接的节点发生联系的次数。原 SNA 方法构造的是布尔关联矩阵,即矩阵中的元素只用 1 或 0 来表示节点之间存在或不存在关联[95],但由于关联频次对表征节点重要性程度的指标影响较大,故采用 Stanton 等[96]提出的关联频次表示方式,而与其不同之处在于,Stanton 等构造的关联矩阵是完全对称的,未考虑社会网络中不同节点之间的关联方向可能给频次和强度带来的差异性。这里提出的关联频次矩阵描述方法在有向网络的框架下区分不同关联方向上的差异,即本章所持的观点是,从控制论的角度论述,"控制"和"反馈"同时存在的情况并不普遍适用于社会网络中任意两个节点之间的关联,且"控制方向"和"反馈方向"承载的信息强度是不一致的,"控制方式"和"反馈方式"的差异明显影响着节点地位和网络性能。

关联频次矩阵 $M_{\text{frequency}}$ 可表示为

$$M_{\text{frequencey}} = \begin{bmatrix} \text{freq}_{11} & \text{freq}_{12} & \cdots & \text{freq}_{1n} \\ \text{freq}_{21} & \text{freq}_{22} & \cdots & \text{freq}_{2n} \\ \vdots & \vdots & \ddots & \vdots \\ \text{freq}_{m1} & \text{freq}_{m2} & \cdots & \text{freq}_{mn} \end{bmatrix}_{m \times n} \tag{3.6}$$

式中,$\text{freq}_{ij}(i = 1, 2, \cdots, m, j = 1, 2, \cdots, n)$ 表示从节点 i 到节点 j 方向上的关联频次;m 表示网络中发起控制信息的节点总数;n 表示网络中发起反馈信息的节点总数。

以节点关系复杂度表征的节点关联强度,可用矩阵 M_{strength} 表示为

$$M_{\text{strength}} = \begin{bmatrix} \text{str}_{11} & \text{str}_{12} & \cdots & \text{str}_{1n} \\ \text{str}_{21} & \text{str}_{22} & \cdots & \text{str}_{2n} \\ \vdots & \vdots & \ddots & \vdots \\ \text{str}_{m1} & \text{str}_{m2} & \cdots & \text{str}_{mn} \end{bmatrix}_{m \times n} \tag{3.7}$$

式中,$\text{str}_{ij}(i = 1, 2, \cdots, m, j = 1, 2, \cdots, n)$ 表示从节点 i 到节点 j 方向上的关联强度;m 表示网络中发起控制信息的节点总数;n 表示网络中发起反馈信息的节点总数。

关联频次矩阵 $M_{\text{frequency}}$ 和关联强度矩阵 M_{strength} 都是 $m \times n$ 阶矩阵,当发起控制信息的节点与发起反馈信息的节点相同时,将矩阵中对应位置的元素记为 0,即不考虑加权社会网络中存在任何自环(Loop)的情况。

基于以上定义,加权社会网络模型的复合关联矩阵 M_{compound} 可表示为

$$M_{\text{compound}} = \begin{bmatrix} \text{cmpd}_{11} & \text{cmpd}_{12} & \cdots & \text{cmpd}_{1n} \\ \text{cmpd}_{21} & \text{cmpd}_{22} & \cdots & \text{cmpd}_{2n} \\ \vdots & \vdots & \ddots & \vdots \\ \text{cmpd}_{m1} & \text{cmpd}_{m2} & \cdots & \text{cmpd}_{mn} \end{bmatrix}_{m \times n}$$

$$
= \begin{bmatrix}
\mathrm{freq}_{11} \cdot \overline{\mathrm{str}}_{11} & \mathrm{freq}_{12} \cdot \overline{\mathrm{str}}_{12} & \cdots & \mathrm{freq}_{1n} \cdot \overline{\mathrm{str}}_{1n} \\
\mathrm{freq}_{21} \cdot \overline{\mathrm{str}}_{21} & \mathrm{freq}_{22} \cdot \overline{\mathrm{str}}_{22} & \cdots & \mathrm{freq}_{2n} \cdot \overline{\mathrm{str}}_{2n} \\
\vdots & \vdots & \ddots & \vdots \\
\mathrm{freq}_{m1} \cdot \overline{\mathrm{str}}_{m1} & \mathrm{freq}_{m2} \cdot \overline{\mathrm{str}}_{m2} & \cdots & \mathrm{freq}_{mn} \cdot \overline{\mathrm{str}}_{mn}
\end{bmatrix}_{m \times n}
$$

$$
= \begin{bmatrix}
\sum\limits_{k=1}^{\mathrm{freq}_{11}} \mathrm{str}_{11\_k} & \sum\limits_{k=1}^{\mathrm{freq}_{12}} \mathrm{str}_{12\_k} & \cdots & \sum\limits_{k=1}^{\mathrm{freq}_{1n}} \mathrm{str}_{1n\_k} \\
\sum\limits_{k=1}^{\mathrm{freq}_{21}} \mathrm{str}_{21\_k} & \sum\limits_{k=1}^{\mathrm{freq}_{22}} \mathrm{str}_{22\_k} & \cdots & \sum\limits_{k=1}^{\mathrm{freq}_{2n}} \mathrm{str}_{2n\_k} \\
\vdots & \vdots & \ddots & \vdots \\
\sum\limits_{k=1}^{\mathrm{freq}_{m1}} \mathrm{str}_{m1\_k} & \sum\limits_{k=1}^{\mathrm{freq}_{m2}} \mathrm{str}_{m2\_k} & \cdots & \sum\limits_{k=1}^{\mathrm{freq}_{mn}} \mathrm{str}_{mn\_k}
\end{bmatrix}_{m \times n}
\tag{3.8}
$$

式中，cmpd_{ij} 表示节点 i 到节点 j 方向上的复合关联程度，$\mathrm{cmpd}_{ij} = \mathrm{freq}_{ij} \cdot \overline{\mathrm{str}}_{ij}$（$i = 1$，$2，\cdots，m，j = 1，2，\cdots，n$），即复合关联程度表示为关联频次和平均关联强度的乘积形式，或通过累积每次交互的关联强度计算，即 $\mathrm{cmpd}_{ij} = \sum\limits_{k=1}^{\mathrm{freq}_{ij}} \mathrm{str}_{ij\_k}$。复合关联矩阵的基本性质与关联频次矩阵、关联强度矩阵一致。

可根据复合关联矩阵构造出相应的加权社会网络模型，其基本结构如图 3.2 所示。加权社会网络模型的基本要素包括表征控制或反馈功能的节点、显示信息流方向的有向边，以及标记在每一有向边上的权重值。

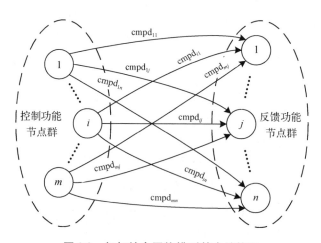

图 3.2   加权社会网络模型基本结构图

3.3　多通道智能交互模式转换规则

在传统的飞机驾驶舱人机系统中,引入智能交互模式优化重构人机交互任务网络,具体可分为两种途径:其一是通过调整关键节点与关键边的信息流负载实现局部优化;其二是通过改善人机交互任务网络的整体性能来实现全局优化。

从信息流负载的角度看,智能交互模式优化传统交互模式的能力主要体现在降低视觉认知、听觉认知、触觉认知以及认知加工的复杂度上。基于 VACP 量度(表 3.1~表 3.4),提出了传统交互模式向智能交互模式的转换规则,具体包括以下几条。

1. 触觉通道交互模式转换规则

(1) 针对将传统连续旋钮操作转换为触摸交互的情形,采用触觉串行操作与触觉激活的组合方式,替代触觉连续调整(开关类)受控对象状态的调节方式,如下降准备阶段在飞控面板上设置许可高度等交互场景,用节点关系复杂度表征的转换前后信息流负载分别为

$$\text{NRC}_{转换前} = \sqrt{(0.5 \times 0)^2 + \left[0.5 \times \left(-\log_2 \frac{2}{8} \right) \right]^2} = 1 \qquad (3.9)$$

$$\text{NRC}_{转换后} = \sqrt{(0.5 \times 0.707\,1)^2 + \left[0.5 \times \left(-\log_2 \frac{4}{8} - \log_2 \frac{7}{8} \right) \right]^2} \approx 0.693\,3$$
$$\qquad (3.10)$$

(2) 针对将传统拨钮操作、离散旋钮操作、离散手柄操作转换为触摸交互的情形,采用触觉激活的方式替代触觉离散调整受控对象状态的调节方式,例如,下降准备阶段在 EFIS 面板切换导航模式、下降阶段打开着陆灯电门、使用减速板手柄配合不同高度/速度来调整下降率等交互场景,用节点关系复杂度表征的转换前后信息流负载分别为

$$\text{NRC}_{转换前} = \sqrt{(0.5 \times 0)^2 + \left[0.5 \times \left(-\log_2 \frac{5}{8} \right) \right]^2} \approx 0.339\,0 \qquad (3.11)$$

$$\text{NRC}_{转换后} = \sqrt{(0.5 \times 0)^2 + \left[0.5 \times \left(-\log_2 \frac{7}{8} \right) \right]^2} \approx 0.096\,3 \qquad (3.12)$$

(3) 针对将传统连续手柄操作转换为触摸交互的情形,采用触觉激活的方式替代触觉连续调整(飞控类)受控对象状态的调节方式,如在自动着陆阶段断开自

动推力、将推力手柄推至慢车位置等交互场景,用节点关系复杂度表征的转换前后信息流负载分别为

$$NRC_{转换前} = \sqrt{(0.5 \times 0)^2 + \left[0.5 \times \left(-\log_2 \frac{1}{8}\right)\right]^2} = 1.5 \qquad (3.13)$$

$$NRC_{转换后} = \sqrt{(0.5 \times 0)^2 + \left[0.5 \times \left(-\log_2 \frac{7}{8}\right)\right]^2} \approx 0.0963 \qquad (3.14)$$

2. 视听通道交互模式转换规则

视听通道交互模式的信息流负载与飞行机组(PF、PM)信息感知、信息认知的复杂度密切相关,采用除触摸交互之外的非接触式交互方式(如语音交互),可从信息简洁化、智能化等角度出发,提供及时、有效、直接的视听通道辅助功能,优化传统交互模式的感知与认知复杂程度,用节点关系复杂度表征的转换前/后通用信息流负载为

$$NRC_{转换前/后} = \sqrt{(0.5 \times OC)^2 + \left[0.5 \times (CC_{视觉/听觉感知} + CC_{认知加工})\right]^2} \qquad (3.15)$$

对于视觉/听觉感知和认知加工行为,操作复杂度 $OC = 0$,转换前后视觉/听觉感知复杂度不变,转换前传统交互模式的认知加工过程需要对符号、信号等载体进行模式匹配,即

$$NRC_{转换前} = 0.5 \times \left(CC_{视觉/听觉感知} - \log_2 \frac{5}{8}\right) \qquad (3.16)$$

转换后的认知加工应能降低对感知到的信息进行认知加工的难度,即不高于表 3.4 中"符号/信号识别"所对应的认知加工难度。用节点关系复杂度表征的转换后信息流负载为

$$NRC_{转换后} = 0.5 \times \left(CC_{视觉/听觉感知} - \log_2 \frac{6}{8}\right) \qquad (3.17)$$

或

$$NRC_{转换后} = 0.5 \times \left(CC_{视觉/听觉感知} - \log_2 \frac{7}{8}\right) \qquad (3.18)$$

3.4 人机智能交互网络建模案例

构建人机智能交互网络的关键在于深刻理解显示控制界面信息域之间的量化关系。通过对飞行员任务进行详尽分析,揭示"任务-信息域"之间的紧密关

系,并将其映射为"信息域-信息域"之间的关联关系与精确量化关系。因此,应对复杂的飞行任务时,依靠标准飞行程序进行信息域的分析显得尤为重要。为了深入分析飞行任务,首要任务是明确定义飞行任务的总体目标。在本章中,将总目标明确定义为完成一次完整的五边飞行流程。随后,将总目标进一步分解为多个子任务,这些子任务是实现总目标所不可或缺的。本章基于五边飞行任务中的起飞、巡航和下降着陆阶段,给出飞机驾驶舱人机智能交互网络建模案例。

3.4.1　网络数据采集与处理

基于 B737-800 飞行手册和飞行机组操作手册,考虑任务涉及的所有显示控制元素,根据功能相似性将飞机驾驶舱人机交互划分为 47 个信息域,如表 3.5 所示。

表 3.5　飞机驾驶舱人机交互信息域划分示例

序号	信　息　域	序号	信　息　域
1	机长侧时钟显示区	25	引气面板
2	机长侧主飞行显示区	26	外部灯开关
3	机长侧导航显示区	27	辅助动力单元电门
4	发动机显示控制面板	28	发动机起动和点火面板
5	上侧发动机指示和机组告警区	29	模式选择组件区
6	后缘襟翼指示区	30	系统警告牌、主警告灯、火警灯区
7	起落架指示区	31	电子飞行仪表控制面板
8	起落架手柄	32	模式控制面板
9	副驾侧时钟显示区	33	无线电调谐面板
10	副驾侧主飞行显示区	34	导航控制面板
11	副驾侧导航显示区	35	自动定向仪控制面板
12	飞行控制面板	36	气象雷达控制面板
13	仪表电门面板	37	空中交通管制、告警与防撞系统控制面板
14	燃油面板	38	显示控制组件面板
15	电源面板	39	下侧发动机指示和机组告警区
16	地面电源面板	40	速度刹车手柄
17	汇流条电门	41	安定面配平手轮、位置指示带
18	辅助动力单元控制区	42	停留刹车手柄、指示灯
19	旅客标志面板	43	起飞/复飞控制电门
20	风挡和探头加温面板	44	反推手柄
21	防冰面板	45	油门杆
22	液压面板	46	襟翼手柄
23	座舱压力面板	47	驾驶杆
24	空调面板		

1. 起飞阶段相关信息域分析

起飞阶段被分解为包含 5 个子阶段的复杂任务集合,分别为驾驶舱准备程序、推出程序、开车程序、滑行程序及起飞程序。这些子阶段的具体实施涉及的相应标准飞行程序,以及其与信息域序号的对应关系如图 3.3 所示。

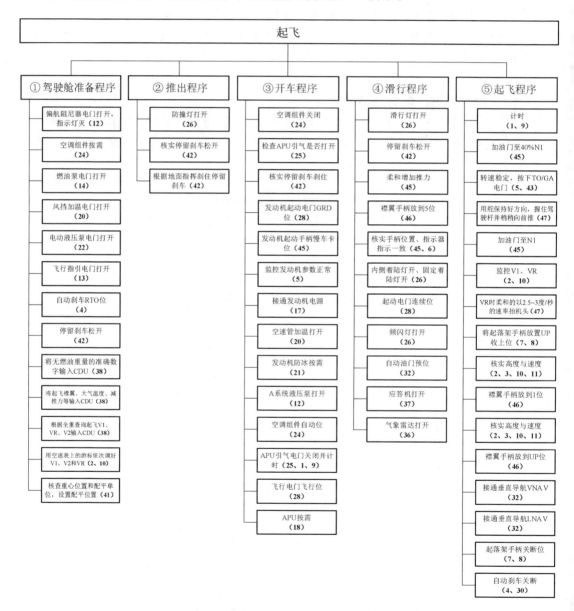

图 3.3　起飞阶段标准飞行程序与对应的信息域序号

中断起飞(rejected takeoff,RTO);控制显示组件(control and display unit,CDU);辅助动力装置(auxiliary power unit,APU);水平导航(lateral navigation,LNAV);垂直导航(vertical navigation,VNAV)

定义起飞为一级任务,驾驶舱准备程序、推出程序、开车程序、滑行程序和起飞程序均为二级任务。起飞阶段各二级任务包含的信息域整理如表 3.6 所示。

表 3.6　起飞阶段各二级任务包含的信息域

一级任务	二级任务	信息域序号
起　飞	驾驶舱准备程序	2、4、10、12、13、14、20、22、24、38、41、42
	推出程序	26、42
	开车程序	1、5、9、12、17、18、20、21、24、25、28、42、45
	滑行程序	6、26、28、32、36、37、42、45、46、
	起飞程序	1、2、3、4、5、7、8、9、10、11、30、32、43、45、46、47

2. 巡航阶段相关信息域分析

巡航阶段共包括 2 个子阶段,主要为爬升程序与巡航程序。各程序相关的标准飞行程序与对应的信息域序号如图 3.4 所示。

定义巡航为一级任务,爬升程序、巡航程序为二级任务。巡航阶段各二级任务包含的信息域整理如表 3.7 所示。

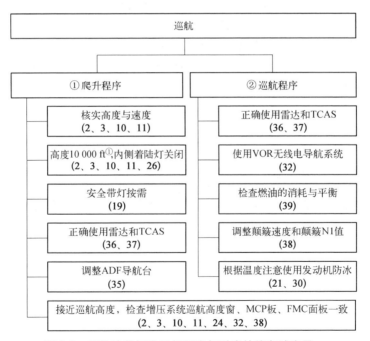

图 3.4　巡航阶段标准飞行程序与对应的信息域序号

空中交通预警和防撞系统(traffic alert and collision avoidance system,TCAS);甚高频全向信标(VHF omnidirectional range,VOR);自动测向仪(automatic direction finder,ADF);模式控制面板(mode control panel,MCP);飞行管理计算机(flight management computer,FMC)

———————

① 1 ft = 0.304 8 m。

表 3.7   巡航阶段各二级任务包含的信息域

一级任务	二级任务	信息域序号
巡 航	爬升程序	2、3、10、11、19、24、26、32、35、36、37、38
	巡航程序	21、30、32、36、37、38、39

3. 下降着陆阶段相关信息域分析

下降着陆阶段共包括 6 个子阶段,主要为下降程序、进近着陆程序、着陆接地程序、滑回程序、关车程序及安全离机检查程序。各程序相关的标准飞行程序与对应的信息域序号如图 3.5 所示。

定义下降着陆为一级任务,下降程序、进近着陆程序、着陆接地程序、滑回程序、关车程序和安全离机检查程序为二级任务。下降着陆阶段各二级任务包含的信息域整理如表 3.8 所示。

4. 任务-信息域矩阵的计算

前文分析得出了 3 个一级任务以及与之关联的 13 个二级任务,每个任务均与相应的信息域形成关联,分别建立两个独立的"任务-信息域"关联网络,并随后计算各自对应的"信息域-信息域"关联网络。

定义起飞、巡航、下降着陆 3 个一级任务的"任务-信息域"矩阵为 I,矩阵 I 的维度为 3 行 47 列,其中 3 行代表 3 个一级任务,47 列代表 47 个信息域。

将数据输入至 I 矩阵中,矩阵如下所示:

$$I = \begin{bmatrix} 1 & 1 & \cdots & 1 & 1 \\ 0 & 1 & \cdots & 0 & 0 \\ 0 & 1 & \cdots & 1 & 0 \end{bmatrix} \tag{3.19}$$

同理可得驾驶舱准备程序等二级任务的"任务-信息域"矩阵为 II,矩阵 II 的体量为 13 行 47 列,其中 13 行代表 13 个二级任务,47 列代表 47 个信息域。矩阵 II 如下所示:

$$II = \begin{bmatrix} 0 & 1 & 0 & \cdots & \cdots & 0 & 0 & 0 \\ 0 & 0 & 0 & \cdots & \cdots & 0 & 0 & 0 \\ \cdots & \cdots & \cdots & \cdots & \cdots & \cdots & \cdots & \cdots \\ 0 & 0 & 0 & \cdots & \cdots & 0 & 0 & 0 \end{bmatrix} \tag{3.20}$$

5. 邻接矩阵的计算

基于任务层次,邻接矩阵分别为 I' 和 II'。首先,根据"任务-信息域"矩阵 I 和 II,得到转置后的"信息域-任务"矩阵 I^T 和 II^T。接着,将"信息域-任务"矩阵与"任务-信息域"矩阵进行矩阵乘法运算,得到"信息域-信息域"矩阵 I' 和 II'。最后,将矩阵中数值大于 1 的元素全部赋值为 1,将对角线元素赋值为 0,从而最终得到两个大小为 47 行 47 列的邻接矩阵 I' 和 II'。

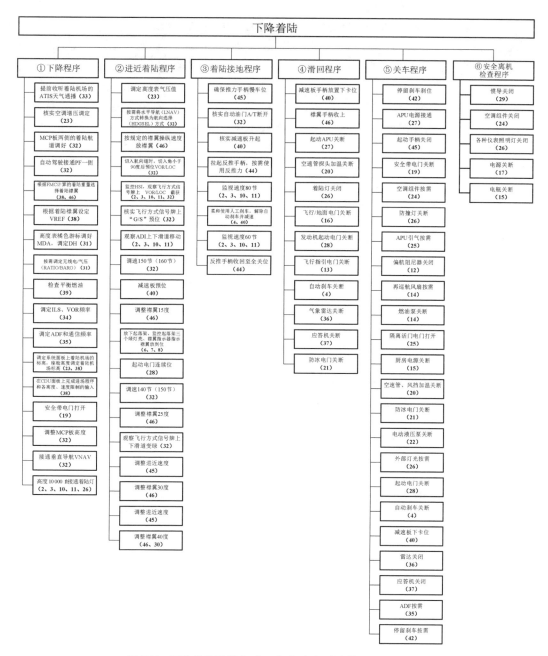

图 3.5 下降着陆阶段标准飞行程序与对应的信息域序号

自动航站情报服务（automatic terminal information service, ATIS）；模式控制面板（mode control panel, MCP）；操纵飞机的飞行员（pilot flying, PF）；飞行管理计算机（flight management computer, FMC）；参考速度（velocity reference, VREF）；最低下降高度（minimum descent altitude, MDA）；决断高度（decision height, DH）；传动比/气压（ratio/barometric, RATIO/BARO）；仪表着陆系统（instrument landing system, ILS）；甚高频全向信标（VHF omnidirectional range, VOR）；水平状态指示仪（horizontal situation indicator, HSI）；航向选择（heading select, HDGSEL）；航向道（localizer, LOC）；姿态方位仪（attitude director indicator, ADI）

表 3.8   下降着陆阶段各二级任务包含的信息域表

一级任务	二级任务	信息域序号
下降着陆	下降程序	2、3、10、11、19、23、26、31、32、33、34、35、38、39、46
	巡航程序	2、3、6、7、8、10、11、23、28、30、32、40、45、46
	着陆接地程序	2、3、4、10、11、32、40、44、45
	滑回程序	4、13、16、20、21、26、27、28、36、37、40、46
	关车程序	4、12、14、15、19、20、21、22、24、25、26、27、28、35、36、37、40、42、45
	安全离机检查程序	15、17、24、26、29

针对传统交互方式,基于一级任务与交互复杂度的邻接矩阵赋权结果为

$$I'_{\text{before}} = \begin{bmatrix} 0 & 0.903\,3 & \cdots & 0 \\ 1.492\,6 & 0 & \cdots & 1.184\,5 \\ \cdots & \cdots & \cdots & \cdots \\ 0.561\,3 & 1.705\,0 & \cdots & 0 \end{bmatrix} \tag{3.21}$$

式中,邻接矩阵中所有权值之和为 1 959.452 3。

针对传统交互方式,基于二级任务与交互复杂度的邻接矩阵赋权结果为

$$II'_{\text{before}} = \begin{bmatrix} 0 & 0.062\,6 & \cdots & 0.085\,8 \\ 0.781\,6 & 0 & \cdots & 0.894\,9 \\ \cdots & \cdots & \cdots & \cdots \\ 0.639\,5 & 1.628\,8 & \cdots & 0 \end{bmatrix} \tag{3.22}$$

式中,邻接矩阵中所有权值之和为 1 149.318 6。

以触控交互方式为例,基于一级任务与交互复杂度的邻接矩阵赋权结果为

$$I'_{\text{after}} = \begin{bmatrix} 0 & 0.849\,3 & \cdots & 0 \\ 0.316\,8 & 0 & \cdots & 0.318\,6 \\ \cdots & \cdots & \cdots & \cdots \\ 0.350\,4 & 1.329\,0 & \cdots & 0 \end{bmatrix} \tag{3.23}$$

式中,邻接矩阵中所有权值之和为 967.246 1。

以触控交互方式为例,基于二级任务与交互复杂度的邻接矩阵赋权结果为

$$II'_{\text{after}} = \begin{bmatrix} 0 & 0.042\,6 & \cdots & 0.082\,4 \\ 0.122\,6 & 0 & \cdots & 0.465\,4 \\ \cdots & \cdots & \cdots & \cdots \\ 0.343\,4 & 1.317\,5 & \cdots & 0 \end{bmatrix} \tag{3.24}$$

式中,邻接矩阵中所有权值之和为 590.499 6。

在以上邻接矩阵中,权值均为信息域之间的交互复杂度。从以上结果中可以看出,无论采用传统交互方式还是智能交互方式,二级任务对应的交互复杂度均小于一级任务。同时,从传统交互方式和触控交互方式的对比来看,对于一级任务,交互复杂度降低值为 992.206 2,降幅约为 50.64%;对于二级任务,交互复杂度降低值为 558.819,降幅约为 48.62%。

3.4.2　网络统计特性分析

运用 Gephi 软件完成驾驶舱人机交互网络的可视化呈现,在网络中创建包含 47 个节点的序号,编号范围为 1 至 47。在节点的视觉设计方面,按照节点的度进行排名,度值较小的节点采用接近白色的颜色呈现,而度值较大的节点则呈现颜色较为饱和的状态。

1. 基于一级任务的驾驶舱网络分析

根据邻接矩阵 I'_{after},得到网络图 I_G 如图 3.6 所示。

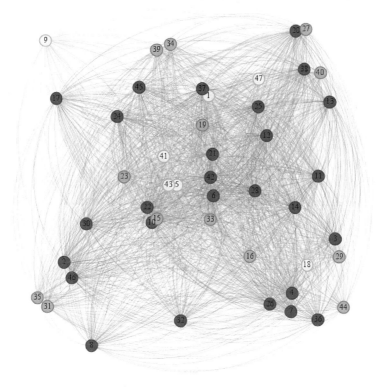

图 3.6　基于一级任务的驾驶舱网络可视化图

1）度与度分布概率的分析

节点的度指的是与复杂网络中特定节点相连的其他节点的数量。采用邻接矩阵表示时,复杂网络中节点 i 的度 k_i 可以定义为 $k_i = \sum_{j \in V} a_{ij}$,其中,$a_{ij}$ 表示节点 i 和节点 j 之间是否存在边,若存在则 $a_{ij} \neq 0$,否则 $a_{ij} = 0$。

通过 Gephi 软件进行计算,得到了基于一级任务的驾驶舱网络图的平均度值为 42.128。该数值反映了在复杂网络中,每个节点平均与其他 42 个节点相连。考虑到该网络总节点数为 47,总边数为 1 980,这一高平均度值主要源于较多的总边数,表明各信息域之间存在密切联系。人机交互网络的度与度分布概率相应的计算具体结果如图 3.7 所示。

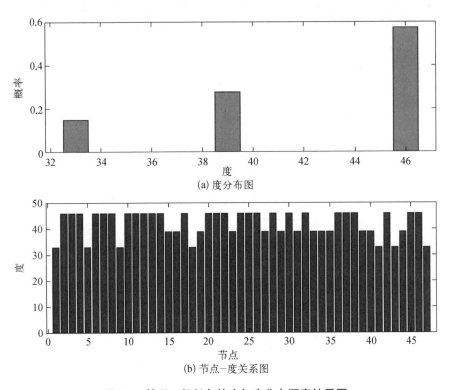

(a) 度分布图

(b) 节点-度关系图

图 3.7　基于一级任务的度与度分布概率结果图

从图 3.7 中的节点-度关系图可以看出,各节点的度值分布主要集中在 30～50 的范围内,呈现相对聚集的趋势。度分布概率图显示,度分布图趋近于指数函数的形态,表明随着节点的度增大,度分布概率也随之增加。鉴于无标度网络通常呈现出幂律分布的特性,当前复杂网络的度分布特性不符合无标度网络的模式。

2）平均路径长度与聚类系数分析

关于平均路径长度与聚类系数的分析在复杂网络中具有关键意义。在复杂网络中,节点 i 到 j 之间的最短路径长度 d_{ij} 定义为连接这两个节点的最短路径上的边数。网络的直径 D 表示任意两个节点之间最远的最短路径长度,即 $D = \max\limits_{i, j}(d_{ij})$。复杂网络中所有节点对之间最短路径长度的平均值即为网络的平均路径长度,可通过以下方式计算:

$$L = \frac{2}{N(N + 1)} \sum_{i, j \in N,\ i \neq j} d_{ij} \tag{3.25}$$

式中, L 为平均路径长度; N 为网络中节点的数量。

聚类系数作为评估网络集团化程度的关键参数,用于度量连接在一起的集团中节点各自的近邻之间有多少是共同的近邻。设某一节点 i 有 n 个最近邻,那么在这些最近邻中最多可能存在 $n(n - 1)/2$ 条连接。用 E_i 表示这些最近邻的点之间实际存在的连接数,则节点 i 的聚类系数 C_i 可通过以下方式进行计算:

$$C_i = \frac{2E_i}{n(n - 1)} \tag{3.26}$$

对网络中所有节点的聚类系数 C_i 取平均值,就得到了整个网络的平均聚类系数(average clustering coefficient, ACC):

$$\text{ACC} = \frac{1}{N} \sum_{i=1}^{N} C_i \tag{3.27}$$

该值描述了网络中节点聚集成团的趋势。以上计算方式为分析复杂网络平均路径长度与聚类系数提供了清晰的数学表达。

通过 Gephi 软件的深度分析,获得了当前复杂网络的关键拓扑特征。具体而言,该网络的平均路径长度为 1.084,网络直径为 2。这意味着在当前网络中,两个信息域之间的关联仅需经过最多 1.1 个信息域媒介就能够建立联系。此外,网络的平均聚类系数为 0.949,表明各个节点聚类系数的平均值较高。综合而言,该复杂网络呈现出较小的平均路径长度和直径,以及较高的聚类系数。

小世界网络是一类拥有特定结构的复杂网络,其命名源于其显著特点:尽管规模巨大,但是其中任意两个节点 i 到 j 之间的最短路径长度相对较为紧凑。这类网络通常表现出显著的聚类特性和较短的平均最短路径长度,展现了规则网络和随机网络特征的融合。鉴于当前网络特征与小世界网络的显著相似性,基于一级任务的人机交互网络显著呈现小世界网络的结构特性。

2. 基于二级任务的驾驶舱网络分析

根据邻接矩阵 I'_{after},得到网络图 II_G 如图 3.8 所示。

1) 度与度分布概率的分析

运用一级任务的计算方法,采用相应的公式对基于二级任务的驾驶舱网络图

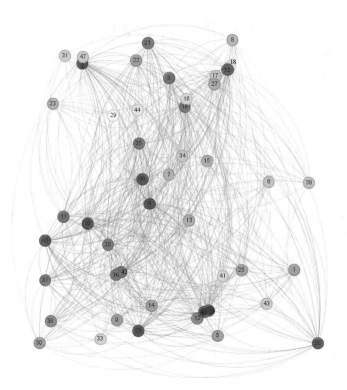

图 3.8　基于二级任务的驾驶舱网络可视化图

进行平均度值的计算,得到结果为 24.128。这一数值进一步说明,在复杂网络中,平均而言,每个节点与其他 24 个节点存在联系。基于二级任务的驾驶舱网络图总共包含 47 个节点和 567 条边。对该网络进行了度和度分布概率的计算,具体结果如图 3.9 所示,为理解基于二级任务的驾驶舱网络图的拓扑结构提供了关键信息。

通过观察图 3.9 中的节点-度关系图,可发现节点的度分布相对较为集中。主要体现在大多数节点对应的度值在 10~30 的范围内,仅有极少数节点的度小于 10 或大于 30。在度分布概率图的分析中,显示出度分布图缺乏明显的函数规律。考虑到无标度网络通常表现为幂律分布的特征,由此得出当前复杂网络并未呈现无标度网络的特性。

2) 平均路径长度与聚类系数分析

采用与一级任务相同的计算方法,对平均路径长度与聚类系数进行计算,得到当前复杂网络的平均路径长度为 1.484,网络直径为 3。该结果表明,在当前网络中,一个信息域与另一个信息域产生关联仅需最多 1.5 个信息域媒介就能够建立两者之间的联系。通过使用 Gephi 软件进行计算,得出了当前网络的平均聚类系数为 0.792。尽管与一级任务相比,该复杂网络中的平均路径长度、网络直径均呈

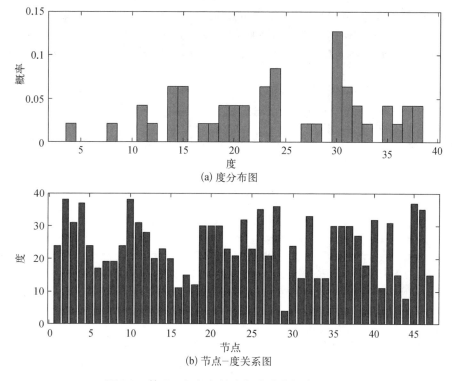

(a) 度分布图

(b) 节点-度关系图

图 3.9　基于二级任务的度与度分布概率结果图

上升趋势,聚类系数变小,但仍呈现相对较小的平均路径长度和直径以及相对较高的聚类系数。考虑到其与小世界网络特征高度符合,基于二级任务的驾驶舱网络呈现明显的小世界网络特征。

3.4.3　网络鲁棒性评估

　　飞机驾驶舱人机智能交互网络由节点及其相互连接的边所构成,因此,在对网络失效方式进行深入分析时,着重关注节点失效和边失效两个方向。鉴于网络是以信息流为基础构建的,实际上不存在物理边,因此在失效机理的研究中,主要聚焦于节点失效的探讨。

　　建立在人因失误的基础之上,失效可以分为随机失效和定点失效两类,节点失效也可进一步细分为随机攻击和定点攻击。随机攻击主要包含:① 生成飞机驾驶舱人机智能交互网络的邻接矩阵;② 计算节点的度;③ 计算网络的连通系数;④ 计算每个节点的聚类系数;⑤ 计算网络的平均聚类系数;⑥ 记录初始网络状态;⑦ 模拟随机攻击,直至所有节点失效并计算网络属性,在仍有存活节点时进行攻击,在邻接矩阵中断开与被攻击节点相关的所有连接,计算网络的连通系数和平均聚类系数;⑧ 绘制随机攻击状态下的连通系数比和平均聚类系数比。

1. 基于一级与二级任务的鲁棒性仿真对比

本章将指标分为两级,基于一级和二级任务进行模拟攻击。攻击状态下,一级任务的平均聚类系数比仿真结果如图3.10(a)所示,二级任务的平均聚类系数比仿真结果如图3.10(b)所示。

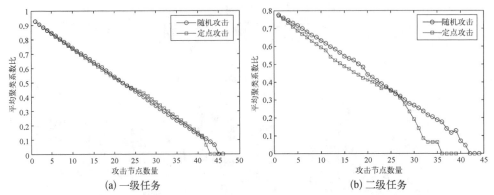

(a) 一级任务

(b) 二级任务

图3.10   攻击状态下一级与二级任务的平均聚类系数比仿真结果图

通过对一级任务的平均聚类系数比进行观察,可见在攻击节点数量小于40时,随机攻击与定点攻击下平均聚类系数比表现出几乎相同的变化趋势。然而,一旦攻击节点数量超过40,定点攻击导致网络迅速崩溃,平均聚类系数比骤降至0,并保持崩溃状态直至系统中所有节点被攻击。与此相对,随机攻击下网络的性能仍然平稳下降,攻击节点数量接近45时,平均聚类系数比出现类似于定点攻击的骤降。这表明在一级任务下,飞机驾驶舱信息域网络对抗随机攻击具有更强的鲁棒性。

观察二级任务的平均聚类系数比可见,整个模拟过程中无论攻击节点数量多少,定点攻击后的平均聚类系数比均小于或等于随机攻击。同时,定点攻击后的网络在攻击节点数量为26时即出现平均聚类系数比的骤降,一直持续至节点数量为36时降为0。与此相反,随机攻击下网络的性能保持平稳下降趋势,直至节点数量为42时,平均聚类系数比变为0,维持至仿真结束。这表明在二级任务下,飞机驾驶舱信息域网络对抗随机攻击仍具有更强的鲁棒性。

通过对比一级任务与二级任务的平均聚类系数比仿真结果,得出以下结论:飞机驾驶舱信息域网络对抗随机攻击相比定点攻击更为鲁棒。同时,二级任务对应的初始平均聚类系数比小于一级任务,但更早降至0,表明一级任务对应的网络更为稳定,更不易崩溃。平均聚类系数比反映了信息域网络的聚集程度,它的值越小,表示信息域没有过度集中在聚集程度高的社团内,网络的抗毁性就越强。实际的人机交互信息网络中,节点某种程度的失效必然导致整个网络的崩溃,而二级任务所呈现的仿真结果图充分体现了这一点。因此,相较之下,二级任务所对应的信息域网络更为切合实际情境。

攻击状态下,一级任务的连通系数比仿真结果如图 3.11(a)所示,二级任务的连通系数比仿真结果如图 3.11(b)所示。

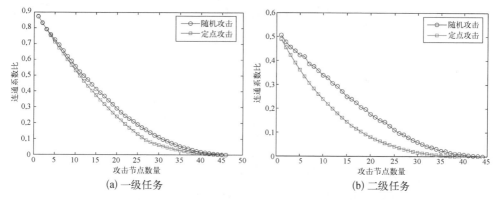

(a) 一级任务　　　　　　　　(b) 二级任务

图 3.11　攻击状态下一级与二级任务的连通系数比仿真结果图

从一级任务的连通系数比的角度来看,一级任务的信息域网络对于随机攻击的适应性仍然优于定点攻击,这与基于平均聚类系数比的研究结论相一致。在二级任务的连通系数比方面,二级任务的信息域网络呈现出与一级任务相似的特性。

通过对一级任务与二级任务的连通系数比仿真结果进行对比,得出以下结论:飞机驾驶舱信息域网络在应对随机攻击时相较于定点攻击表现出更强的鲁棒性。这一结论与基于平均聚类系数比的研究结果完全一致。同时,二级网络中定点攻击的连通系数比的变化明显快于一级网络。这意味着随着损坏节点的增多,二级网络的坍塌速度更为迅猛,进一步印证了节点损坏得越多,网络崩溃的速度应越快的观点。因此,二级网络的仿真结果较一级网络更为符合这一观点。

2. 基于传统与智能交互的鲁棒性仿真对比

针对传统交互方式与智能交互方式的对比仿真,本章选用二级网络为研究对象。首先,对传统交互方式的网络进行仿真,并分别完成随机攻击与定点攻击,连通系数比仿真结果如图 3.12(a)所示。接着,对智能交互方式(以触控交互为例)的网络进行仿真,并分别完成随机攻击与定点攻击,连通系数比仿真结果如图 3.12(b)所示。

从连通系数比的角度看,对于随机攻击,智能交互方式的连通系数比由 0.5 左右降至 0 的变化曲线相对于传统交互方式更为平缓,而在定点攻击条件下传统交互方式与智能交互方式的鲁棒性较为接近,均保持平稳的下降趋势。因此,从连通系数比的角度看,智能交互方式相对于传统交互方式来说,网络更为稳定。

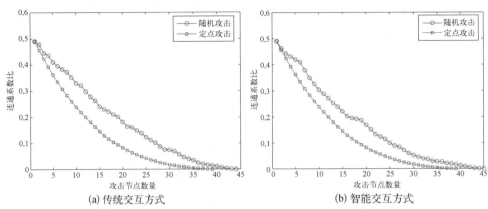

图 3.12　攻击状态下传统交互方式与智能交互方式的连通系数比仿真结果图

为了进一步比较传统交互方式与智能交互方式的网络稳定性,以平均聚类系数比为指标继续完成仿真。传统交互方式的平均聚类系数比仿真结果如图 3.13(a)所示,智能交互方式的平均聚类系数比仿真结果如图 3.13(b)所示。

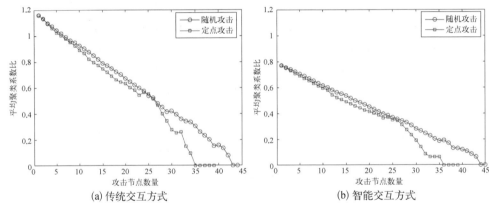

图 3.13　攻击状态下传统交互方式与智能交互方式的平均聚类系数比仿真结果图

智能交互方式对应的初始平均聚类系数比小于传统交互方式,但在攻击节点数量约 45 时均减少至 0,表明智能交互方式对应的网络更为稳定,更不易崩溃。同时,在定点攻击的条件下,传统交互方式对应的网络崩溃得更早,当攻击节点数量为 25 时,已经表现出网络坍塌的趋势。

通过对比传统交互方式与智能交互方式的仿真结果,综合连通系数比与聚类系数比仿真结果,可以看出,基于智能交互方式的飞机驾驶舱信息域网络相比基于传统交互方式的飞机驾驶舱信息域网络更具有鲁棒性。

第 4 章
飞机驾驶舱触控交互设计与评估方法

4.1　引言

在传统的玻璃驾驶舱中,机械式显示控制装置占据着人机交互界面的主导地位。物理控制设备占用大量空间,使得驾驶舱拥挤、沉重,传统驾驶舱中控制设备的更换成本过高,难以实现智能化、个性化。为了满足未来驾驶舱智能化发展的需要,将具有良好交互体验的显示触控系统引入民用飞机驾驶舱已经成为必然趋势,该举措可以降低航空公司运营成本、提高飞行员的任务效率、节约飞机制造商生产成本等。然而,引入触摸屏技术会带来由传统人机交互模式到触控交互模式的改变,操作方式、操作区域位置、控件功能等也随之改变,需要进行工效学设计。为了保证飞行员具备良好的、与飞行操作能力匹配的认知能力,如注意能力、工作记忆、反应速度等,分析触控交互信息的不同特征对飞行员信息加工过程、认知负荷形成过程的影响,深入地了解飞行员认知负荷的形成机理,需要对飞机驾驶舱触控交互界面进行优化设计。本章针对不同信息编码方式所形成的人机交互界面构型,研究飞行员在人机交互界面刺激下的脑电节律分布规律;结合脑电数据研究信息加工过程中的认知资源分配机制,基于 ACT－R(adaptive control of thought-rational) 研究飞行员在触控交互任务环境中的认知行为特征,建立基于脑电图(electroencephalogram, EEG)的人机交互界面认知模型;综合实验数据和仿真数据,提出基于模型的飞机驾驶舱触控交互界面评估方法。

4.2　触控交互信息脑电诱发机制

4.2.1　触控交互界面特征分析

在进行触控交互界面设计时,应充分考虑触控交互界面特征,包括触控交互界面视觉特征、触控显示屏自身属性、人机交互界面工效学设计要求等,从而建立科学合理的触控交互界面,降低飞行员认知负荷、减少人为差错。

触控交互界面中使用了多种视觉特征的组合进行编码设计,包括按钮大小、形状、间距、边框、符号、色彩、空间位置等,这些视觉特征都会对交互界面各组成部分的视觉显著度产生影响[105-106]。交互界面视觉特征的属性可分为 3 类：要素属性、整合属性和交互属性[107]，如表 4.1 所示。

表 4.1　交互界面视觉特征的属性分析

类　型	定　义	举　例
要素属性	单个界面要素独立具有的属性	如尺寸、间距、形状、颜色等
整合属性	当 2 个以上的组件组合在一起时发生的属性	界面要素的布局、排序或层次结构
交互属性	操作人员操作时发生的属性	响应操作人员控制动作的反馈信息内容

　　触控显示屏的自身属性主要包括触控显示屏输入与显示特性、触控显示屏技术（红外、电阻和电容）、触控显示屏安装布局、触控区域大小和间距以及硬件与驱动程序。触控显示屏显示特性包括：亮度、对比度、尺寸、色度、灰度、刷新率、屏幕抖动、显示响应和反射率等。

　　人机交互界面工效学设计要求主要包括信息显示、控制过程设计、反馈过程设计、触控操作的可达性分析以及防误触与告警系统设计等。人机交互界面的工效学设计直接影响飞行机组的交互效率与操作性能，主要体现在机组的工作负荷、人为差错、疲劳、情境意识等方面。

　　综上所述，在设计时应充分考虑可能影响触摸屏的使用的因素，从而有效地引导飞行员的视觉注意次序，提高信息搜索效率[108-110]。本章以按钮形状、间距两种特征为例探究其对操作人员在触摸屏操作任务中的表现和感知的影响，研究飞行员脑电诱发机制。

　　1. 按钮形状

　　形状在人机交互界面中具有传递信息量大、抗干扰能力强、易于接收信息等优点，形状决定了人们的知觉，利用形状来界定物体的边界，并且能够帮助操作人员进行快速判断，是操作人员对人机交互界面中元件进行识别的关键因素[105]。

　　常见的按钮形状有椭圆、方形、三角等，大部分操作人员更习惯使用方形的按钮。不同的形状和长宽比可能会影响操作人员的操作行为，在开发人机交互界面时，应考虑按钮的形状及其长宽比，以实现最佳的操作和体验[111]。触摸按钮任务性能与指尖大小和触摸按钮面积的比例有关，对于对角线长度相同的按钮键盘，方形按钮键盘通常比矩形按钮键盘具有更好的性能和可用性[106]。方形按钮比同样长边尺寸的矩形按钮具有更大的可触摸面积，更适合指尖操作，因此更容易定位；而在有限的触摸区域内，矩形按钮比相同长度的方形按钮有优势，因为它们有助于实现更小的触摸区域[110]。

2. 按钮间距

间距表示相邻按钮之间的边到边(而非中心到中心)距离。对于触摸输入,系统首先将触摸位置确定为点估计值,然后将该点估计值与触觉识别区域进行比较。当点估计值不在按钮的触觉识别范围内的时候,按钮间空间的触碰不会被记录为目标按钮的触控。因此,按钮间距可以防止非目标键被错误激活,而不会增加有效目标宽度[111]。

在许多情况下,并不是按钮尺寸越大,触摸屏使用性能越好。由于屏幕空间有限,按钮大小应保持最佳大小,并与间距进行权衡。结合现有的研究来看,按钮尺寸在 15~20 mm 时具有更好的性能和更高的满意度,操作人员可实现准确快速的操作[112-116]。但是,关于是否应当添加按钮间距以及添加多大尺寸的间距,研究人员有不同的看法。Tijai 等[113]提出为了更好的可见性,使操作人员可以容易地区分按钮,按钮之间应添加至少 1 mm 的间距。Chen 等[114]使用按钮尺寸为 10~30 mm、间距尺寸为 1 mm 或 3 mm 的按钮进行实验,结果发现间距大小不影响操作性能。也有研究人员提出,按钮间距对触摸屏性能没有影响,但从主观评价结果来看,用户确实更喜欢较大的按钮间距[116]。

尽管这些研究都提供了很多实证信息,但触摸屏按钮的设计仍然缺乏共识,至今尚无针对触摸屏按钮形状和间距设计的统一标准。由于实验环境和评估任务的不同,这些不同研究得出的建议之间存在差异,使得在进行触摸屏设计时没有明确的指导[117]。本章对驾驶舱触控组件的按钮形状和间距两种设计特征进行研究,通过脑电测量设备采集相关数据,探究按钮形状、间距对操作人员在触摸屏操作任务中的表现和感知的影响,为驾驶舱触控界面设计提供理论基础。

4.2.2　脑电诱发机制实验分析

驾驶舱触控交互界面设计包括触控交互界面视觉特征设计、触控显示屏的自身属性设计、人机交互界面工效学设计,本章以人机界面视觉特征中的触控按钮特征为例进行研究,对触控按钮进行设计,研究其不同特征的人机工效影响机理。

通过实验对驾驶舱触控界面特征进行研究,从形状(2 种类型:正方形、长方形)、间距(3 种类型:0 mm、1.5 mm、3.5 mm)两个方面进行设计,长方形按钮长宽比为 0.618。通过反应时间、正确率、脑电数据、主观评估结果(Likert 主观评估量表),对比受试对象在不同编码的触控界面下的任务表现,分析触控组件形状和间距两种特征对工效的影响,为驾驶舱触控界面设计提供依据。以点火选择电门为例,驾驶舱触控界面设计方案如表 4.2 所示。

表 4.2　驾驶舱触控界面设计方案

编号	图片示例	形　状	按钮间距/mm
1		正方形	0
2		正方形	1.5
3		正方形	3.5
4		长方形	0
5		长方形	1.5
6		长方形	3.5

　　本实验的处理因素为驾驶舱触控交互界面特征,在实验过程中将实验样本随机呈现给受试对象,受试对象根据指令点击相应的按钮,同时使用测量设备记录实验过程中受试对象的行为参数和生理参数。

　　这部分评价实验的实验效应为不同触控特征因素对受试对象的影响,通过分析生理测量数据(眼动、脑电)、时间、正确率、主观评估结果,对比受试对象在不同编码的触控界面下的任务表现,分析触控组件形状和间距两种特征对工效的影响。

　　实验对驾驶舱触控交互界面特征进行设计,通过改变触控组件的形状和间距设计出 6 种不同的触控方案,根据五边飞行程序对飞行任务中常用的 7 块面板进行设计,共 42 个实验样本。每名受试对象进行 6 组实验,每组实验包含 7 块面板,每块面板重复出现 3 次,进行每组实验时,实验样本随机呈现。基于视觉搜索实验范式进行实验设计,实验程序如图 4.1 所示。

　　实验将飞行操作指令以及对应的控件呈现给受试对象,受试对象根据指令要求进行触控操作任务,记录受试对象完成操作所用的时间以及操作结果是否正确,同时,实验操作人员进行脑电数据和眼动数据采集。实验开始后,受试对象首先阅

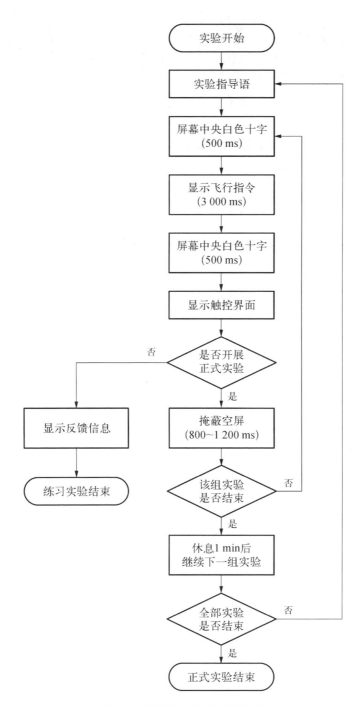

图 4.1　脑电诱发机制实验程序

读操作指导语,通过完成练习实验熟悉实验流程。然后开始正式实验,受试对象将注意力集中到屏幕中央的白色十字,500 ms 后显示一条飞行指令,显示时间为 3 000 ms,受试对象需要记住该指令,然后在屏幕中央会出现一个白色十字,显示时间为 500 ms,随后会出现与指令对应的操控界面,受试对象需要根据指令内容在操控界面中找到相应的控件并将其调整到相应的挡位。操作结束后出现一个掩蔽空屏,然后重新显示白色十字,进行下一条指令。

Likert 主观评估量表如表 4.3 所示,通过控件是否容易识别、是否容易理解、是否会产生错误判断、是否信息量小、是否会误触、是否正确率高 6 个方面评估触控交互界面的工效,每轮实验结束后,要求受试对象根据实验过程中的感受填写 Likert 量表。

表 4.3 Likert 主观评估量表

评 价 指 标	Likert 主观评估量级				
	完全不同意	不同意	一般	同意	非常同意
容易从界面中识别出相应控件	1□	2□	3□	4□	5□
控件设计容易理解	1□	2□	3□	4□	5□
不会对控件的状态产生错误的判断	1□	2□	3□	4□	5□
显示的信息量小	1□	2□	3□	4□	5□
不容易误触到其他按钮	1□	2□	3□	4□	5□
在该种设计下的正确率较高	1□	2□	3□	4□	5□

1. 时域分析

首先对脑电数据进行预处理,去除伪迹,然后根据不同的设计方案对脑电数据进行分类,选取刺激出现前 0.2 s 到刺激出现后 0.8 s 的脑电数据进行研究,经过叠加平均和基线校正后得到事件相关电位(event-related potential, ERP)分析结果。本次实验共采集 19 组脑电数据,有 3 组脑电数据观察到大量伪迹,在分析时剔除这 3 组数据,将 16 组有效数据的结果进行 ERP 分析,叠加平均后的 ERP 波形图如图 4.2 所示。实验观察到 N1 成分和 P300 成分,N1 潜伏期在 170 ms 左右,P300 潜伏期在 380 ms 左右,其脑电地形图如图 4.3 和图 4.4 所示。推测飞行员对不同编码方式的触控界面设计的认知加工主要在 N1、P300 两种 ERP 成分上得到反映,主要对这两种成分进行分析。

实验观察到在 170 ms 左右出现一个负成分,从图 4.3 的脑电地形图可以看出该成分主要位于中央-顶区、顶区、顶-枕区、枕区,推测为 N1 成分,与飞行员注意相关;实验还可以观察到一个正成分,潜伏期在 380 ms 左右,从图 4.4 的脑电地形图可以看出该成分主要位于右侧中央-顶区、顶区、顶-枕区,推测为 P300 成分。

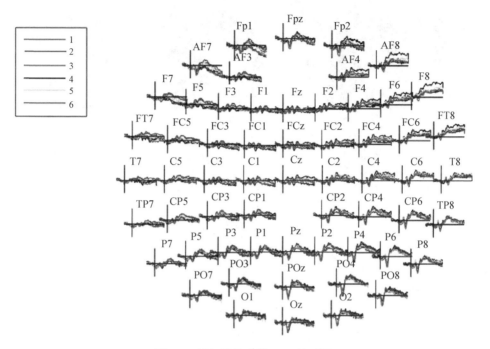

图 4.2　叠加平均后的 ERP 波形图

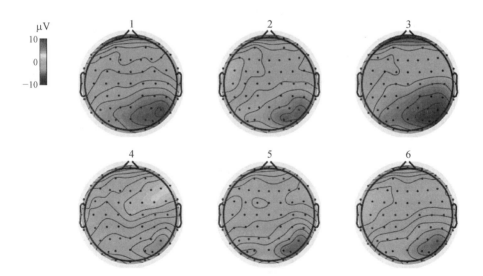

图 4.3　N1 成分（170 ms）的脑电地形图

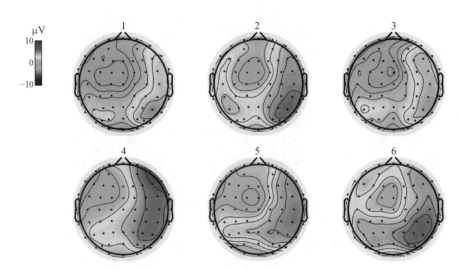

图 4.4　P300 成分（380 ms）的脑电地形图

1）N1 成分分析

从图 4.3 可以看出，诱发出的 N1 成分主要集中在中央-顶区、顶区、顶-枕区、枕区，选取这几个区域的 6 个电极作为典型电极进行研究：CP1、CP2、P3、P4、O1、O2。针对 N1 成分，选取 140～200 ms 时间段内的平均波幅进行分析。做 6（不同触控设计方案）×6（电极：CP1、CP2、P3、P4、O1、O2）的重复测量方差分析（repeated measure analysis of variance，Repeated ANOVA）。结果表明，触控设计方案无显著主效应，$F = 0.688$，$p = 0.634 > 0.05$；电极主效应边缘显著，$F = 27.527$，$p = 0 < 0.05$；触控设计方案与电极无交互效应，$F = 0.664$，$p = 0.892 > 0.05$。

为了进一步探究几种不同设计方案诱发的脑电成分的区别，对 N1 成分的统计结果进行简单效应分析，发现各设计方案诱发的 N1 成分之间存在显著性差异，N1 成分的简单效应分析结果如表 4.4 所示。

表 4.4　N1 成分的简单效应分析结果

电极	设计方案 I	设计方案 J	平均值差值 I − J	标准误差	显著性	差值的95%下限	置信区间上限
	2	6	0.836	0.296	0.006	0.249	1.424
CP2	4	6	0.683	0.296	0.023	0.095	1.270
	5	6	0.789	0.296	0.009	0.202	1.376

可以看出，在中央-顶区的 CP2 电极上，不同设计方案诱发的 N1 成分的平均波幅之间存在显著性差异，主要体现在设计方案 2、设计方案 4、设计方案 5 与设计方案 6 之间。如图 4.5 所示为 CP2 电极的 N1 电位波形图。

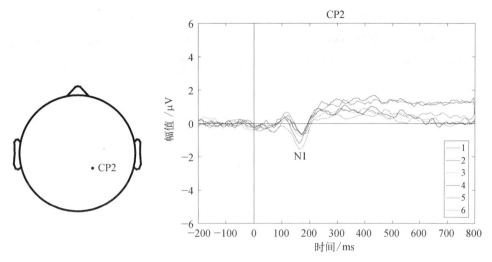

图 4.5　N1 电位波形图

可以看出,使用不同设计方案的触控界面进行实验时,在 140~200 ms 内出现一个负成分,峰值出现在 170 ms 左右,且设计方案 2、设计方案 3、设计方案 4、设计方案 5 峰值较低,设计方案 1、设计方案 6 的峰值明显较高。

针对 N1 成分,选取 CP2 电极的平均值进行分析,做 2(形状)×3(间距)的重复测量方差分析。结果表明,间距主效应边缘显著, $F = 5.170$, $p = 0.008 < 0.05$;形状无显著主效应, $F = 0.411$, $p = 0.526 > 0.05$;形状与间距无交互效应, $F = 1.043$, $p = 0.359 > 0.05$。 每种设计方案下 N1 成分波幅平均值与标准差统计如图 4.6 所示。

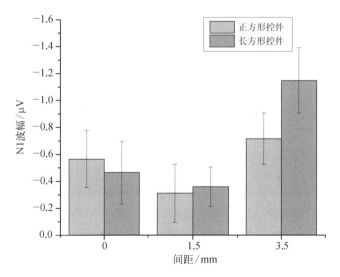

图 4.6　N1 成分波幅平均值与标准差统计

　　结合重复测量方差分析的结果与图 4.6 可以看出,触控组件间距对 N1 波幅有显著影响,间距为 3.5 mm 时波幅最大,说明此时受试对象对触控界面的注意程度最高,间距为 1.5 mm 时波幅最小,说明此时受试对象对触控界面的注意程度最低。

　　2) P300 成分分析

　　从图 4.4 可以看出,诱发出的 P300 成分主要集中在右侧中央-顶区、顶区、顶-枕区,选取这几个区域的 5 个电极作为典型电极进行研究:CP6、TP8、P6、P8、PO8。针对 P300 成分,选取 330~430 ms 时间段内的平均波幅进行分析。做 6(不同触控设计方案)×5(电极:CP6、TP8、P6、P8、PO8)的重复测量方差分析。结果表明,触控设计方案无显著主效应,$F = 2.535$,$p = 0.034 < 0.05$;电极主效应边缘显著,$F = 24.013$,$p = 0 < 0.05$;触控设计方案与电极无交互效应,$F = 1.475$,$p = 0.087 > 0.05$。

　　为了进一步探究几种不同设计方案诱发的脑电成分的区别,对 P300 成分的统计结果进行简单效应分析,发现各设计方案诱发的 P300 成分之间存在显著性差异,P300 成分的简单效应分析结果如表 4.5 所示。

表 4.5　P300 成分的简单效应分析结果

电极	设计方案 I	设计方案 J	平均值差值 I−J	标准误差	显著性	差值的95%下限	置信区间上限
CP6	1	4	−2.679	1.206	0.029	−5.074	−0.284
TP8	1	4	−5.090	1.568	0.002	−8.205	−1.975
	1	6	−4.169	1.568	0.009	−7.284	−1.055
	2	4	−4.080	1.568	0.011	−7.194	−0.965
	2	6	−3.159	1.568	0.047	−6.274	−0.044
P6	1	4	−2.533	1.189	0.036	−4.895	−0.171
	1	6	−2.643	1.189	0.029	−5.004	−0.281
P8	1	4	−5.048	1.447	0.001	−7.922	−2.173
	1	5	−3.491	1.447	0.018	−6.366	−0.617
	1	6	−4.173	1.447	0.005	−7.048	−1.299
	2	4	−3.962	1.447	0.007	−6.837	−1.088
	2	6	−3.088	1.447	0.036	−5.962	−0.213

　　可以看出,在右侧中央-顶区、顶区、顶-枕区的 CP6、TP8、P6、P8 四个电极上,不同设计方案诱发的 P300 成分的平均波幅之间存在显著性差异。主要体现在设计方案 1、设计方案 2 与设计方案 4、设计方案 5、设计方案 6 之间。如图 4.7 所示为各个电极的电位波形图。

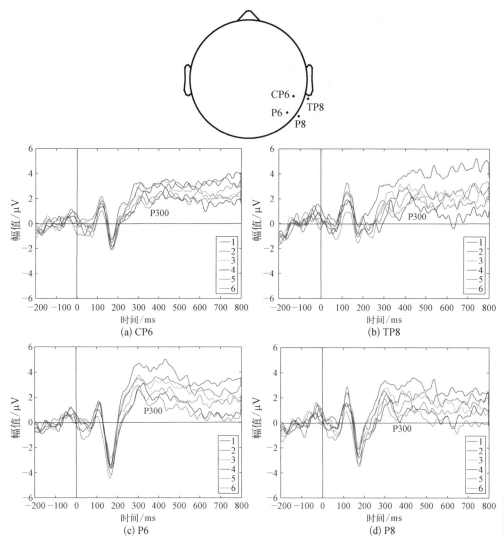

图 4.7　P300 电位波形图

使用不同设计方案的触控界面进行实验时,在 320~440 ms 内出现一个正成分,设计方案 1、设计方案 2、设计方案 3 峰值较高,设计方案 4、设计方案 5、设计方案 6 的峰值明显较低。

针对 P300 成分,选取几个电极上 P300 波幅的平均值进行分析,做 2(形状)×3(间距)的重复测量方差分析。结果表明,形状主效应显著,$F = 6.652$,$p = 0.015 < 0.05$;间距无显著主效应,$F = 0.933$,$p = 0.399 > 0.05$;形状与间距无交互效应,$F = 1.742$,$p = 0.184 > 0.05$。每种设计方案下 P300 成分波幅平均值与标准差统计如图 4.8 所示。

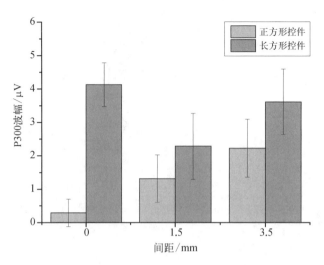

图 4.8　P300 成分波幅平均值与标准差统计

结合重复测量方差分析的结果与图 4.8 可以看出,触控组件形状对 P300 波幅有显著影响,形状为长方形时波幅更大,说明此时受试对象对触控界面投入更多的认知资源,形状为正方形时波幅更小,说明此时受试对象对触控界面投入的认知资源更少。

2. 频域分析

以 1 s 为时间窗,提取事件开始后 1 s 的脑电数据,对原始脑电数据进行快速傅里叶变换,计算各个频段(θ:3.5~7.5 Hz,α:7.5~12.5 Hz,β:12.5~30.0 Hz)的功率谱密度,其脑电地形图如图 4.9 所示。

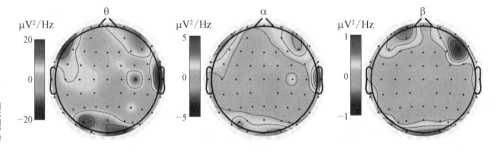

图 4.9　各频段的脑电地形图

可以看出,3 个频段的脑电地形图在额叶和枕区表现出典型的特征。与认知负荷相关的脑区主要为额叶、顶区和枕区,因此选取这几个区域的电极进行分析。对各个频段的脑电数据进行单因素方差分析,研究不同触控编码方案对受试对象 θ、α、β 波的功率谱密度值产生的影响以及在不同电极上结果的差异。

以 θ 波的功率谱密度作为指标,对脑电数据进行重复测量方差分析,发现在 Oz 电极上, $F = 3.525$, $p = 0.026 < 0.05$,不同编码设计方案之间存在显著差异,每种方案下 θ 波的功率谱密度如图 4.10 所示。

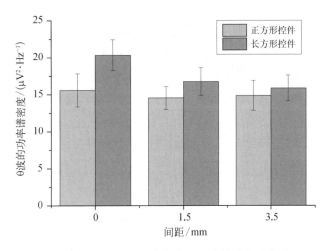

图 **4.10**　不同编码设计方案下 θ 波的功率谱密度

以 α 波的功率谱密度作为指标,对脑电数据进行单因素方差分析,发现在 F3 电极上, $F = 15.876$, $p < 0.001$,不同编码设计方案之间存在显著差异,每种方案下 α 波的功率谱密度如图 4.11 所示。

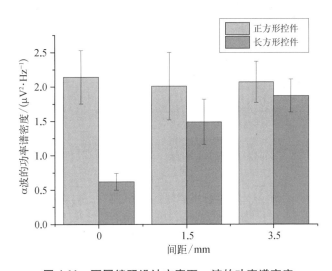

图 **4.11**　不同编码设计方案下 α 波的功率谱密度

以 β 波的功率谱密度作为指标,对脑电数据进行重复测量方差分析,不同编码设计方案之间无显著差异。

研究发现,不同编码设计方案下,受试对象脑电波的区别主要集中在额叶区域 F3 电极和枕区 Oz 电极上。从控件形状来看,在枕区(Oz),长方形控件诱发的 θ 波功率谱密度显著高于正方形时的结果;在额叶(F3),长方形控件诱发的 α 波功率谱密度显著低于正方形时的结果。在高认知负荷时,θ 波段的脑电功率增加,α 波段的脑电功率减少。可以看出,控件形状为长方形时,飞行员认知负荷大于控件形状为正方形时的认知负荷。从控件间的间距来看,在枕区(Oz),θ 波的功率谱密度随着间距的增加逐渐减小;在额叶(F3),α 波的功率谱密度随着间距的增加逐渐增加。可以看出,随着间距的逐渐增加,飞行员的认知负荷逐渐降低。

3. 回归分析

由于自变量中形状为分类变量,在进行回归分析前对其进行虚拟化处理,如表 4.6 所示。

表 4.6　虚拟变量设置

形　状	虚　拟　变　量	
	A_1	A_2
正方形	1	0
长方形	0	1

形状变量以 A_1 为基准,对实验数据进行线性回归分析,探究脑电数据各指标与控件的形状和间距两种因素之间的关系,得到模型的拟合度如表 4.7 所示。

表 4.7　回归模型拟合度

模　　型	R	R^2	调整后 R^2	标准估算的误差
N1 波幅	0.556	0.309	0.294	0.298 5
P300 波幅	0.725	0.526	0.511	0.248 4
θ 波的功率谱密度	0.620	0.384	0.371	2.236 4
α 波的功率谱密度	0.738	0.545	0.535	0.425 8

R^2 为拟合优度,表示模型中所有自变量与因变量之间的线性回归关系的密切程度,取值介于 0 和 1 之间,R^2 越大说明线性回归关系越密切。由表 4.7 可以看出,将 P300 波幅作为因变量进行回归分析时 $R^2 = 0.526 > 0.5$,拟合效果较好,对模型进行 F 检验时,发现模型通过 F 检验($F = 34.071$,$p = 0 < 0.05$);将 α 波的功率谱密度作为因变量进行回归分析时 $R^2 = 0.545 > 0.5$,拟合效果较好,对模型进行 F 检验时,发现模型通过 F 检验($F = 55.709$,$p = 0 < 0.05$)。模型公式如下:

$$A_{P300} = 2.015A_2 + 0.288B + 0.674$$
$$P_\alpha = -0.776A_2 + 0.299B + 1.527$$

(4.1)

式中,A_{P300} 为 P300 波幅;P_α 为 α 波的功率谱密度;A_2 为设置的形状虚拟变量;B 为触控组件之间的间距。

4.3 触控交互信息认知建模方法

将飞行员认知过程的事件相关脑电数据纳入模型,通过 ERP 成分表征受试对象的认知状态与不同编码的界面占用的认知资源,提出基于 ERP 的驾驶舱触控交互信息认知建模方法,建模流程如图 4.12 所示。用虚拟任务占用认知资源模拟不同编码的触控界面下受试对象认知资源的差异,基于 ERP 的工作负载模型激活与实际任务模型并行运行的虚拟模型,实现在模拟受试对象认知资源状态的情况下进行模型跟踪。

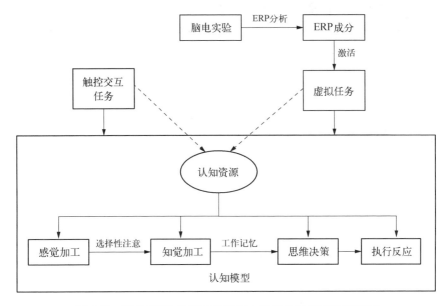

图 4.12 基于 ERP 的驾驶舱触控交互信息认知建模流程图

ACT-R 通过效用度量程序性规则的价值,决定哪个规则被激发。当一个有机体发现自身所处的环境中有多个规则可以适用时,选择具有最高效用的规则。这些效用的测量中会有一些噪声,因而哪个规则会被选择也时刻都会变化。计算将一个规则从一组竞争规则中选出的概率如下:

$$P_i = \frac{e^{U_i/s}}{\sum_j e^{U_j/s}}$$

(4.2)

式中，U_i 表示产生式 i 的效用；U_j 表示所有可适用产生式 j 的期望效用；s 表示效用中的噪声，服从平均值为 0 和方差为 0 的逻辑分布，在 ACT‐R 模型中通常设置为 1。

在本章提出的模型中，通过 ERP 的值计算虚拟任务的效用，确定虚拟任务的激发概率。模型中，j 的值为 2，包括触控交互任务与虚拟任务，触控交互任务的效用为默认值 0，则虚拟任务激发的概率可以表示为

$$P = \frac{e^{U/\sqrt{2}s}}{1 + e^{U/\sqrt{2}s}} \tag{4.3}$$

若想要虚拟任务以概率 P 激发，则虚拟任务的效用值应当设置为

$$U = \sqrt{2}\,s\ln\frac{P}{1 - P} \tag{4.4}$$

假设激发虚拟任务的概率为 P，完成触控交互任务的时间为 T，模型执行一次虚拟任务的时间为 t，直至完成交互任务，模型执行了 n 次虚拟任务，则模型完成任务的时间 T_{task} 及对应的概率 P_{task} 可以表示为

$$T_{\text{task}} = T + nt \tag{4.5}$$

$$P_{\text{task}} = P^n \times (1 - P) \tag{4.6}$$

可以计算出模型完成任务的平均时间 T_{average} 为

$$
\begin{aligned}
T_{\text{average}} &= T \times (1 - P) + (T + t) \times P(1 - P) + (T + 2t) \times P^2(1 - P) + \cdots \\
&\quad + (T + nt) \times P^n(1 - P) = T \times \big[(1 - P) + P(1 - P) \\
&\quad + P^2(1 - P) + \cdots + P^n(1 - P) \big] + tP(1 - P) \\
&\quad + 2tP^2(1 - P) + \cdots + ntP^n(1 - P) \\
&= T + t(1 - P) \times (P + 2P^2 + \cdots + nP^n) \\
&= T + t(1 - P) \times \left[\frac{P}{(1 - P)^2} - \frac{nP^{n+1}}{1 - P} \right] \\
&= T + t \times \left(\frac{P}{1 - P} - nP^{n+1} \right) \\
&= T + \frac{tP}{1 - P} \tag{4.7}
\end{aligned}
$$

以触控信息加工过程的飞行员脑电诱发机制实验为例进行分析，从实验采集的反应时间数据可以看出，受试对象在不同设计方案的交互界面下的反应时间差最大为 138.97 ms。要使模型能够拟合实验数据的变化范围，应满足 $\dfrac{tP}{1 - P} =$

138.97, 模型运行一次虚拟任务的时间为 250 ms, 因此可以计算出虚拟任务的激发概率不超过 0.357。

假设 ERP 成分的幅值与虚拟任务的激发概率呈线性关系, 可以推导出, ERP 成分的幅值 U_{P300} 与虚拟任务的激发概率 P 之间的关系式为

$$P = 0.357 \times \frac{U_{P300} - U_{min}}{U_{max} - U_{min}} \tag{4.8}$$

式中, U_{max} 和 U_{min} 分别为诱发的 P300 成分的幅值的最大值和最小值。

结合虚拟任务的效用值公式可以推导出:

$$U = \sqrt{2}\, s\ln \frac{1}{1.85 \times \dfrac{U_{max} - U_{min}}{U_{P300} - U_{min}} - 1} \tag{4.9}$$

4.3.1　触控交互任务的信息感知策略分析

在感知到交互界面的信息后, 受试对象根据长时记忆对感知到的信息进行编码, 即飞行员在长时记忆中搜索信息, 确认信息的含义。在驾驶舱触控交互任务中, 感知信息一方面来自触控界面的视觉信息, 另一方面来自飞行任务相关的环境信息。飞行员感知的对象为顶控板上的控件, 编码对象的特性包括: 控件的形状、尺寸、间距等。ACT - R 对视觉对象进行编码需要三个步骤: 搜索目标控件所在的位置, 注意到该控件并切换到该位置, 获取目标控件的编码信息[118]。这个过程涉及注意请求、注意转移和注意定位, 其中包含了大量的视觉与注意力转移之间的关系。受试对象认知过程所用的时间为

$$T_{all} = (T_1 + T_2) \times c + T_3 \tag{4.10}$$

式中, T_1 为受试对象注意转移时间, 飞行员在界面上进行视觉搜索, 从一个目标转移到下一个目标所需的时间; T_2 为受试对象对信息进行编码的时间, 受试对象在长时记忆中搜索信息的含义; c 是受试对象搜索到目标刺激所需的搜索次数, 与交互界面的复杂度与布局相关; T_3 为受试对象的操作时间, 与交互界面的触控方式、受试对象的手部相对目标刺激的距离相关。

视觉系统是一个资源有限的信息加工系统, 在任何时刻视觉系统只能选择外界环境中的有限信息进行加工, 影响视觉选择性注意的因素既可能是视觉场景中具有显著特征的刺激, 也可能是个体当前的主观意图或任务目标[119]。受试者在搜索过程中主要有 3 种眼动模式: 平行搜索模式、系列搜索模式和平行-系列搜索模式。平行搜索是一种自由的、无序的搜索, 没有意识控制其眼跳方向或眼跳距离。系列搜索是有意的、按照一定的搜索路径(如从左至右、从上至下) 进行的信息扫

描。平行-系列搜索结合的复合搜索模式,是一种既有意识参与,但意识又不是完全控制眼动轨迹的一种扫描,它需要意识来贯彻执行一定的搜索策略,但并不是预先完全定好搜索的轨迹[120]。

4.3.2　触控交互任务的操作与认知流程

驾驶舱触控交互任务的操作与认知流程如图 4.13 所示。实验开始后,在显示屏中央会出现指令,受试对象确定指令的位置,将注意转移到该位置,对指令内容

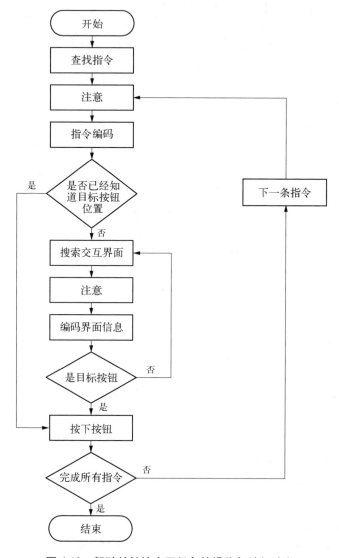

图 4.13　驾驶舱触控交互任务的操作与认知流程

进行信息加工,并记忆指令内容。首先确定是否知道目标按钮的位置,如果知道该按钮的位置,直接进行按键操作;如果不知道按钮的位置,受试对象在交互界面进行查找,然后将注意转移到编码界面信息。如果观察的按钮为目标按钮,则按下按键,否则在按钮系列搜索模式下继续搜索界面直至查找到目标按钮并按下按钮,然后继续进行下一条指令。

4.3.3　触控交互信息认知模型

以飞机驾驶舱顶控板操纵任务为例,建立驾驶舱触控交互认知模型。飞行员在触控编码实验中,使用触控交互操纵面板,根据指令在面板中找到相应的控件,将控件调整至相应的挡位。通过建立的驾驶舱触控交互认知模型,模拟飞行员的信息加工过程,包括感知、注意、决策和控制四个阶段。驾驶舱触控交互认知模型的架构如图 4.14 所示,飞行员对外界环境的感知主要通过视觉模块实现,飞行员对信息的记忆特性通过陈述性知识表示,通过产生式规则模拟飞行员的思维决策过程,使用手动模块模拟飞行员对驾驶舱操纵装置的作动过程,从而实现驾驶舱触控交互的任务仿真,最后对模型结果和实验结果进行比较验证模型的有效性。

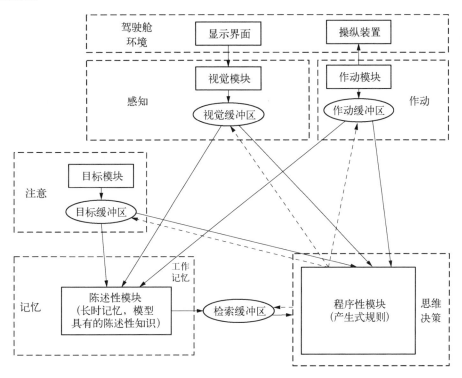

图 4.14　驾驶舱触控交互认知模型架构

　　显示界面为驾驶舱顶控板界面;操纵装置主要包括各种顶控板的各种操作按钮;作动模块主要表征飞行员对飞机的各种操作过程;陈述性模块储存了飞行员完成任务所需的信息,以信息块的形式存储,并监视所有的缓冲区,存储缓冲区中清除的数据块,以备以后使用;程序性模块即为飞行员完成任务的技能,以产生式规则表示,指挥各种陈述性知识的激活、程序性知识的匹配以及飞行员的各种操作动作。

　　1. 陈述性知识表征

　　陈述性模块存储模型所具有的所有陈述性知识,模型运行时通过在陈述性知识中搜索找到与请求中指定的信息最匹配的信息块,然后将该信息块放入检索缓冲区来响应请求。驾驶舱触控交互认知模型中的陈述性知识由定义模型时定义的知识以及模型运行时学习的知识组成,定义模型时定义的知识包括:实验开始时飞行员的视觉中心为屏幕中央,将屏幕分为左上、右上、左下、右下四块区域。

　　2. 程序性知识表征

　　ACT－R 认知模型使用一系列的程序性知识来阐述任务流程,程序性模块包含模型所有的程序性知识,模块不断监视所有缓冲区的活动,寻找满足某些程序运行条件的模块,当满足条件时,程序就会被触发,执行该程序的操作。程序是对控制行为的特定事件的陈述,每个程序都是一个条件操作(condition-action)规则,程序的条件由一系列特征组成,程序的操作包含模型在选择和使用程序时应执行的动作。驾驶舱触控交互任务包含的程序性知识如下:

　　(1) 如果显示指令,则注意并编码显示信息;

　　(2) 如果视觉场景发生变化,则注意并编码交互界面信息;

　　(3) 如果完成信息编码,则提取记忆中的指令信息,与当前观察的界面上的信息进行比对;

　　(4) 如果信息匹配,则在键盘上按下按键"Y"模拟触控动作;

　　(5) 如果信息不匹配,则继续进行视觉扫描;

　　(6) 如果继续进行视觉扫描,则按照系列搜索模式进行视觉扫描,按照从上到下、从左到右的方式加工交互界面的所有信息。

　　陈述性记忆中的信息块具有一定的激活值,它决定了该信息块被提取的速度,以及能否被成功提取。一个信息块的激活值不仅反映了它的固有强度,也被称为基线水平激活值(base-level activation),同时也反映了该信息块与当前情境中的元素的关联强度(strength of association),可以用以下的激活公式来表示:

$$A_i = B_i + \sum_k \sum_j W_{kj} S_{ji} + \varepsilon \qquad (4.11)$$

式中,A_i 表示信息块 i 的激活值;B_i 表示信息块 i 的基线水平激活值;k 为提供扩展激活的缓冲区,j 为缓冲区 k 中块的槽;W_{kj} 表示给予情境中组块 j 的注意力权重;S_{ji} 表示信息块 j 与 i 之间的关联强度;ε 表示噪声值。

　　图 4.15 给出了激活值计算的案例,假设当请求检索时,在其槽中有两个块的想象块(该想象块是在模拟、预测以及问题解决过程中动态生成的临时知识表征),并且陈述性记忆中有三个块与需要确定激活的检索请求相匹配,在不考虑噪声的情况下,每个块的激活值计算如图 4.15 所示。

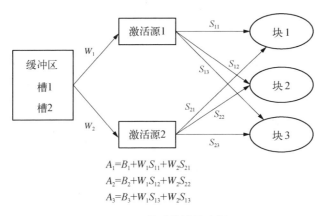

$$A_1 = B_1 + W_1 S_{11} + W_2 S_{21}$$
$$A_2 = B_2 + W_1 S_{12} + W_2 S_{22}$$
$$A_3 = B_3 + W_1 S_{13} + W_2 S_{13}$$

图 4.15　激活值计算案例

　　表 4.8 给出了激活值计算涉及的一些基本公式。基线水平学习公式反映了激活值是如何随信息块的过去使用历史而变化的;关联成分通过关联强度和注意力权重进行计算;激活公式的噪声值分量包含两个噪声源,存在可以与块关联的永久噪声和将在每次检索尝试时重新计算的瞬时噪声。

表 4.8　ACT − R 激活值计算涉及的基本公式

名　　称	公　　式	符号含义
基线水平学习公式	$B_i = \ln\left(\sum_{j=1}^{n} t_j^{-d}\right)$ $B_i = \ln\left(\dfrac{n}{1-d}\right) - d \times \ln(L)$ (近似值)	d:衰减参数,常设置为 0.5 n:块 i 的呈现次数 L:块 i 的生存期
注意力权重公式	$W_{kj} = \dfrac{W_k}{n_k}$	W_k:缓冲区的源激活总量 n_k:缓冲区 k 中的块的槽数
关联强度公式	$S_{ji} = S - \ln(\mathrm{fan}_j)$	S:最大结合强度 fan_j:陈述性内存中的块数
噪声	$\sigma^2 = \dfrac{\pi^2}{3} s^2$	均值为 0,方差为 σ^2 的 logistic 分布

当发出检索请求,并且陈述性内存中存在匹配的块时,只有当该块的激活超过检索阈值时,才会检索该块,发生这种情况的概率取决于块的预期激活值 A_i(不考虑噪声),以及系统中的瞬时噪声量。块的激活也决定了它的检索速度,从发出检索请求,到在缓冲区检索到可用的块所需的时间,称为提取时间。下面给出了 ACT‑R 理论中采取典型参数时的提取概率公式和提取时间公式,它们反映了提取概率和速度随着记忆被需要的可能性而变化,激活值的增加导致回忆概率增加和反应时间的减少。

$$\text{recall probability} = \cfrac{1}{1 + e^{\frac{\tau - A_i}{s}}} \qquad (4.12)$$

$$\text{Time} = Fe^{-A_i} \qquad (4.13)$$

式中,τ 为检索阈值,表示块可以具有并且仍然可以检索的最小激活值;A_i 表示块的预期激活值;s 表示瞬时噪声;F 为潜伏因子。

ACT‑R 通过更改模型中相关模块的参数来模拟人类的认知功能,在进行驾驶舱触控交互任务模型构建的过程中,模型参数设置如表 4.9 所示。

表 4.9　ACT‑R 模型参数设置

子符号系统相关参数	取　　值
检索阈值 τ	0
衰减参数 d	0.5
最大结合强度 S	10
噪声 s	0.4
潜伏因子 F	0.4

4.4　基于模型的触控交互界面评价

4.4.1　实验与仿真的相关性分析

结合实验测量的 P300 成分幅值数据,基于 ERP 调整虚拟任务的激活概率,模拟受试对象在不同界面构型下的认知状态,建立基于 ERP 的触控交互信息认知模型,不同触控设计下的反应时间仿真与实验数据对比如图 4.16 所示。

采用相关系数法和 Theil 不一致系数法判别模型仿真结果与触控界面编码实验结果的相关性与一致性。其计算过程如下[79]:

$$S_{12} = \frac{1}{N} \sum_{i=1}^{N} (X_i - \bar{X})(Y_i - \bar{Y}) \qquad (4.14)$$

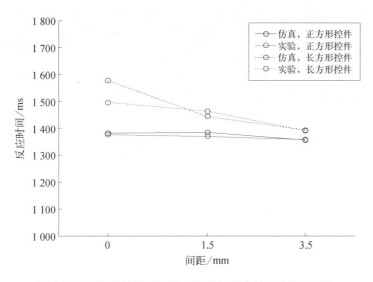

图 4.16　不同触控设计下的反应时间仿真与实验数据对比

$$R = \frac{S_{12}}{S_1 S_2} \tag{4.15}$$

$$T = \frac{\sqrt{\dfrac{1}{N}\displaystyle\sum_{i=1}^{N}(X_i - Y_i)}}{\sqrt{\dfrac{1}{N}\displaystyle\sum_{i=1}^{N}X_i^2} + \sqrt{\dfrac{1}{N}\displaystyle\sum_{i=1}^{N}Y_i^2}} \tag{4.16}$$

式中，S_{12} 为协方差；N 为数据的量；X_i 为仿真数据；$\bar{X}$ 为仿真数据的平均值；Y_i 为实验数据；$\bar{Y}$ 为实验数据的平均值；S_1 为仿真数据的标准差；S_2 为实验数据的标准差；R 为两组数据的相关系数；T 为 Theil 不一致系数。

表 4.10 所示为对仿真数据与实验数据进行相关性分析和一致性分析的结果。

表 4.10　相关性和一致性分析结果

编号	触控设计方案	相关系数 R	Theil 不一致系数
1	正方形，间距 0	0.947 8	0.051 9
2	正方形，间距 1.5 mm	0.982 5	0.026 5
3	正方形，间距 3.5 mm	0.991 8	0.019 1
4	长方形，间距 0	0.892 5	0.105 5
5	长方形，间距 1.5 mm	0.975 7	0.029 5
6	长方形，间距 3.5 mm	0.990 1	0.019 8

从图 4.16 可以看出,设计方案为长方形、间距为 0 时,仿真结果稍大于实验结果,在其他设计方案下,仿真结果与实验结果均较为接近。从表 4.10 可以看出,触控设计为长方形、间距为 0 时,相关系数低于 0.9,Theil 不一致系数大于 0.1,在其他设计方案下,相关系数较大且 Theil 不一致系数较小。总体上,仿真模型能够较好地反映实际的认知过程。

4.4.2　基于模型的交互绩效预测

基于 ACT-R 认知模型,反应时间随实验次数增加的变化的仿真与实验数据对比如图 4.17 所示。

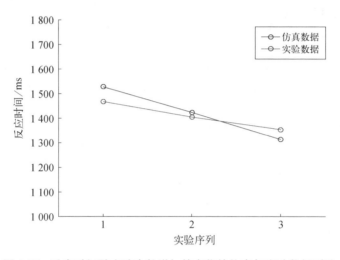

图 4.17　反应时间随实验次数增加的变化的仿真与实验数据对比

可以看出,随着实验次数的增加,受试对象的反应时间逐渐减小,这反映了受试对象在实验过程中的学习效应,即某项记忆越经常被提取,在未来被提取的概率就越大,因此检索潜伏期缩短,检索速度更快,在实验中表现为反应时间的缩短。

结合 P300 幅值与形状和间距两种因素之间的回归模型,以正方形控件为例,计算不同间距时诱发的 P300 成分的幅值,基于模型对不同间距时受试对象的反应时间进行仿真,探究反应时间随控件间距的变化规律,统计结果如图 4.18 所示。

可以看出,随着控件间距的增加,受试对象的反应时间逐渐减小,在控件间距小于 1 mm 时,受试对象的反应时间较长,随着控件间距的增加,受试对象的反应时间变化较大;在控件间距为 2.5~3.5 mm 时,随着控件间距的增加,受试对象的反应时间变化较小,说明此时控件间距的增加对受试对象的搜索效率的影响较小。

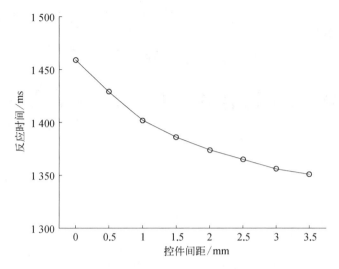

图 4.18　反应时间随控件间距的变化规律(正方形控件)

第 5 章

飞机驾驶舱语音交互设计与评估方法

5.1 引言

语音交互作为多模态人机交互的基本形式之一,可允许飞行员在不切换显示屏幕的情况下"穿透式"地执行任务,可以有效降低飞行员处理信息的工作量。飞机驾驶舱语音交互的影响因素包括驾驶舱内外噪声环境、飞行员情感状态、语料库与语音识别准确率等,国内已有研究以民航飞行手册和真实飞行场景下的语音数据为素材,建立了小型的中国民航专业语料库,为降低民航陆空通话语音识别的词错率、增强飞机驾驶舱语音交互的可行性奠定了基础,本章主要对飞机驾驶舱语音增强技术和语音交互情感识别技术进行论述。首先,分析真实驾驶舱和模拟驾驶舱的噪声环境,采用传统无监督方式进行语音增强,并采用客观评价指标语音感知测度评价(perceptual evaluation of speech quality, PESQ)以及短时客观可懂度(short-time objective intelligibility, STOI)指标进行衡量,选择适用于飞机驾驶舱的语音增强方式。其次,建立基于深度残差收缩网络多特征融合(deep residual shrinkage network with multi-feature fusion, DRSN - MF)的语音情感识别模型,并建立飞机驾驶舱环境的语音情感数据集。最后,提出基于语音情感的工作负荷评估方法,以紧急下降任务场景为例,开展语音交互辅助驾驶功能设计,以是否采用语音提示建立对照组进行实验验证。

5.2 飞机驾驶舱语音增强方法

结合规章标准,对飞机驾驶舱噪声来源和性质进行分析。语音增强方法在本章中用于滤除驾驶舱环境背景噪声,滤除后的音频信息用于语音识别及语音情感识别。本章选取几种无监督的语音增强方法,对其在真实驾驶舱和模拟驾驶舱中的语音增强效果进行比较,作为后续实验以及情感识别的前端处理算法,并为真实驾驶舱语音增强算法选择提供参考。

5.2.1 驾驶舱环境噪声

1. 飞机驾驶舱噪声标准

目前,与飞机驾驶舱噪声相关的标准主要包括运输类飞机适航标准和《飞机内噪声级》(GJB 1357—1992)等。

CAAC、FAA、EASA 运输类飞机适航标准第 25.771 条(e)款都规定驾驶舱设备的振动和噪声特性不得影响飞机的安全运行。

GJB 1357—1992 飞机内噪声级对飞机上噪声进行了相关规定。对于飞机上人员,其日暴露指数不得超过 1,且飞行人员耳部的连续(非脉冲)噪声级不应超过 115 dB(A)。对于通信设备,在各种任务区域使用通信装备时,诊断押韵测试的得分不小于 75%,并对不同语音干扰级下的通信质量要求进行了明确规定。

由上述标准的要求可以得到噪声在驾驶舱中的影响主要考虑两个因素,一是噪声对飞行人员身体的影响,二是对驾驶舱通信质量的影响。对于飞行人员身体防护要求,应在飞机系统部件设计阶段限制驾驶舱内部噪声声压。对于驾驶舱通信质量,在传统的驾驶舱中,考虑的是飞行员与地面的通信以及机组人员之间的通话,噪声会直接干扰人与人之间的对话。在采用语音交互的驾驶舱中,噪声会直接干扰人与机之间的对话,降低语音识别和语音情感识别的精度。故需要在语音信号前端进行语音增强处理,对语音信号进行降噪,从而保证噪声不会影响飞机及其系统部件的正常运行。

2. 飞机驾驶舱噪声来源

飞机驾驶舱声信息频率范围宽泛(150~6 800 Hz),背景噪声十分复杂,并具有非平稳性,包含动力装置噪声、机械设备噪声以及空气动力噪声[121]。有些噪声具有持续性,如螺旋桨声、气流摩擦机身的声音等,呈现无规则且无突变的特点。而有些噪声具有瞬时性,如超速、火警、风切变等告警声以及襟翼、缝翼、起落架操纵手柄等产生的噪声。并且在飞机故障状态下,告警声和气流摩擦声增加,背景噪声显著增强,信噪比显著降低,有效语音信息更加难以提取。驾驶舱噪声主要来源及特性如表 5.1 所示。

表 5.1　驾驶舱噪声主要来源及特性

类　　别	噪声来源	频谱特性
空气动力噪声	气流压力脉动	宽频连续
动力装置噪声	排气的噪声	宽频连续
	压气机噪声	宽带高频离散
	螺旋桨噪声	低频离散
	机械振动	谐振离散

续　表

类　　别	噪声来源	频谱特性
机械设备噪声	输出阀	高频连续
	风扇	低频离散
	引射器	高频连续
	空气管道	宽频连续
	个人通风喷头	高频连续

5.2.2　无监督语音增强算法

传统无监督的语音增强方式是在时域、频域上对语音信号进行分离,获得纯净语音信号以及噪声信号的特征[122]。代表性的方法有减谱法、维纳滤波法、子空间方法以及基于统计模型的方法等。

1. 减谱法

减谱法为早期传统语音增强算法,假设噪声全为加性噪声,不含乘性噪声,将语音谱和估计噪声谱做减法即可得到纯净的语音谱。其方法简单高效,但假设过于理想,其对噪声的假设是基于认为噪声信号是平稳的,实际效果较差。

2. 维纳滤波法

维纳滤波法不同于简单假设的减谱法,其目标是设计一个线性滤波器,求解增强后信号与纯净信号的最小均方误差解。但其假设也是基于噪声信号是平稳的。

3. 子空间方法

子空间方法假设纯净信号为观测信号在欧几里得空间的一个子空间,通过将观测信号向量空间分解为纯净信号子空间和噪声信号子空间,消除噪声子空间并保留纯净信号子空间。可通过 KL 变换(Karhunen-Loeve transform, KLT)[123],设置门限阈值,利用 KLT 系数的稀疏性将噪声 KLT 系数设置为 0,然后通过 KLT 逆变换得到增强后的语音。

4. 基于统计模型的方法

基于统计模型的方法中常见的方法为最小均方误差对数谱幅度(minimum mean-square error log-spectral amplitude, MMSE - LSA)估计[124]。此方法将纯净信号和噪声信号假设为独立零均值的高斯信号,以此最小化对数谱幅度均方误差。

由于飞机驾驶舱噪声信号具有非平稳性,基于平稳信号假设的减谱法和维纳滤波法的语音增强效果,理论上应劣于基于 KLT 和基于 MMSE - LSA 的语音增强效果。为提高后续语音信号的质量,本章测试了上述语音增强算法在实际驾驶舱和模拟驾驶舱的效果,并选择出实际效果更好的语音增强方式。

本章选用客观评价指标语音感知测度评价(perceptual evaluation of speech quality, PESQ)以及短时客观可懂度(short-time objective intelligibility, STOI)作为语音增强效果评价指标。

PESQ 是由国际通信联盟（International Telecommunication Union，ITU）提出的语音质量评价标准，评价纯净语音与观测语音的听觉感知特性。其得分范围为 0 至 5 分，语音质量越高，得分越高，其主观试听效果也会更好。

STOI 用以评价语音的可懂度，同时输入纯净语音与增强语音进行 STOI 计算。其得分范围为 0 至 1 分，增强后语音可懂度越高，得分越高。

5.2.3 降噪前后对比

本章选用起飞爬升阶段中真实驾驶舱噪声，设置 −5 dB、0 dB、5 dB 等信噪比，叠加在干净音频上，作为真实驾驶舱语音增强测试语料。录制模拟驾驶舱现场噪声叠加在干净音频上，作为模拟驾驶舱语音增强测试语料。在进行语音增强算法时，噪声估计皆选择前 0.25 s 语音段，这段语音不含有效语音，只包含背景噪声。

选取纯净语音信号、真实驾驶舱信噪比 5 dB 带噪语音信号和模拟驾驶舱带噪语音信号，其语谱图如图 5.1 所示。

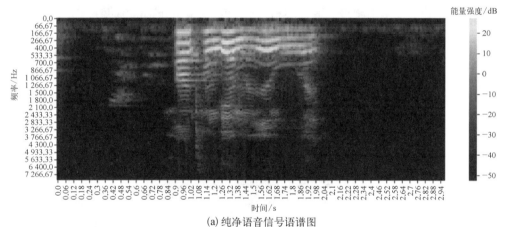

(a) 纯净语音信号语谱图

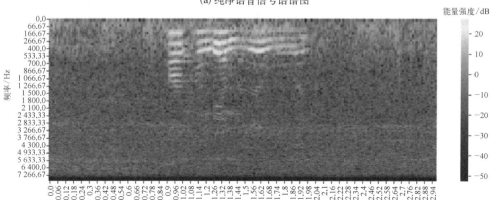

(b) 真实驾驶舱信噪比5dB带噪语音信号语谱图

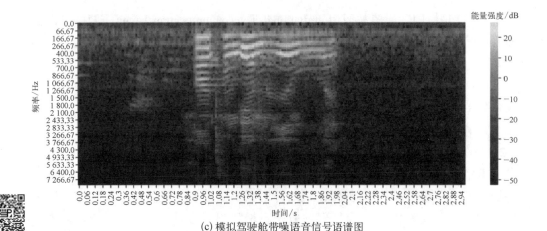

(c) 模拟驾驶舱带噪语音信号语谱图

图 5.1 语谱图

对比纯净语音信号与带噪语音信号语谱图,噪声频率主要分布于 50~7 200 Hz 之间,与调研结果基本相符。真实飞机驾驶舱噪声频率分布范围更为广泛,体现出真实环境下飞机噪声环境的复杂性。

选取真实驾驶舱信噪比 5 dB 带噪语音信号如图 5.2 所示,4 种语音增强算法增强后语音如图 5.3 所示。

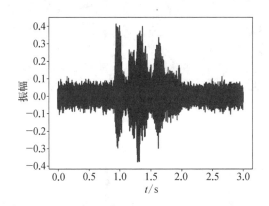

图 5.2 真实驾驶舱信噪比 5 dB 音频信号语音图

由图 5.3 可知,经过减谱法和维纳滤波法进行语音增强的驾驶舱语音信号还带有明显的噪声残留,而 KLT 子空间法和 MMSE – LSA 法则对语音信号噪声去除得较为干净。

1. 真实驾驶舱场景

在起飞爬升阶段,飞行员需要执行推动油门、控制驾驶杆和拨动旋钮及按动按钮等操作,噪声较为复杂。选取 A320 起飞爬升阶段真实驾驶舱背景噪声作为噪声

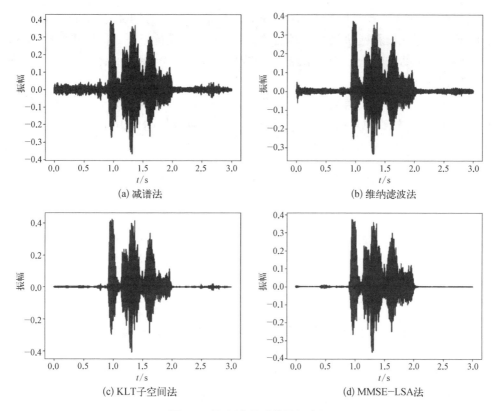

(a) 减谱法　　　　　　　　　　　　　(b) 维纳滤波法

(c) KLT 子空间法　　　　　　　　　　(d) MMSE-LSA 法

图 5.3　语音增强后信号语音图

音频,音频采样率为 19.98 kHz。为与语音交互输入音频采样率保持同步,降采样处理至 16 kHz,叠加纯净语音音频作为真实驾驶舱语音增强语料。真实驾驶舱语音增强效果如表 5.2 所示。

表 5.2　真实驾驶舱语音增强 PESQ 及 STOI 得分表

方　法	信　噪　比					
	−5 dB		0 dB		5 dB	
	PESQ	STOI	PESQ	STOI	PESQ	STOI
减谱法	2.08	0.68	2.43	0.72	2.84	0.76
维纳滤波法	0.47	0.65	0.87	0.76	1.52	0.85
KLT 子空间法	0.97	0.75	1.48	0.81	1.77	0.88
MMSE-LSA 法	2.55	0.77	2.86	0.80	3.25	0.83

由表 5.2 可知,随着信噪比的降低,各语音增强算法的 PESQ 和 STOI 分数显著降低,表明过于强烈的噪声会严重影响飞机驾驶舱语音系统质量。表 5.2 中,减谱

法的 PESQ 分值较高,但其 STOI 分值较低。从语音图中可知,经过减谱法进行语音增强仍然存在较多残余噪声。综合 PESQ、STOI 以及语音图,采用 MMSE - LSA 法对真实飞机驾驶舱进行语音增强效果更佳。

2. 模拟驾驶舱场景

与真实驾驶舱设置信噪比叠加纯净语音信号和噪声信号获取含噪声语音信号不同,在模拟驾驶舱中直接录制带噪语音信号,音频采样率为 16 kHz,录音过程中的声压级为 78 dB(A)。模拟驾驶舱语音增强效果如表 5.3 所示。

表 5.3　模拟驾驶舱语音增强 PESQ 及 STOI 得分表

方　　法	PESQ	STOI
减谱法	3.54	0.91
维纳滤波法	3.70	0.98
KLT 子空间法	2.80	0.99
MMSE - LSA 法	3.60	0.98

由表 5.3 可知,在模拟驾驶舱中,采用几种无监督语音增强方式都能取得不错的效果,其原因是模拟驾驶舱中噪声来源主要为服务器散热风扇声、空调声及飞行软件中的模拟驾驶舱噪声,噪声来源较少且噪声信号较为平稳。而飞行仿真软件中,模拟驾驶舱噪声与真实驾驶舱背景噪声复杂度存在一定差距,并且模拟驾驶舱噪声能量远低于真实驾驶舱噪声能量。

综合几种传统无监督语音增强方式在真实驾驶舱和模拟驾驶舱中的表现,本章选择采用 MMSE - LSA 法作为语音增强方式,在模拟驾驶舱环境中进行语音增强处理,为语音识别与语音情感识别任务提供较为可靠的音频信息。

5.3　语音交互情感识别模型

语音情感识别为有监督分类任务,其目的是提取语音情感特征,表征单一说话人音频的情感状态。在提取飞行员语音情感特征前,除了语音增强,还需对语音信号进行分帧加窗和端点识别,从而滤除空白语音段,降低其对飞行员语音情感识别的干扰。

5.3.1　语音情感特征

韵律特征和谱特征都是描述情感状态的有效特征。为减小训练计算量,选取韵律特征中语音短时能量、短时平均幅度、短时过零率等典型特征。鉴于倒谱特征区分能力明显优于线性谱特征,选取梅尔频率倒谱系数、线性频率倒谱系数、线性预测倒谱系数等谱特征。

1. 韵律特征

1）短时能量

不同情感的表达在语音信号的幅度值上的体现有所不同,将语音短时能量作为判断语音情感的特征之一。语音短时能量 E_n 是一个表征语音信号幅度值变化的函数:

$$E_n = \sum_{m=0}^{N-1} x_n^2(m) \tag{5.1}$$

2）短时平均幅度

语音短时能量 E_n 对高电平非常敏感。因此,可使用短时平均幅度 M_n 度量语音信号幅度值变化:

$$M_n = \sum_{m=0}^{N-1} | x_n(m) | \tag{5.2}$$

3）短时过零率

短时过零率 Z_n 表示分帧后语音信号中一帧语音波形穿过横轴的次数:

$$Z_n = \frac{1}{2} \sum_{m=0}^{N-1} | \operatorname{sgn}[x_n(m)] - \operatorname{sgn}[x_n(m-1)] | \tag{5.3}$$

语音低频部分和高频部分分别具有较低和较高的平均过零率,可以以此区分轻音和浊音,进而反映声带振动情况,作为区分情感的特征之一。

2. 谱特征

1）梅尔频率倒谱系数

梅尔频率倒谱系数(mel-frequency cepstral coefficient,MFCC)可有效表征声道共振信息[125],其计算步骤如下。

通过高通滤波器对语音信号进行预加重处理,提高高频部分使信号频谱变得平缓:

$$H(z) = 1 - \mu z^{-1} \tag{5.4}$$

对语音信号按照帧长为 25 ms,移帧为 10 ms 进行分帧并采用汉明窗进行加窗。

进行快速傅里叶变换,将时域信号转化为频域信号,得到能量分布:

$$X_a(k) = \sum_{n=0}^{N-1} x(n) e^{-\frac{j2\pi k}{N}}, \ 0 \leqslant k \leqslant N \tag{5.5}$$

将能量谱通过梅尔尺度的三角滤波器,对谱进行平滑化:

$$H_m(k) = \begin{cases} 0, & k < f(m-1) \\ \dfrac{2[k - f(m-1)]}{[f(m+1) - f(m-1)][f(m) - f(m-1)]}, & f(m-1) \leq k < f(m) \\ \dfrac{2(f(m+1) - k)}{[f(m+1) - f(m-1)][f(m) - f(m-1)]}, & f(m) \leq k < f(m+1) \\ 0, & k \geq f(m+1) \end{cases} \tag{5.6}$$

计算从滤波器输出的对数能量,进行离散余弦变换,得到 MFCC 系数:

$$s(m) = \ln\left[\sum_{k=0}^{N-1} |X_a(k)|^2 H_m(k) \right], \ 0 \leq m \leq M \tag{5.7}$$

$$C(n) = \sum_{m=0}^{N-1} s(m) \cos\left[\frac{\pi n(m - 0.5)}{M} \right], \ n = 1, 2, \cdots, L \tag{5.8}$$

2)线性频率倒谱系数

线性频率倒谱系数(linear frequency cepstral coefficient,LFCC)与梅尔频率倒谱系数特征提取过程相同,但其滤波器组频率按照线性频率分布。

3)线性预测倒谱系数

线性预测倒谱系数(linear predictive cepstral coefficient,LPCC)是利用线性预测分析获得倒谱系数,该特征描述元音效果较好,描述辅音效果较差,其提取过程如下。

通过线性预测分析得到全极点模型:

$$H(z) = \frac{G}{1 - \sum\limits_{i=1}^{p} a_i z^{-1}} \tag{5.9}$$

浊音的激励模型可表示为

$$U(z) = E(z)G(z) = \frac{A_v}{1 - Z^{-1}} \cdot \frac{1}{(1 - e^{-cT}z^{-1})^2} \tag{5.10}$$

输入输出的关系表示为

$$s(n) = \sum_{k=1}^{P} a_k s(n - k) + G u(n) \tag{5.11}$$

如果采样点 n 输出 $s(n)$ 可用前面 p 个样本的线性组合来表示,则 $a_1, a_2, \cdots, a_p$ 为常数值,称为线性预测系数:

$$\tilde{s}(n) \approx a_1 s(n-1) + a_2 s(n-2) + \cdots + a_p s(n-p) \tag{5.12}$$

线性预测倒谱系数 $c(n)$ 为

$$c(n) = \begin{cases} 0, & n < 0 \\ \ln(G), & n = 0 \\ a_n + \sum_{k=1}^{n-1} \left(\dfrac{k}{n}\right) c(k) a_{n-k}, & 0 < n \leqslant p \\ \sum_{k=n-p}^{n-1} \left(\dfrac{k}{n}\right) c(k) a_{n-k}, & n > p \end{cases} \tag{5.13}$$

5.3.2　语音情感识别模型

1. 基线模型

引入注意力机制增强有效语音帧的权重,减弱无效语音帧的权重,结合卷积神经网络(convolutional neural networks, CNN)、双向长短期记忆(bidirectional long short-term memory, BLSTM)网络模型构建基线模型。

1) CNN

将韵律特征输入 1D-CNN。计算谱特征以及其一阶和二阶差分形成 3 个通道的特征集,输入到 2D-CNN。1D-CNN 设置两个卷积层,卷积核的数目为 128,大小为 5,步长为 1,激活函数使用 ReLU。设置两个池化层,池化大小分别为 5 和 3。2D-CNN 设置三个卷积层,卷积核数目为 64,卷积核大小分别为 5×5、5×5、3×3,步长为 1,激活函数使用 ReLU。设置三个池化层,池化大小皆为 2×2。

2) BLSTM

当前语音信号蕴含情感不仅与前面的语音帧相关,还与后面的语音帧相关。所以需要使用 BLSTM,用独立的两个 LSTM 从两个方向处理语音序列。BLSTM 在 t 时刻隐藏输出结果为 h_t:

$$h_t = [\overrightarrow{h_t}, \overleftarrow{h_t}] \tag{5.14}$$

式中,$\overrightarrow{h_t} = \overrightarrow{\text{LSTM}}(x_t, \overrightarrow{h_{t-1}})$ 为前向 LSTM 在 t 时刻的隐藏输出结果;$\overleftarrow{h_t} = \overleftarrow{\text{LSTM}}(x_t, \overleftarrow{h_{t-1}})$ 为后向 LSTM 在 t 时刻的隐藏输出结果。

$$H = (h_1, h_2, \cdots, h_t) \tag{5.15}$$

3) 注意力机制

将 BLSTM 层输出的隐藏层 $H = (h_1, h_2, \cdots, h_t)$ 作为注意力层的输入,$H \in R^{t \times d}$,t 为语音帧数,d 为 BLSTM 隐藏层的大小。

$$e_i = \tanh(W_j h_i + b_j) \tag{5.16}$$

$$\alpha_i = \frac{\exp(e_i)}{\sum_i \exp(e_i)} \tag{5.17}$$

$$h_i' = \alpha_i h_i \tag{5.18}$$

式中,α_i 为注意力权重;h_i' 为按照语音帧加权后的特征值。

在 CNN 后加入引用注意力机制的 BLSTM 网络,BLSTM 每个方向包含 64 个节点,输出一个 128 维的序列。通过注意力机制,对包含情感信息较为丰富的语音帧分配较大的权重。

2. 信息融合

信息融合的目的是将不同模型的优势结合在一起,起到互补的作用。除数据层融合外,信息融合还包括特征层融合和决策层融合[126]。

特征层融合是将原始特征输入到多个深度学习网络中,得到多个降维特征向量,融合得到单个特征向量,然后输入分类器中。特征层融合常采用的方式有两种,特征向量并行(add)方式和特征向量拼接(concatenate)方式。并行方式需要所有网络输出相同维度的降维特征向量进行叠加,能够增加每一维特征的信息量,而不改变特征向量的维数。拼接方式则是将降维特征向量进行串联,能够增加特征向量的维数,而不增加每一维的信息量。

决策层融合是通过代数组合规则对多个网络识别结果进行融合,每个网络都会有一个预测评分,每个网络的分类结果都是独立的。常见的决策层融合方法有取分数的平均值(average)、最大值(maximum)等。

3. 深度残差收缩网络

深度残差收缩网络(deep residual shrinkage network,DRSN)引入软阈值化作为非线性层。软阈值化的本质是设计滤波器将噪声信号转化为接近为零的特征,是信号去噪方法的关键步骤。在深度残差网络结构中应用软阈值化构建的深度残差收缩网络,能提高带噪数据或复杂数据上的特征学习效果。

软阈值化的作用可表示为

$$y = \begin{cases} x - \tau, & x > \tau \\ 0, & -\tau \leqslant x \leqslant \tau \\ x + \tau, & x < -\tau \end{cases} \tag{5.19}$$

式中,x 为输入特征;y 为输出特征;τ 为阈值,即一个正参数。

输出对输入的导数为 1 或 0,可有效防止梯度消失和爆炸问题。其偏导数可表示为

$$\frac{\partial y}{\partial x} = \begin{cases} 1, & x > \tau \\ 0, & -\tau \leqslant x \leqslant \tau \\ 1, & x < -\tau \end{cases} \tag{5.20}$$

堆叠多个通道不同阈值的残差收缩模块(residual shrinkage building unit with channel-wise thresholds, RSBU－CW)则可得到深度残差收缩网络,如图 5.4 所示,在每个通道上都应用一个单独的阈值。对特征中的每个元素取绝对值,利用全局平均池化,将特征 x 映射为一个一维向量,然后输入到两个全连接(fully connected, FC)层。其中第二个全连接层的神经元数量为输入特征映射的特征通道数量,全连接层的输出则被缩放到 $(0, 1)$:

$$\alpha_c = \frac{1}{1 + e^{-z_c}} \tag{5.21}$$

式中,c 为特征通道序号;α_c 为第 c 个通道的缩放参数;z_c 是第 c 个通道的输出特征。

下一步可计算第 c 个通道的阈值:

$$\tau_c = \alpha_c \cdot \underset{i, j}{\text{average}} \mid x_{i, j, c} \mid \tag{5.22}$$

式中,τ_c 为第 c 个通道的阈值,$x_{i, j, c}$ 则为特征 x 的通道 c 下坐标为 (i, j) 的特征。

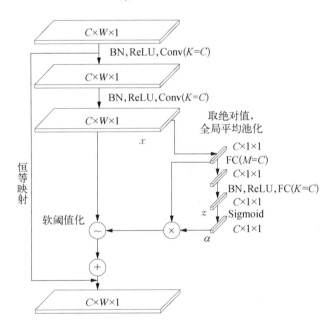

图 5.4　RSBU－CW 模块原理图

深度残差收缩网络也适用于非噪声数据,因为其阈值是由样本自适应确定。样本中若不含冗余信息,阈值可被训练得非常接近于零,从而软阈值化几乎不会对模型造成影响。将谱特征经过一阶二阶差分得到三个通道,在输入二维网络之前,通过深度残差收缩网络获得通道权重。通过这种方式,每组训练样本都可有自己独特的一组通道权重,结合样本自身特点,对特征通道进行加权调整,从而得到具有通道权重的 CNN,提升深度学习结果。

4. DRSN – MF 模型

对预处理后的语音信号提取语音情感特征。深度残差收缩网络多特征融合(deep residual shrinkage network with multi-feature fusion,DRSN – MF)模型包含一维网络(1D – CNN – BLSTM – Attention)和二维网络(2D – CNN – BLSTM – Attention)。两个网络中都引入了注意力机制,提高有效语音帧的权重,以提高情感识别效果。两个网络最后都引入一个 Dropout 层,防止过拟合,提升模型泛化能力。二维网络与一维网络的差异是采用了 2D – CNN,其输入输出相比 1D – CNN 多出了一个维度,可利用这个维度实现多通道的输入。将语音信号韵律特征输入到一维网络。将语音信号谱特征输入二维网络之前,先计算谱特征的一阶和二阶差分形成三个通道的特征集,引入深度残差收缩网络获得二维网络三个通道的权重,再将谱特征输入。MFCC、LFCC、LPCC 都采用这种方式输入二维网络。

不同特征经过深度学习网络后可得到对应的降维特征,为更好地利用降维特征,研究其在特征层融合和在决策层融合的差异。在特征层融合中采取特征向量并行方式和拼接方式,对降维特征进行融合后通过全连接层,采用 Softmax 函数对情感进行分类,如图 5.5(a)所示。决策层融合采取了取平均得分和最大得分方式,先通过全连接层和 Softmax 函数得到每一类降维特征对情感的分类预测分数,最后通过代数组合规则输出情感分类结果,如图 5.5(b)所示。

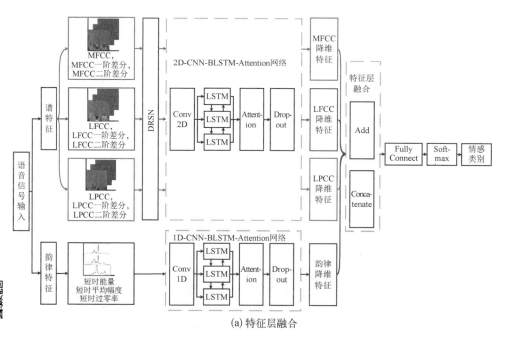

(a)特征层融合

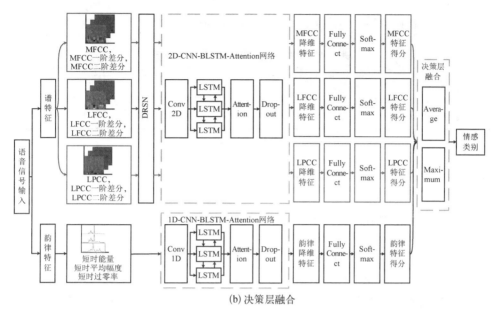

(b) 决策层融合

图 5.5　DRSN－MF 模型图

5.3.3　驾驶舱语音情感数据库

　　由于公开数据库样本量较少,且语料为日常用语,并不能够较为有效地表征飞行员在飞行任务中情感状态。以中国科学院自动化研究所(Institute of Automation Chinese Academy of Sciences, CASIA)中文情感数据库为蓝本,设计 30 条语料对本章情感数据库进行扩充,语料囊括实验中所使用语音交互指令,符合驾驶舱语音交互用语的规范。语料文本的选取遵从语义中性、无情感倾向的原则,无过多的书面语修饰。实验邀请 10 位成年男性,按照愤怒、恐惧、快乐、平静、悲伤、惊讶等情感倾向对语料文本进行录音。语音的录制在录音室中完成,要求录音人在演绎某个特定情感前通过回忆自身真实经历或体验进行情感的酝酿,来增强情感的真实感。初始语音采样率为 48 kHz,后重采样为单声道 16 kHz 以匹配 CASIA 数据集音频格式。经过辨识筛选后,保留其与 CASIA 数据集男声语料共计 1 950 条情感语料,其中 80% 用于模型训练,20% 用于情感识别精度测试。

　　对录制后的音频采用特征层融合 Add 进行训练,其混淆矩阵如图 5.6 所示。

综合数据集

	愤怒	恐惧	快乐	平静	悲伤	惊讶
愤怒	0.90	0.00	0.05	0.00	0.00	0.05
恐惧	0.00	0.71	0.00	0.05	0.18	0.06
快乐	0.11	0.00	0.71	0.10	0.00	0.08
平静	0.00	0.00	0.05	0.95	0.00	0.00
悲伤	0.00	0.20	0.05	0.05	0.70	0.00
惊讶	0.10	0.00	0.08	0.07	0.00	0.75

真实标签（左侧纵向）　预测标签（底部横向）

图 5.6　驾驶舱语音情感模型混淆矩阵

准确率、精确率、召回率和 F1 值如表 5.4 所示。

表 5.4   驾驶舱语音情感模型性能指标

融合策略	准确率/%	精确率/%	召回率/%	F1/%
特征层融合 Add	80.63	79.37	78.60	78.98

5.4   语音交互工作负荷评估方法

5.4.1   基于语音情感的工作负荷评估方法

1. PAD 情感空间

通过语音情感进行负荷评估的前提是建立情感模型,从而有效地计算当前情感状态到预想情感状态的情感距离。PAD 作为比较具有代表性的情感模型,已在大量情感计算应用中被证明是有效的。PAD 模型将情感分为三个维度:愉悦度(P)、激活度(A)和优势度(D)。愉悦度表示个体情感状态的正负情感特性,也就是情感的效价;激活度表示个体的神经生理激活水平和心理警觉状态;优势度表示个体对环境和他人的控制状态,即处于优势状态还是处于顺从状态。

1992 年,美国心理学家 Ekman 列举了 6 种基本情感:快乐、悲伤、愤怒、恐惧、惊讶和厌恶,并且认为更复杂的情感是这些基本情感的组合。这种划分在情感研究领域得到了广泛的应用,此后大量心理学学者在此基础上对人类情感划分进行了修改。将平静、愤怒、恐惧、快乐、悲伤和惊讶 6 种作为基本情感,与语音情感数据库对应,通过大量心理学实验可以得到基本情感的 PAD 值[127],如表 5.5 所示,6 种基本情感在 PAD 情感空间位置如图 5.7 所示。

表 5.5   6 种基本情感的 PAD 值

情　感	值		
	P	A	D
平静	0.05	−0.22	−0.02
愤怒	−0.53	0.43	0.64
恐惧	−0.35	0.52	−0.68
快乐	0.49	0.31	0.29
悲伤	−0.26	−0.34	−0.52
惊讶	0.21	0.57	0.13

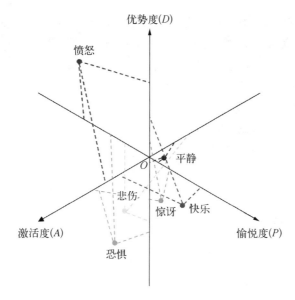

图 5.7　6 种基本情感在 PAD 情感空间位置

2. 粗糙集及三支决策

三支决策是基于粗糙集理论总结提炼出来的一种符合人类实际认知的决策模式。不同于仅含有接收和拒绝的二支决策,三支决策考虑了待定的情况,避免了直接接收或拒绝的风险,建立起了粗糙集理论与实际应用问题的桥梁。

假设论域 U 是一个有限的非空子集,$E \subseteq U \times U$ 为论域 U 上的一个等价关系。通过等价关系 E 可以将 U 划分成互不相交的子集,形成 U 上的一个划分,表示为 U/E。将包含对象 x 的等价类表示为 $[x]_E = \{y \mid y \in U, xEy\}$,可简化表示为 $[x]$。

假设粗糙集 $C \in U$,基于 C 与等价类 $[x]$ 之间的关系,可定义 C 的上下近似:

$$\overline{\mathrm{apr}}(C) = \{x \mid x \in U, [x] \cap C \neq \varnothing\}$$
$$\underline{\mathrm{apr}}(C) = \{x \mid x \in U, [x] \subseteq C\}$$

(5.23)

将上下近似作为论域 U 上的等价关系,可得到 U 上的一个划分,称为基于粗糙集 C 的正域、边界域和负域:

$$\mathrm{POS}(C) = \underline{\mathrm{apr}}(C) = \{x \mid x \in U, [x] \subseteq C\} = \{[x] \mid x \in U, [x] \subseteq C\}$$

$$\mathrm{BND}(C) = \overline{\mathrm{apr}}(C) - \underline{\mathrm{apr}}(C) = \{x \mid x \in U, [x] \cap C \neq \varnothing,$$
$$[x] \not\subseteq C\} = \{[x] \mid x \in U, [x] \cap C \neq \varnothing, [x] \not\subseteq C\}$$

$$\mathrm{NEG}(C) = U - \overline{\mathrm{apr}}(C) = \{x \mid x \in U,$$
$$[x] \cap C = \varnothing\} = \{[x] \mid x \in U, [x] \cap C = \varnothing\}$$

(5.24)

对于基于粗糙集 C 在论域 U 形成的三个区域,可以引入三支决策规则。对于对象 x,根据等价关系 E 在论域 U 上形成的等价类 $[x]$,如果有 $[x] \subseteq POS(C)$,则接受为粗糙集 C 的成员;如果有 $[x] \subseteq NEG(C)$,则拒绝 x 为粗糙集 C 的成员;如果有 $[x] \subseteq BND(C)$,则既不接受也不拒绝 x 为粗糙集 C 的成员。前两种方式为立即决策,而第三种方式为延迟决策。

1)基于 Pawlak 粗糙集的三支决策

令 $Pr(C|[x])$ 为等价类 $[x]$ 中对象 x 为粗糙集 C 的条件概率,这个概率可以简单估计为 $Pr(C\ |\ [x]) = |\ C \cap [x]\ |\ /\ |\ [x]\ |$。基于粗糙集 C 的正域、边界域和负域可以定义为

$$\begin{aligned} POS(C) &= \{x \mid x \in U, Pr(C \mid [x]) = 1\} \\ BND(C) &= \{x \mid x \in U, 0 < Pr(C \mid [x]) < 1\} \quad (5.25) \\ NEG(C) &= \{x \mid x \in U, Pr(C \mid [x]) = 0\} \end{aligned}$$

2)基于概率粗糙集的三支决策

使用 Pawlak 粗糙集模型,可以做出接受和拒绝的决策,而不会出现任何错误。每当出现不确定的情况时,总是选择延迟决策。而在大多数实际问题中,需要对具有一定误差容忍度的对象做出接受或拒绝的决定。为此,可以构建一对阈值 (α, β),其中 $\alpha > \beta$,并由此引入三个概率区域:

$$\begin{aligned} POS(C) &= \{x \mid x \in U, Pr(C \mid [x]) \geqslant \alpha\} \\ BND(C) &= \{x \mid x \in U, \beta < Pr(C \mid [x]) < \alpha\} \quad (5.26) \\ NEG(C) &= \{x \mid x \in U, Pr(C \mid [x]) \leqslant \beta\} \end{aligned}$$

在多数概率粗糙集中,α 和 β 是人为给定的,并没有严格的设定理由。两种经典粗糙集的三支决策区域如图 5.8 所示。

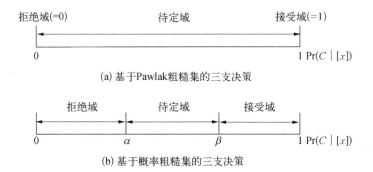

(a) 基于Pawlak粗糙集的三支决策

(b) 基于概率粗糙集的三支决策

图 5.8　两种经典粗糙集的三支决策区域

3)基于决策粗糙集的三支决策

基于观测到的数据,可以使用贝叶斯决策理论来做出最小风险决策。将贝叶

斯决策理论引入到概率粗糙集中,称为决策粗糙集理论,可利用决策粗糙集理论得到阈值 (α, β)。

在决策粗糙集理论模型中,状态集 $\Omega = \{C, C^C\}$ 中的两个元素分别表示元素在 C 中和不在 C 中。行动集 $A = \{a_P, a_B, a_N\}$ 中的三个元素分别表示 $x \in$ POS(C), $x \in$ BND(C), $x \in$ NEG(C)。

根据状态集和行动集的定义,可以得到损失系数 λ_{PP}、λ_{BP}、λ_{NP},表示当元素在 C 中时,采取 a_P、a_B、a_N 的损失;λ_{NN}、λ_{BN}、λ_{PN},表示当元素不在 C 中时,采取 a_P、a_B、a_N 的损失。不同情况下决策的损失系数如表 5.6 所示。

表 5.6　不同情况下决策的损失系数

决 策 动 作	实体的客观状态及采取决策的损失系数	
	满足条件: C	不满足条件: C^C
接收实体: a_P	λ_{PP}	λ_{PN}
延迟决策: a_B	λ_{BP}	λ_{BN}
拒绝实体: a_N	λ_{NP}	λ_{NN}

假设将对象分配到延迟区域的风险介于正确分类和错误分类之间,则有

$$0 \leq \lambda_{PP} \leq \lambda_{BP} \leq \lambda_{NP}, 0 \leq \lambda_{NN} \leq \lambda_{BN} \leq \lambda_{PN} \tag{5.27}$$

采取等价类 $[x]$ 的三种行动的条件风险如下:

$$R(a_P \mid [x]) = \lambda_{PP} \Pr(C \mid [x]) + \lambda_{PN} \Pr(C^C \mid [x])$$
$$R(a_B \mid [x]) = \lambda_{BP} \Pr(C \mid [x]) + \lambda_{BN} \Pr(C^C \mid [x]) \tag{5.28}$$
$$R(a_N \mid [x]) = \lambda_{NP} \Pr(C \mid [x]) + \lambda_{NN} \Pr(C^C \mid [x])$$

采用贝叶斯决策理论产生了三个最小风险决策规则接受(P)、待定(B)、拒绝(N):

$$
\begin{aligned}
&\text{(P) if } R(a_P \mid [x]) \leq R(a_N \mid [x]) \text{ and } R(a_P \mid [x]) \\
&\qquad \leq R(a_B \mid [x]), \text{decide } x \in \text{POS}(C) \\
&\text{(B) if } R(a_B \mid [x]) \leq R(a_P \mid [x]) \text{ and } R(a_B \mid [x]) \\
&\qquad \leq R(a_N \mid [x]), \text{decide } x \in \text{BND}(C) \\
&\text{(N) if } R(a_N \mid [x]) \leq R(a_P \mid [x]) \text{ and } R(a_N \mid [x]) \\
&\qquad \leq R(a_B \mid [x]), \text{decide } x \in \text{NEG}(C)
\end{aligned}
\tag{5.29}
$$

根据假设 $\Pr(C \mid [x]) + \Pr(C^C \mid [x]) = 1$,将 $R(a_P \mid [x])$、$R(a_B \mid [x])$、$R(a_N \mid [x])$ 代入化简最小风险决策规则,得到:

(P) if $\mathrm{Pr}(C \mid [x]) \geqslant \alpha$ and $\mathrm{Pr}(C \mid [x]) \geqslant \gamma$, decide $x \in \mathrm{POS}(C)$

(B) if $\mathrm{Pr}(C \mid [x]) < \alpha$ and $\mathrm{Pr}(C \mid [x]) < \beta$, decide $x \in \mathrm{BND}(C)$ (5.30)

(N) if $\mathrm{Pr}(C \mid [x]) \leqslant \beta$ and $\mathrm{Pr}(C \mid [x]) < \gamma$, decide $x \in \mathrm{NEG}(C)$

其中,从损失函数计算出三个阈值 α、β、γ 如下:

$$\alpha = \frac{(\lambda_{\mathrm{PN}} - \lambda_{\mathrm{BN}})}{(\lambda_{\mathrm{PN}} - \lambda_{\mathrm{BN}}) + (\lambda_{\mathrm{BP}} - \lambda_{\mathrm{PP}})} = \left(1 + \frac{\lambda_{\mathrm{BP}} - \lambda_{\mathrm{PP}}}{\lambda_{\mathrm{PN}} - \lambda_{\mathrm{BN}}}\right)^{-1}$$

$$\beta = \frac{(\lambda_{\mathrm{BN}} - \lambda_{\mathrm{NN}})}{(\lambda_{\mathrm{BN}} - \lambda_{\mathrm{NN}}) + (\lambda_{\mathrm{NP}} - \lambda_{\mathrm{BP}})} = \left(1 + \frac{\lambda_{\mathrm{NP}} - \lambda_{\mathrm{BP}}}{\lambda_{\mathrm{BN}} - \lambda_{\mathrm{NN}}}\right)^{-1} \qquad (5.31)$$

$$\gamma = \frac{(\lambda_{\mathrm{PN}} - \lambda_{\mathrm{NN}})}{(\lambda_{\mathrm{PN}} - \lambda_{\mathrm{NN}}) + (\lambda_{\mathrm{NP}} - \lambda_{\mathrm{PP}})} = \left(1 + \frac{\lambda_{\mathrm{NP}} - \lambda_{\mathrm{PP}}}{\lambda_{\mathrm{PN}} - \lambda_{\mathrm{NN}}}\right)^{-1}$$

由 $\alpha < \beta$, $0 \leqslant \lambda_{\mathrm{PP}} \leqslant \lambda_{\mathrm{BP}} \leqslant \lambda_{\mathrm{NP}}$, $0 \leqslant \lambda_{\mathrm{NN}} \leqslant \lambda_{\mathrm{BN}} \leqslant \lambda_{\mathrm{PN}}$ 进一步化简可以得到三支决策区域:

(P) if $\mathrm{Pr}(C \mid [x]) \geqslant \alpha$, decide $x \in \mathrm{POS}(C)$

(B) if $\beta < \mathrm{Pr}(C \mid [x]) < \alpha$, decide $x \in \mathrm{BND}(C)$ (5.32)

(N) if $\mathrm{Pr}(C \mid [x]) \leqslant \beta$, decide $x \in \mathrm{NEG}(C)$

3. 基于语音情感识别模型混淆矩阵的三支决策

语音情感识别模型本质上是依据概率结果的分类器。输入一段音频至模型,模型根据语音特征,输出该音频表征每一种情感的概率,将表征概率最大的情感作为判断的结果。在机器学习分类任务中,识别结果不一定依赖于具体的某一个特征的取值,而是依赖于几个特征之间的关系。不同分类之间的特征差异并不一定显著,语音情感识别模型识别的情感并不一定准确可靠。由此可以引入概率模糊集的思想,依据三支决策判断接收、拒绝以及待定模型识别出的情感。

假设对象 x 为一段音频的全部语音特征值,可以将所有音频可能取得的特征值形成的空间视为论域 U, 等价关系 E 表示语音情感识别模型算法,这个等价关系是一种抽象关系,其内涵就是本章语音情感识别模型训练的迭代过程。按照等价关系 E 可以将 U 划分成 6 个互不相交的子集,形成等价类 $[x]$, 每个等价类都是一种情感。受限于样本量和模型性能,本章模型对于情感的分类不是绝对准确的。将每种情感的所有客观特征值的取值作为一个粗糙集 C, 则在论域中共有 6 个这样的粗糙集。

$\mathrm{Pr}(C \mid [x])$ 则可理解为一段音频表征为一类情感的概率,体现为深度学习后的特征值经过 Softmax 函数后得到最可能表征情感的概率。对这段音频提取出的特征值 x 表征概率最大的情感进行讨论,状态集 $\Omega = \{C, C^c\}$ 中的两个元素分别表示音频语音特征值足够表征此类情感和不能够表征此类情感,且其满足假

设 $\Pr(C \mid [x]) + \Pr(C^{C} \mid [x]) = 1$。将在训练过程中得到的混淆矩阵,作为接收和拒绝音频表征此类情感的风险指标。结合混淆矩阵,当音频实际表征的情感状态和模型识别状态相符合时,风险为 0。例如,当愤怒情感被正确识别为愤怒时,有 $\lambda_{PP} = 0$,以及当非愤怒情感未被识别为非愤怒时,有 $\lambda_{NN} = 0$。当音频实际表征情感状态和模型识别状态不相符合时,存在决策错误风险,例如,当愤怒情感被识别为非愤怒时,有 $\lambda_{NP} = 0.10$,当非愤怒情感被识别为愤怒时,有 $\lambda_{PN} = 0.21$。

设置飞行任务难度 m_{r},待定风险应介于正确识别风险和错误识别风险之间,m_{r} 越大,则 α 越小,β 越大。识别出情感落入接受区域越大,被拒绝的区域越小,即在飞行过程中任务越困难,飞行员越容易出现情感波动,识别出情感被直接接受的阈值越低。任务越简单,飞行员越不容易出现情感波动,识别出情感被直接接受的阈值越高。

$$\lambda_{BP} = \frac{m_{r}(\lambda_{PP} + \lambda_{NP})}{2} \qquad (5.33)$$

$$\lambda_{BN} = \frac{m_{r}(\lambda_{PN} + \lambda_{NN})}{2} \qquad (5.34)$$

4. 基于三支决策和 PAD 的语音情感工作负荷模型

为了评估飞行员在飞行任务中情感状态的动态变化,依照 PAD 情感理论建立飞行员情感状态 $E_{s} = \{a_{s}, v_{s}, s_{s}\}$,每当从飞行员语音中识别到情感 $E_{i} = \{a_{i}, v_{i}, s_{i}\}$ ($i = 1, 2, \cdots, 6$) 后,其中 i 为情感类别,依据三支决策理论设定接受、延迟和拒绝系数动态调整飞行员情感状态 E_{s}。再计算 E_{s} 相对于 6 种基本情感的情感距离,得到情感评估值。由情感在 PAD 空间相对原点的距离作为衡量情感对于人压力的影响程度,从而将情感过渡到工作负荷,依据飞行员的工作负荷高低及时做出反馈。基于三支决策和 PAD 的语音情感工作负荷模型流程图如图 5.9 所示。

1）情感识别单元

情感识别单元采集飞行员语音指令音频,通过语音情感识别模型判断音频最有可能表征的情感以及其分类的概率 P_{i}。

2）情感过滤单元

情感过滤单元的作用是通过 P_{i} 判断情感识别结果落入三支决策的区域。若 $P_{i} \geq$

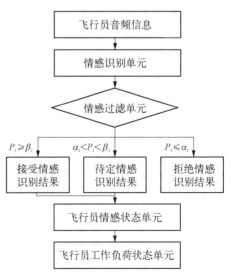

图 5.9　基于三支决策和 PAD 的语音情感工作负荷模型流程图

β_i，则选择接受语音情感识别模型识别结果；若 $\alpha_i < P_i < \beta_i$，则选择将语音情感识别模型识别结果待定；若 $P_i \leqslant \alpha_i$，则选择拒绝语音情感识别模型识别结果；其中 α_i 和 β_i 是由混淆矩阵及任务重要度得到的接受和拒绝模型识别音频为第 i 类情感的阈值。

3）飞行员情感状态单元

飞行员情感状态单元的作用是计算和储存飞行员的历史和当前融合的情感状态，并采用 PAD 情感理论将情感状态映射至三维空间。本次情感识别结果判别为接受时，认为当前飞行员情感状态为识别出的情感；待定时，将本次识别结果与飞行员前一时刻情感状态进行融合。其中 a_i、v_i、s_i 为识别出情感的 PAD 值，a_s、v_s、s_s 为前一时刻飞行员 PAD 值，a'_s、v'_s、s'_s 为当前时刻飞行员 PAD 值。飞行员初始 PAD 情感状态 $E_s = \{0, 0, 0\}$。

$$\begin{cases} a'_s = a_i \\ v'_s = v_i \\ s'_s = s_i \end{cases} \tag{5.35}$$

$$\begin{cases} a'_s = P_i * a_i + (1 - P_i * a_s) \\ v'_s = P_i * v_i + (1 - P_i * v_s) \\ s'_s = P_i * s_i + (1 - P_i * s_s) \end{cases} \tag{5.36}$$

4）工作负荷状态单元

工作负荷状态单元的作用是根据飞行员 PAD 情感状态计算其工作负荷状态，其步骤如下。

（1）计算情感距离。

计算出飞行员当前情感状态与每种基本情感的情感距离 h_i：

$$h_i = \sqrt{(a_s - a_i)^2 + (v_s - v_i)^2 + (s_s - s_i)^2} \quad (i = 1, 2, \cdots, 6) \tag{5.37}$$

（2）计算情感评估值。

6 种基本情感距离与基本情感作用的强度成反比，即情感状态与某一种情感距离越小，则情感状态越贴近这种基本情感。i 按照顺序分别代表快乐、惊讶、平静、悲伤、恐惧、愤怒 6 种基本情感。对 $1/h_i$ 进行归一化处理可以得到，当前情感状态对于 6 种基本情感的情感评估值 p_i：

$$\begin{cases} p_i = \dfrac{1/h_i}{\sum\limits_{i=1}^{6} 1/h_i}, & h_i \neq 0 \\ p_1 = 0,\ p_2 = 0,\ \cdots,\ p_i = 1,\ \cdots,\ p_6 = 0, & h_i = 0 \end{cases} \tag{5.38}$$

（3）计算工作负荷评估值。

心理学研究认为情感都会带来非理性的行为或者与标准行为的偏差，这都会造成飞行安全隐患。所以在本模型中，不论是正向还是负向的情感都会体现飞行员的工作负荷处于高水平，会导致其绩效水平的降低，增加飞行任务中人为差错的风险。

以愉悦度（P）确定情感为积极还是消极，以此确定用该情感计算工作负荷时系数的正负。按照这种情感在 PAD 空间中相对原点的距离，评估每种情感的系数大小，为了将工作负荷量化在 ［-1，1］ 之间，分别对正负性情感进行归一化。结合 p_i 可以计算得到工作负荷评估值 W_m：

$$W_m = w_1 p_1 + w_2 p_2 + w_3 p_3 + w_4 p_4 + w_5 p_5 + w_6 p_6 \tag{5.39}$$

式中，$w_1 = 1$；$w_2 = 0.918$；$w_3 = 0.122$；$w_4 = -0.518$；$w_5 = -0.977$；$w_6 = -1$。

5.4.2　语音交互辅助驾驶设计示例

任务背景为座舱高度超限需要执行紧急下降到安全高度，按照标准操作程序设计飞行操纵流程。座舱高度反映的是飞机舱内气压的高低，在高空飞行中，通过增压装置使得座舱高度保持在人体能够接受的水平。为体现语音提示设计的任务辅助能力，本次实验依旧采取单人制机组飞行。

飞行过程中，飞行高度保持在 20 000 ft 左右，座舱高度保持在 8 000 ft。本次实验通过在软件内设置故障，随机触发座舱失压情况，使得飞机座舱高度超限，触发报警。

座舱高度警告阶段，将话筒电门调至任务位，保证紧急下降期间机组人员和乘务人员以及客舱能够沟通交流。增压电门方式选择人工位，关闭排气活门电门。执行完以上操作后确认座舱高度异常，汇报"座舱高度不能控制"并接通旅客氧气电门。

紧急下降阶段，飞行员在机舱内宣布紧急下降，推力手柄慢车，减速板手柄飞行卡位，应答机挂 7 700，起动电门挂连续位，开始执行下降。下降过程中，按照空管指令调整航向，以避免与下降高度层的飞机产生航向上的冲突。本次实验统一安排右偏转 30° 飞行 150 s 后回到原航向模拟空管指令要求；下降过程中保持下降率在 2 500~3 000 ft/min，以保证飞机姿态和速度不会超限。当飞机下降到还有 2 000 ft 达到改平高度，即下降到 12 000 ft 时，汇报"两千英尺"。当飞机下降到 11 000 ft 时，汇报"一千英尺"并柔和地收回减速板手柄。当飞机下降到 10 000 ft 时，将话筒电门调至待机位，宣布解除紧急下降状态。

在紧急下降过程中，飞机可能会遭遇发动机结冰状况或者前方出现恶劣天气，需要飞行员执行相应操作。当遭遇发动机结冰状况时，飞行员需要打开发动机防冰装置；当飞机前方出现恶劣天气时，飞行员需要汇报情况并在当前航向上继续向右偏转 15°避开恶劣天气。

　　本次实验设置两组对比组实验，Ⅰ组采用语音提示进行辅助驾驶，包括对当前下降阶段飞机航向、下降率以及突发情况的提示；Ⅱ组完全凭借飞行员自身判断飞机当前飞行姿态以及飞行航向是否符合紧急下降要求，突发情况也仅在飞行显示屏上显示，不提供语音提示。本次实验包含语音汇报，部分操作采用语音指令执行，并通过麦克风采集音频，进行飞行员情感状态及负荷分析。飞行员在两组实验的操作流程和操作方式完全相同，故本次实验评价飞行员工作负荷差异等效于评价飞行员脑力负荷差异。语音汇报及语音指令设计如表 5.7 所示，语音提示信息如表 5.8 所示。

表 5.7　语音交互辅助驾驶实验语音汇报及语音指令设计表

标号	任务环节或执行操作	语音汇报或指令
1	话筒电门选择任务位	语音指令：话筒电门任务位
2	增压电门方式选择人工位	语音指令：人工增压电门
3	关闭排气活门电门	语音指令：关闭排气活门电门
4	检查座舱高度，确认异常	语音汇报：座舱高度不能控制
5	接通旅客氧气电门	语音指令：接通旅客氧气电门
6	开始执行紧急下降	语音汇报：紧急下降
7	起动电门连续位	语音指令：起动电门连续
8	出现发动机结冰	语音指令：打开发动机防冰
9	前方出现恶劣天气	语音汇报：前方恶劣天气，航向偏转
10	还有 2 000 ft 到达改平高度	语音汇报：两千英尺
11	还有 1 000 ft 到达改平高度	语音汇报：一千英尺
12	解除紧急下降	语音指令：解除紧急下降

表 5.8　语音提示信息

信息	组别	
	Ⅰ　组	Ⅱ　组
航向偏离	飞行员通过航向仪表自行判断；当飞机偏离预定航向超过 5°时，提供语音提示指定航向	飞行员通过航向仪表自行判断
下降率超限	飞行员通过主飞行仪表自行判断；当飞机下降率超限时，提供语音提示	飞行员通过主飞行仪表自行判断
发动机结冰	飞行员通过告警信息自行判断；遭遇发动机结冰时，提供语音提示	飞行员通过告警信息自行判断
前方出现恶劣天气	飞行员通过告警信息自行判断；遭遇恶劣天气时，提供语音提示	飞行员通过告警信息自行判断

5.4.3　语音交互工作负荷评估案例

1. 三支决策阈值设计

本次实验场景属于应急状态飞行任务,其任务难度较大,飞行员出现情绪波动可能性较大,故直接拒绝非平静情感识别结果的阈值应该较低。通过情感混淆矩阵得到的决策损失系数,如表 5.9 所示。按照基于决策粗糙集的三支决策计算流程,计算三支决策阈值 α 和 β。通过先验实验分析,设置飞行任务难度 m_r 为 0.75 时,其三支决策阈值较为符合该飞行任务背景,如表 5.10 所示。

表 5.9　决策损失系数

| 情　感 | 实体的客观状态及采取决策的损失系数 | | | | | |
| | 满足条件: C | | | 不满足条件: C^C | | |
	a_P	a_B	a_N	a_P	a_B	a_N
愤怒	0.000	0.038	0.100	0.210	0.079	0.000
恐惧	0.000	0.109	0.290	0.200	0.075	0.000
快乐	0.000	0.109	0.290	0.230	0.086	0.000
平静	0.000	0.019	0.050	0.270	0.101	0.000
悲伤	0.000	0.113	0.300	0.180	0.068	0.000
惊讶	0.000	0.094	0.250	0.190	0.071	0.000

表 5.10　语音交互辅助驾驶实验三支决策阈值表

| 情　感 | 三支决策阈值 | |
	α	β
愤怒	0.557	0.778
恐惧	0.293	0.535
快乐	0.322	0.569
平静	0.764	0.900
悲伤	0.265	0.500
惊讶	0.313	0.559

2. 飞行员情感状态分析

通过语音信号识别飞行员情感状态,通过三支决策阈值对情感识别结果进行过滤,得到当前飞行员 PAD 情感状态。被试初始 PAD 情感状态 $E_s = \{0, 0, 0\}$。两组实验 20 名受试对象的 PAD 情感状态平均值如表 5.11 所示。

受试对象整体 PAD 情感状态的变化如图 5.10 所示,图中红色点为 PAD 三维空间原点,蓝色点上的标号为语音交互辅助驾驶实验中语音汇报,两组实验中愉悦

度值 P 全部在正区间,表明实验过程中被试情感效价都是正性的。两组实验中起始标号都是"1"和终止标号"12"相距原点相比其他标号较近,说明了实验起止阶段飞行员情感状态较为稳定,在标号"6"执行紧急下降任务操作时相距原点较远,符合实验过程逻辑。

表 5.11   两组实验受试对象 PAD 情感状态平均值结果表

| 标　号 | 组　　别 | | | | | |
| | Ⅰ　组 | | | Ⅱ　组 | | |
	P	A	D	P	A	D
1	0.093	−0.062	0.019	0.124	−0.105	0.037
2	0.142	0.188	0.019	0.138	0.204	−0.028
3	0.162	0.114	0.034	0.146	0.199	−0.008
4	0.217	0.139	0.073	0.153	0.139	0.071
5	0.232	0.092	0.102	0.235	0.177	0.061
6	0.304	0.248	0.169	0.320	0.346	0.163
7	0.162	0.307	−0.014	0.164	0.380	0.093
8	0.055	0.277	−0.028	0.150	0.376	0.092
9	0.039	0.180	0.001	0.226	0.328	0.301
10	0.179	0.050	0.041	0.295	0.196	0.188
11	0.169	0.088	0.014	0.168	0.152	0.018
12	0.063	−0.040	−0.061	0.131	0.014	0.095

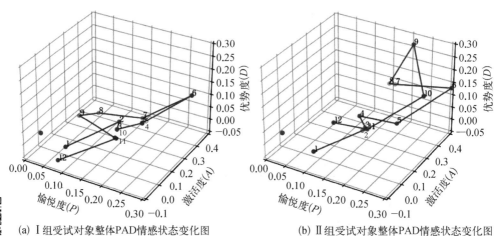

(a) Ⅰ组受试对象整体PAD情感状态变化图　　　(b) Ⅱ组受试对象整体PAD情感状态变化图

图 5.10   两组实验受试对象整体 PAD 情感状态变化图

按照标号顺序,将三维图中坐标分别映射到 P、A、D 三个二维平面上,如图5.11 所示。

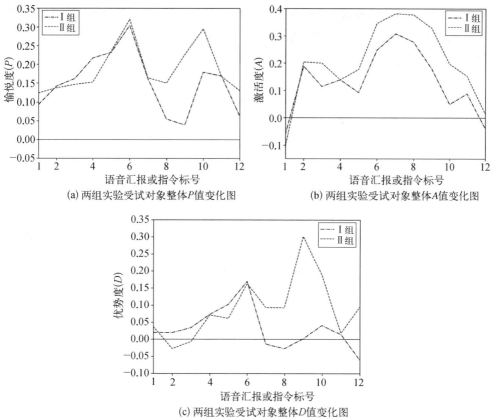

(a) 两组实验受试对象整体 *P* 值变化图　　(b) 两组实验受试对象整体 *A* 值变化图

(c) 两组实验受试对象整体 *D* 值变化图

图 5.11　两组实验受试对象整体 *P*、*A*、*D* 值变化图

　　P、*A*、*D* 水平一定程度上能分别表示受试对象情感的效价、神经生理激活水平和心理警觉状态、对环境和他人的控制状态,棕色的线为过零线。由图 5.11(a)可知,两组实验中受试对象整体情感效价皆为正,且在标号“6”之前,Ⅰ组中 *P* 值与Ⅱ组相近,且变化趋势一致,标号“6”后Ⅰ组 *P* 值明显低于Ⅱ组。由图 5.11(b)可知,两组实验中除起止阶段,受试对象整体神经生理激活水平为正,变化趋势也较为一致,并且在标号“7”达到峰值,且Ⅰ组中 *A* 值始终距离过零线较近,说明Ⅰ组实验受试对象整体情感强度低于Ⅱ组。由图 5.11(c)可知,在标号“6”后,Ⅰ组 *D* 值较为接近过零线,且多为负值,Ⅱ组 *D* 值距离过零线较远,且全为正值,说明Ⅰ组受试对象整体处于顺从状态,Ⅱ组受试对象整体处于控制状态,证明了语音提示的有效性。

　　3. 飞行员工作负荷分析

　　将飞行员情感状态转化成飞行员工作负荷状态。情感工作负荷模型将飞行员工作负荷量化在 [-1,1] 之间,正负的含义是计算飞行员负荷来源情感的效价,即情感为积极还是消极,值的大小含义即为飞行员工作负荷的大小。两组实验 20 名受试对象工作负荷大小的平均值变化如图 5.12 所示。

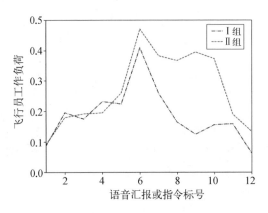

图 5.12　两组实验受试对象工作负荷变化图

由图 5.12 可知,Ⅰ组的工作负荷在整个实验阶段都几乎低于Ⅱ组,说明语音交互辅助驾驶设计可以有效降低单人制机组中飞行员的工作负荷,与基于灰色关联分析的结果一致。并且深入分析可知,在标号"6",语音汇报"紧急下降"之后被试的工作负荷值相较于之前大,这是因为紧急下降之后,受试对象需要观察和处理较多的信息,表明情感工作负荷模型可以有效反映出在语音标号节点的工作负荷变化情况,与基于统计学检验和灰色关联分析的工作负荷评价结果一致。

第6章
飞机驾驶舱体感交互设计与评估方法

6.1　引言

　　飞机驾驶舱具有操作空间狭小、设备互相遮挡、光照条件复杂等特点,对体感交互控制的视线识别形成了较大挑战。目前可支撑飞机驾驶舱体感交互设计的关键技术手段包括:以佩戴式传感为基础的接触式技术和以计算机视觉为基础的非接触式技术。佩戴式感应器动作捕捉技术较为成熟,在识别准确率上也有很好的效果,但操作人员需要佩戴手套、挂饰等感知装置,对人机交互控制产生了一定的干扰,大量的传感设备也对计算机运算速度和实时性能造成了一定的影响。基于计算机视觉的体感交互技术具有自然、无接触、干扰小的特点,正逐渐成为操纵动作识别、体感交互设计的主流技术。本章针对飞机驾驶舱复杂环境,研究基于计算机视觉技术的飞行员行为识别与体感交互机制,构建飞行员姿态估计、动作捕捉数据集,建立精确、实时的飞行员姿态估计、动作捕捉模型,重点针对姿态估计算法、行为识别算法、外在环境(光照强度、遮挡等)、个体差异等显著影响识别准确率的因素,验证并评估体感交互行为估计与动作识别方法的可行性。

6.2　行为识别图像预处理方法

　　由于飞机驾驶舱复杂光照环境、狭小空间遮挡环境的存在,采集的飞行员操纵姿态图像容易出现光照不均、图像亮度过暗、图像过曝、驾驶舱内部件遮挡身体等问题,降低了行为识别算法的准确度。本章提出飞机驾驶舱图像复杂光照环境图像处理方法,包括图像光照强度分类、图像光照强度增强/减弱等技术手段,同时考虑高遮挡问题对行为识别算法准确率的影响,提出建立驾驶舱二维图像与构件空间位置联系的方法。

6.2.1　复杂光照环境图像处理方法

　　飞机驾驶舱图像光照不均匀的情况表现为:图像整体亮度过暗,图像内容不明显;图像部分亮度过低或过高,图像动态范围大,细节内容难以分辨;图像整体亮度过亮,增大了图像噪声,仪器等区域出现细节退化。为了实现复杂光照下驾驶舱图像的增强,进行亮度序列图像生成与多种亮度图像融合。根据图像的整体亮度将图像进行归类,同时将亮度较暗的图像进行光照增强处理,对于强光图像进行光照减弱处理,对于亮度适中但仍存在部分区域细节损失的图像进行光照增强与减弱,以实现对同一驾驶舱图像的多种亮度图像生成,来获得不同亮度下的图像细节。对生成的多种亮度图像进行融合,保留不同光照下的图像细节,将图像整体亮度均衡化,突出增强图像细节。图 6.1 描述了飞机驾驶舱图像复杂光照调节流程,下面将对处理方案进行详细的阐述。

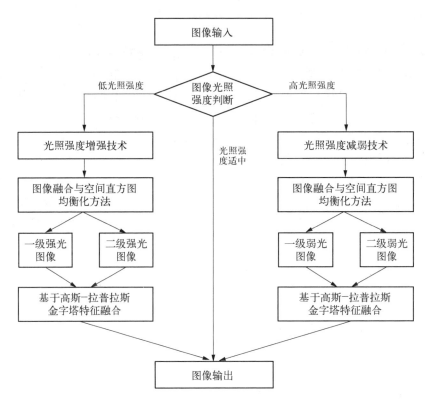

图 6.1　飞机驾驶舱图像复杂光照调节流程图

1. 飞机驾驶舱图像光照强度分类

为缩短计算时间,将采集到的驾驶舱图像进行像素压缩,采用双线性插值方法将原图像长宽方向像素压缩到原来的50%。为进行图像光照情况的计算与分类,将图像像素值除以 255,从而将 R、G、B 各个通道值转换到[0, 1]之间,接着,将采集到的 RGB 图像转换到 HSV 空间,其中 H 表示色调、S 为饱和度、V 为明度。

$$V = \max(R, G, B) \tag{6.1}$$

$$S = \begin{cases} \dfrac{V - \min(R,\ G,\ B)}{V}, & V \neq 0 \\ 0, & V = 0 \end{cases} \tag{6.2}$$

$$H = \begin{cases} 60 \times (G - B)/(V - \min(R,\ G,\ B)), & V = R \\ 120 + 60 \times (B - R)/(V - \min(R,\ G,\ B)), & V = G \\ 240 + 60 \times (R - G)/(V - \min(R,\ G,\ B)), & V = B \end{cases} \tag{6.3}$$

若经过计算得到的 H 值结果小于 0,将该值再加上 360,如式(6.4)~式(6.6)所示,将各个值转换到[0, 255]之间:

$$H = H/2 \tag{6.4}$$

$$S = S \times 255 \tag{6.5}$$

$$V = V \times 255 \tag{6.6}$$

根据 HSV 空间图像中 V 分量 $M_{HSV}[V]$,求分量均值得到 $\overline{M}_{HSV}[V]$。设置亮度类别划分参数 σ_1、σ_2,将分量均值 $\overline{M}_{HSV}[V]$ 与 σ_1、σ_2 进行比较,若 $\overline{M}_{HSV}[V] \leqslant 1/2\sigma_1$ 则为一级弱光图像;若 $\overline{M}_{HSV}[V] \leqslant \sigma_1$ 则为二级弱光图像;若 $\sigma_1 < \overline{M}_{HSV}[V] < \sigma_2$ 则为亮度适中图像;若 $\sigma_2 \leqslant \overline{M}_{HSV}[V] \leqslant 2\sigma_2$ 则为二级强光图像;若 $\overline{M}_{HSV}[V] > 2\sigma_2$ 则为一级强光图像。亮度类别划分参数 σ_1 通常设置为 $1/3$,$\sigma_2 = 1 - \sigma_1$。

2. 飞机驾驶舱图像光照强度增强

使用 RGB 色彩空间表示飞机驾驶舱图像,采用图像融合与直方图均值化相结合的方法进行光照强度增强。将 RGB 空间的驾驶舱图像换到 HSV 空间,然后进行图像融合,通过融合权重的设置实现亮度增强的目的,融合公式为

$$\hat{M}(I) = \mathrm{src}_1(I) \times \alpha + \mathrm{src}_2(I) \times \beta + \gamma \tag{6.7}$$

式中,src_1 和 src_2 为图像矩阵。在两个图像融合时,src_1 设定为原图像 M 的 V 空间,src_2 设定为与 M 大小相同的全零图像,各自的权重分别为 α 和 β,两者融合后的目标图像为 $\hat{M}$;I 表示图像通道;γ 为矫正系数,通过调整可提高对比度。

为进行图像的增亮,设置 $\alpha > 1$,$\beta = 1 - \alpha$ 为负值,采用不同 α 权重大小,以得到不同亮度下的驾驶舱生成图像。同时,为了进一步提高图像的对比度,可在 $1 < \gamma < 5$ 范围内对 γ 进行调节。

在增亮结果基础上进一步运用直方图均值化,将图像进行细节提升与亮度均衡处理,将图像像素值中在 1% 和 99% 分位点范围外的少数异常值规范为 1% 和 99% 分位点像素值,之后将直方图在 $[255 \times 0.1,\ 255 \times 0.9]$ 范围内进行均衡化,以防止溢出。采用最大最小化的方式进行直方图均衡化:

$$\overline{M} = \frac{\hat{M} - \hat{M}_{\min}}{\hat{M}_{\max} - \hat{M}_{\min}} \times (\hat{M}_{\max'} - \hat{M}_{\min'}) + \hat{M}_{\min'} \tag{6.8}$$

式中，$\overline{M}$ 表示矩阵 $\hat{M}$ 中任意一点均衡化后的值；$\hat{M}$ 表示原始矩阵；$\hat{M}_{\max}$、$\hat{M}_{\min}$ 分别代表矩阵 $\hat{M}$ 中的最大值和最小值；$\hat{M}_{\max'} = 255 \times 0.9$、$\hat{M}_{\min'} = 255 \times 0.1$ 分别表示放缩的目标范围中的最大和最小值。图 6.2 展示了飞机驾驶舱图像光照强度增强的可视化效果。

图 6.2　飞机驾驶舱图像光照强度增强效果对比图

3. 飞机驾驶舱图像光照强度减弱

采用图像融合与直方图均值化相结合的方法，进行光照强度的减弱。为进行图像光照强度的减弱，设置 $\alpha < 1$，$\beta = 1 - \alpha$，采用不同 α 权重大小，以得到不同亮度下的驾驶舱生成图像。同时，为了进一步提高图像的对比度，在 $1 < \gamma < 5$ 范围内对 γ 进行调节。

在减少光照强度的结果基础上，进一步运用直方图均值化。此直方图均值化方法与上文图像光照强度增强方法相同。图 6.3 展示了飞机驾驶舱图像光照强度减弱的可视化效果。

图 6.3　飞机驾驶舱图像光照强度减弱效果对比图

４. 基于高斯-拉普拉斯金字塔特征融合

单一的图像亮度增强难以解决图像中所有区域的亮度问题,为提取由同一图像生成的多种亮度图像的优势区域,进一步运用图像融合技术,自适应融合不同亮度图像,以保留不同亮度下图像的细节,得到复杂光照下光照适中且均匀的图像。

为了进行图像的自适应融合,首先需要构建图像质量评估指标,检测出图像细节丰富、质量高的区域。根据图像的色调信息,采用拉普拉斯滤波,选取滤波响应的绝对值作为色调指标 C:

$$C = g(i, j) = f(i, j) + t\left[\nabla^2 f(i, j)\right] \tag{6.9}$$

式中,i、j 表示图像中的像素 (i, j);$f(i, j)$ 为原始图像;卷积核大小为 3,卷积核中间为正数时,t 取 1,卷积核中间为负数时,t 取 -1。

根据图像的饱和度信息,在过暗和过亮图像中,饱和度低的区域所含细节内容较少,通过计算每个像素点 R、G、B 通道内的标准差得到饱和度指标 S:

$$\mathrm{Mu} = \frac{(R + G + B)}{3} \tag{6.10}$$

$$S = \left[\frac{(R - \mathrm{Mu})^2 + (G - \mathrm{Mu})^2 + (B - \mathrm{Mu})^2}{3}\right]^{1/2} \tag{6.11}$$

根据亮度信息,对每个像素点强度 q 进行加权,加权权重为它与高斯曲线接近程度,如下:

$$w_q = \exp\left[-\frac{(q - 0.5)^2}{2\sigma^2}\right] \tag{6.12}$$

$$E = R_{\mathrm{wq}} * G_{\mathrm{wq}} * B_{\mathrm{wq}} \tag{6.13}$$

式中,σ 取 0.2;w_q 表示像素点加权结果。为了考虑多个颜色通道,分别对每个通道应用高斯曲线,并将结果相乘,得到测度指标 E。

在通过 C、S、E 指标所得每张图像的权重矩阵 $(C_{ij, k})^{w_C}$、$(S_{ij, k})^{w_S}$、$(E_{ij, k})^{w_E}$ 基础上,将每张图像所得的 3 个权重矩阵相乘,以得到每张图像的融合权重矩阵 W_k:

$$W_{ij, k} = (C_{ij, k})^{w_C} \times (S_{ij, k})^{w_S} \times (E_{ij, k})^{w_E} \tag{6.14}$$

式中,ij, k 表示第 k 幅图像中的像素 (i, j)。

然后,将每张图像的权重矩阵进行归一化,再进行图像的融合。为了减少由融合矩阵与原图像相乘后直接相加产生的生硬感,采用分层融合方法:

$$L\{R\}_{ij}^l = \sum_{k=1}^{N} G\{W\}_{ij, k}^l L\{I\}_{ij, k}^l \tag{6.15}$$

式中,$G\{W\}_{ij, k}^l$ 为每张图像归一化后的参数矩阵分解成的高斯金字塔;$L\{I\}_{ij, k}^l$ 为不同亮度图像分解成的拉普拉斯金字塔。将分解所得的层数相同的高斯金字塔与拉普拉斯金字塔进行逐层相乘,将每张图像每层相乘的结果相加,得到融合后的图像金字塔 $L\{R\}_{ij,k}^{l}$。

经该方法处理的混合图像可以有效保留边缘信息,并且保留各个图像的细节信息。将所得的混合图像进行存储,以支持对飞行员动作识别等进一步操作。图 6.4 展示了飞机驾驶舱图像不同光照强度融合效果。

(a) 不同关照强度等级

(b) 融合结果

图 6.4　飞机驾驶舱图像不同光照强度融合效果图

6.2.2　图像坐标系投影映射机制

为了建立具体像素点与飞机驾驶舱部分构件空间位置联系,首先确定部分器件在世界坐标系下的位置,如图 6.5 所示,该世界坐标系以飞机驾驶舱摄像头为坐标原点。

图 6.5   飞机驾驶舱坐标系示意图

接着,设置多个不同方位、角度的平面棋盘图像求解飞机驾驶舱摄像头内、外参数,将其分为两个步骤:第一个步骤是通过小孔成像原理进行建模,构造多约束条件下的线性方程组,进行飞机驾驶舱内摄像头内、外参数初始值的求解,并应用极大似然方法进行非线性最优决策;第二个步骤是利用非线性模型来平衡摄像头的径向畸变。最后,利用摄像头内、外参数,求解飞机驾驶舱器件映射在摄像头图像像素点的位置。

1. 机载相机标定

从普通摄像头拍摄的二维图像,无法直接获得深度信息,可选用深度摄像头、激光扫描仪、双目摄像头等,但深度摄像头、激光扫描仪观察范围小,观察距离有限,成本过高;双目摄像头需要确定基线,使用场景有限。通过摄像头标定方法,采集有限点的精确三维世界坐标,获得图像所有点位的深度信息,对于定点位拍摄来说是一种低成本、快速的方法。

完成摄像头标定,关键在于真实模型与摄像所获得图像的映射关系,即通过数学模型获得模型与图像的关系。采用张正友相机标定法,通过棋盘格的不同方位照片进行摄像头标定,不仅具有很高的鲁棒性,同时具有高精度的优点。将数学模型求解,分解为投影矩阵、内参矩阵、外参矩阵求解问题。

为了获得三维世界中真实的位置信息,通过程序绘制标准大小方格组成长方形,并以黑白相间的棋盘格作为标定的参考物。通过棋盘格中角点的平面信息与图像中角点的映射关系,可以得到摄像头的内外参矩阵以及摄像头镜头的畸变参数。由于棋盘格平面缺少部分三维信息,因此可多次改变棋盘格方位,以求捕捉丰富的三维信息。如图 6.6 所示,采用二维标定参照物,即使用黑白相间的棋盘格,棋盘格数为 7×9,每个方格的大小为 31 mm×31 mm。

图 6.6   棋盘格图像

2. 求取机载摄像头内外参数

为了获取飞机驾驶舱三维位置坐标,以及其在机载摄像图像上对应点之间的相互位置关系,基于摄像头成像的几何模型,通过几何模型求解机载摄像头内外参数,进而完成机载摄像头标定过程。

1)飞机驾驶舱坐标系到机载摄像头坐标系的变换

在飞机驾驶舱环境中建立一个真实的空间坐标系,以此来表示机载摄像头和被拍摄物体的位置,这个坐标系就成为世界坐标系,也即飞机驾驶舱坐标系。如图 6.7 所示,机载摄像头坐标系为三维直角坐标系,机载摄像头镜头光心为该坐标系原点,其中 x、y 轴分别与摄像头轴面平行,z 轴与镜头光轴重合,垂直于成像平面。

为了建立飞机驾驶舱坐标系与机载摄像头坐标系的联系,首先需要完成飞机驾驶舱坐标系到机载摄像头坐标系的变换。世界坐标系 X_W、Y_W、Z_W 是经过测量的真实世界坐标,如式(6.16)所示,利用齐次坐标变化矩阵的方法,计算得出摄像头坐标系下 X_C、Y_C、Z_C 的点在真实世界中的位置:

$$\begin{bmatrix} X_C \\ Y_C \\ Z_C \\ 1 \end{bmatrix} = \begin{bmatrix} R & t \\ 0 & 1 \end{bmatrix} \begin{bmatrix} X_W \\ Y_W \\ Z_W \\ 1 \end{bmatrix} \tag{6.16}$$

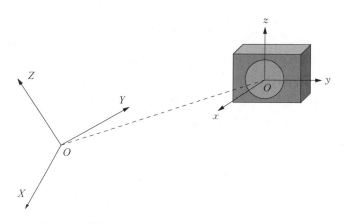

图 6.7　机载摄像头坐标系与飞机驾驶舱坐标系示意图

式中,R、t 分别为飞机驾驶舱坐标系到机载摄像头的旋转矩阵和平移向量。

2）机载摄像头坐标系到图像坐标系的变换

为了建立机载摄像头坐标系与图像坐标系的联系,完成机载摄像头坐标系到图像坐标系的变换,将该变换看作是简单的射影变换（将摄像头看作小孔成像模型）,目的是将三维机载坐标变换为图像二维坐标系,如下：

$$\begin{cases} x_I = \dfrac{f}{Z_C} X_C \\[2mm] y_I = \dfrac{f}{Z_C} Y_C \end{cases} \tag{6.17}$$

$$\begin{bmatrix} x_I \\ y_I \\ 1 \end{bmatrix} = \begin{bmatrix} f/Z_C & 0 & 0 & 0 \\ 0 & f/Z_C & 0 & 0 \\ 0 & 0 & 1/Z_C & 0 \end{bmatrix} \begin{bmatrix} X_C \\ Y_C \\ Z_C \\ 1 \end{bmatrix} \tag{6.18}$$

式中,f 为摄像头的焦距;图像坐标系中一点的坐标数值为 (x_I, y_I)。

3）图像坐标系到像素坐标系的变换

为了建立图像坐标系与像素坐标系的联系,要完成图像坐标系到像素坐标系的变换,具体描述如式(6.19)、式(6.20)所示,设图像水平方向每毫米有 f_x 个像素,竖直方向每毫米有 f_y 个像素,则可以得到像素坐标系下的坐标 (u, v),其中 (c_x, c_y) 是图像坐标原点在像素坐标系下的坐标。

$$\begin{cases} u = c_x + x \times f_x \\ v = c_y + y \times f_y \end{cases} \tag{6.19}$$

$$\begin{bmatrix} u \\ v \\ 1 \end{bmatrix} = \begin{bmatrix} f_x & 0 & c_x \\ 0 & f_y & c_y \\ 0 & 0 & 1 \end{bmatrix} \begin{bmatrix} x \\ y \\ 1 \end{bmatrix} \tag{6.20}$$

最终建立了世界坐标系上与像素坐标系的联系,如式(6.21)所示,可以得到空间上某一点 $P(X_W, Y_W, Z_W)$ 在像素坐标系上的某点 $\tilde{P}(u, v)$。

$$Z_c \begin{bmatrix} u \\ v \\ 1 \end{bmatrix} = \begin{bmatrix} f_x & 0 & c_x \\ 0 & f_y & c_y \\ 0 & 0 & 1 \end{bmatrix} \begin{bmatrix} R & t \\ 0 & 1 \end{bmatrix} \begin{bmatrix} X_W \\ Y_W \\ Z_W \\ 1 \end{bmatrix} \tag{6.21}$$

4)平衡畸变

由于小孔成像模型通常忽略了摄像头畸变,而摄像头畸变往往会使实际的结果有所偏差,因此不能准确地描述摄像头的成像几何关系。具体地说,径向畸变为摄像头畸变的一种,摄像头成像平面与内部透镜平面不平行通常会造成径向畸变。如图6.8所示,径向畸变造成的不利影响有两种,一种是枕形效应,另一种则是桶形效应。通常情况下,描述摄像头的非线性畸变只需要考虑径向畸变。

(a) 正常物体   (b) 枕形效应   (c) 桶形效应

图6.8   径向畸变分类图

为了精确地建立位置关系,只考虑消除径向畸变带来的影响,具体描述如下:

$$\vec{x}_I = x(1 + k_1 r^2 + k_2 r^4) + 2p_1 xy + p_2(r^2 + 2x^2) \tag{6.22}$$

$$\vec{y}_I = y(1 + k_1 r^2 + k_2 r^4) + 2p_2 xy + p_1(r^2 + 2y^2) \tag{6.23}$$

$$r^2 = x_I^2 + y_I^2 \tag{6.24}$$

式中,p 在图像坐标系下的真实坐标为 (x_I, y_I),根据小孔成像原理可以得到投影点 p 在图像坐标系下的坐标为 $(\vec{x}_I, \vec{y}_I)$;各项的系数 k_1、k_2、p_1、p_2 称为非线性畸变参数。如图6.9所示,通过上述理论和方法,求取机载摄像机的内外参数。

图 6.9 飞机驾驶舱机载摄像头标定示意图

6.3 体感交互行为估计方法

6.3.1 飞行员肢体检测关键点检测数据集

1. 人体姿态估计主流数据集

目前,经典的二维人体姿态估计数据集为 MS COCO 关键点检测数据集[128]和 MPII 关键点数据集[129]。MS COCO 关键点检测数据集包含了不同的人体姿态,包括站立、喝水、跑步等,以及大小不一的人体尺寸和随机的遮挡环境。利用 MS COCO 关键点检测数据集进行单人或者多人人体姿态估计,首先要获取人体的探测框,然后进一步利用探测框获取人体图像,最后完成单人或者多人的人体姿态估计。在进行姿态估计任务评价时,可以利用已有的数据集和由检测器获取的身体检测框架。MS COCO 数据集包含了超过 20 万个人的图像,包括 250 000 个人的身体检测框,确定了 17 种人体节点。这些节点为身体各个关键节点,包括眼睛、鼻子、耳朵、臀部、膝盖、脚踝、手腕、手肘、肩膀。MPII 数据集包括超过 40 000 张图像,以超过 800 个事件的资料为基础,搜集影像及影像资料形成了一系列图像,不仅包含了各种活动,还包含了室内和室外场景。

2. 制作飞行员姿态估计数据集以及度量标准

飞行员关键点检测数据集来源于智能驾驶舱飞行模拟平台,该平台如图 6.10 所示。平台主要由操纵系统、仪表仿真系统、图像采集系统、虚拟场景系统等组件构成。

根据飞行程序操作规程,共拍摄采集了 3 000 张飞行员操纵飞机模型飞行的姿态图像,图 6.11 展示了飞行员肢体姿态估计部分数据集。接着,对采集的图像进行预处理操作,将每张图像规整为 640×480 个像素。利用 Labelme 关键点标注软件,对飞行员肢体关键节点进行手工标记,如图 6.12 所示。

图 6.10　智能驾驶舱飞行模拟平台

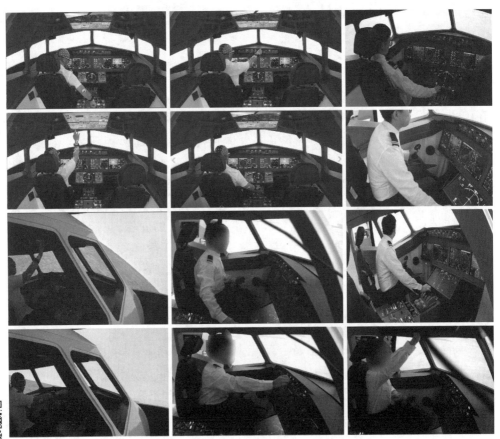

图 6.11　飞行员肢体姿态估计部分数据集

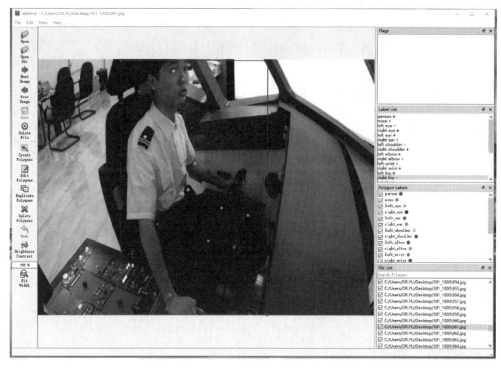

图 6.12　飞行员肢体关键节点标记示意图

与 MS COCO 的关键点标注方法类似,在每幅图像上标注一名或者两名飞行员,在受试者身上标记 17 个节点,即(鼻子、左眼、右眼、左耳、右耳、左肩、右肩、左肘、右肘、左腕、右腕、左臀、右臀、左臀膝中部、左臀膝中部、左膝、右膝)。该飞行员肢体关键点检测数据集中包含训练集、验证集,以及测试集,分别为 2 400、200、400 张图像。

在飞行员肢体关键点检测数据集上采用目标关键点相似度(object keypoint similarity, OKS)度量方式。OKS 定义了不同人体关键点之间的相似性,AP^{50} 表示在 OKS = 0.5 时关键点的准确率,AP^{75} 表示在 OKS = 0.75 时关键点的准确率。mAP 被定义为在 OKS = 0.50, 0.55, ⋯, 0.90, 0.95 时 10 个阈值之间,被预测关键点的平均精度值。其中 AP^{M} 用来描述中尺寸关键点检测的准确率,AP^{L} 表示大尺寸关键点检测的准确率。OKS 实现方法:

$$\text{OKS} = \sum_{j} \frac{\exp(-d_j^2/2s^2k_j^2)\delta(v_j > 0)}{\sum_{j}\delta_j(v_j > 0)} \tag{6.25}$$

式中,j 表示关节点的类型;d_j 表示检测出来的关键点与其相应的标签值之间的欧氏距离;s 表示为目标比例;v_j 为真实值的可见性标志;k_j 为控制衰减的每个关键点的常数;δ_j 依次为 $\{0.026, 0.025, 0.025, 0.035, 0.035, 0.079, 0.079, 0.072, 0.072, 0.062, 0.062, 0.107, 0.107, 0.010, 0.010, 0.087, 0.087\}$。

6.3.2　飞行员肢体姿态估计方法

使用自上而下的方法,建立姿态估计模型 GCEHNet(global contextual estimation high-resolution network),如图 6.13 所示。

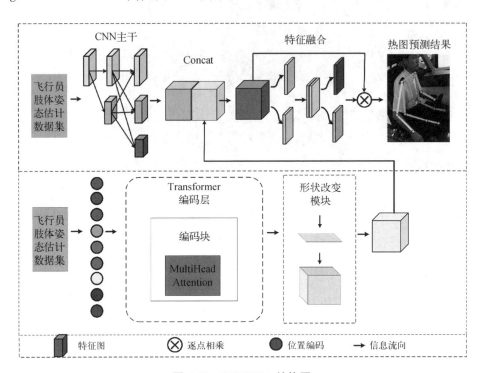

图 6.13　GCEHNet 结构图

1. 高效 CNN 主干结构

本章提出的方法由两条路径组成,在第一条路径中使用了改进的 HRNet 模型进行特征提取。改进的高效 CNN 主干继承了 HRNet 模型原有的架构。如图 6.14 所示,原始的 HRNet 包含 4 个阶段,分别是 Stage1、Stage2、Stage3 和 Stage4。同样地,开始通过两个卷积核为 3×3,步长为 2 的卷积模块,将分辨率降低到 1/4。逐渐并行添加一个高到低分辨率的分支,新分支为当前分支中分辨率的 1/2。并行分支中,从上到下各个分支的通道依次为 32、64、128、256。模型第二、第三、第四阶段分别包含 1、4 和 2 个并行分支,各个分支中有 2 个深度空间卷积(depth wise convolution, DWConv)残差模块。

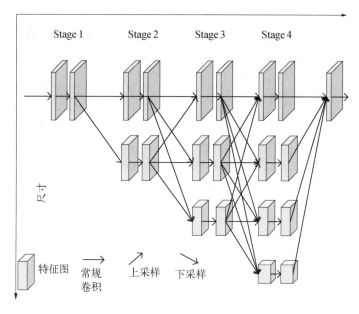

图 6.14 HRNet 模型架构

DWConv 残差模块先使用了 1×1 的卷积核,接着用 3×3 的深度卷积核,然后用 1×1 卷积核,最后使用残差连接。模型每个阶段不同分支结构的具体细节如表 6.1 所示。通过使用 DWConv 残差模块来代替 HRNet 结构中标准 3×3 残差模块,在保证网络性能同时减少模型参数量与模型复杂度。

表 6.1 高效 CNN 主干结构

输入尺寸	通道数目	第一阶段	第二阶段	第三阶段	第四阶段
64×48	32	$\begin{bmatrix} 1\times1, \\ \text{DWConv } 3\times3, \\ 1\times1 \end{bmatrix} \times 2$	$\begin{bmatrix} 1\times1, \\ \text{DWConv } 3\times3, \\ 1\times1 \end{bmatrix} \times 2$	$\begin{bmatrix} 1\times1, \\ \text{DWConv } 3\times3, \\ 1\times1 \end{bmatrix} \times 2$	$\begin{bmatrix} 1\times1, \\ \text{DWConv } 3\times3, \\ 1\times1 \end{bmatrix} \times 2$
32×24	64	$\begin{bmatrix} 1\times1, \\ \text{DWConv } 3\times3, \\ 1\times1 \end{bmatrix} \times 2$	$\begin{bmatrix} 1\times1, \\ \text{DWConv } 3\times3, \\ 1\times1 \end{bmatrix} \times 2$	$\begin{bmatrix} 1\times1, \\ \text{DWConv } 3\times3, \\ 1\times1 \end{bmatrix} \times 2$	$\begin{bmatrix} 1\times1, \\ \text{DWConv } 3\times3, \\ 1\times1 \end{bmatrix} \times 2$
16×12	128	$\begin{bmatrix} 1\times1, \\ \text{DWConv } 3\times3, \\ 1\times1 \end{bmatrix} \times 2$	$\begin{bmatrix} 1\times1, \\ \text{DWConv } 3\times3, \\ 1\times1 \end{bmatrix} \times 2$	$\begin{bmatrix} 1\times1, \\ \text{DWConv } 3\times3, \\ 1\times1 \end{bmatrix} \times 2$	$\begin{bmatrix} 1\times1, \\ \text{DWConv } 3\times3, \\ 1\times1 \end{bmatrix} \times 2$
8×6	256	$\begin{bmatrix} 1\times1, \\ \text{DWConv } 3\times3, \\ 1\times1 \end{bmatrix} \times 2$	$\begin{bmatrix} 1\times1, \\ \text{DWConv } 3\times3, \\ 1\times1 \end{bmatrix} \times 2$	$\begin{bmatrix} 1\times1, \\ \text{DWConv } 3\times3, \\ 1\times1 \end{bmatrix} \times 2$	$\begin{bmatrix} 1\times1, \\ \text{DWConv } 3\times3, \\ 1\times1 \end{bmatrix} \times 2$

2. 结合全局上下文信息

受 ViT(vision transformer)[130]分割面片嵌入位置信息的启发,把包含全局位置信息的特征嵌入 CNN 网络末端。为了准备 Transformer 的输入,首先将原始图像 $I \in \mathbb{R}^{3 \times H \times W}$ 按照 16×16 的面片进行分割,图像被分割成 N 个图形面片,其中 $N = H \times W / 16^2$。接着,通过线性映射将每个面片映射到长度为 d 的一维序列中 $S_q \in \mathbb{R}^{N \times d}$。为了减少模型的复杂度,$d$ 设置为 128。为了保持每个面片的空间特征信息,设置一维序列信息 $T \in \mathbb{R}^{1 \times d}$,并将其添加到 S_q 序列中得到 $X \in \mathbb{R}^{(N+1) \times d}$。最后,将含有位置信息的序列 X 送入 Transformer 编码模块中。

为了降低模型的复杂度,在 Transformer 编码层模块中重复堆叠编码块 6 次。对于给定的输入矩阵 $X \in \mathbb{R}^{(N+1) \times d}$,经过线性映射投影到 Query ($Q \in \mathbb{R}^{(N+1) \times d}$)、Value ($K \in \mathbb{R}^{(N+1) \times d}$) 和 Key ($V \in \mathbb{R}^{(N+1) \times d}$),经过式(6.26)得到单头自注意力值。

$$\text{head}_i = \text{Attention}(Q, K, V) = \text{Softmax}(QK^{\text{T}} / \sqrt{d}) V \tag{6.26}$$

接着,把每个单头注意力的输出拼接起来,乘以一个权重矩阵 $W^O \in \mathbb{R}^{(N+1) \times d}$ 进行线性变换,得到最终输出如式(6.27)所示。模型设置的多头注意力数目为 8。

$$\text{MultiheadAttention}(Q, K, V) = \text{Concat}(\text{head}_1, \cdots, \text{head}_h) W^O \tag{6.27}$$

特征信息经过 Transformer 编码层之后,得到输出矩阵 $Y \in \mathbb{R}^{(N+1) \times d}$。为了使全局位置信息更好地嵌入到 CNN 特征模块中,使用形状改变模块更改张量的尺寸,具体细节如图 6.15 所示。对于给定的输入 Y,本章逐行将特征信息经过

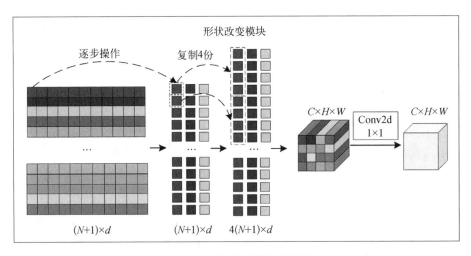

图 6.15　形状改变模块结构图

张量转换操作去匹配CNN末端张量尺寸。在张量转换操作中,首先把每行的单个特征元素复制4份,接着逐列把逐个特征元素放入全零填充的 $T \in \mathbb{R}^{C \times H \times W}$ 矩阵中。最后,经过1×1卷积逐点提取特征,得到输出 $O \in \mathbb{R}^{C \times H \times W}$。

3. 高效信息融合

提出特征信息融合策略,实现CNN 与 Transformer 特征信息的高效融合,从而提升网络的性能。如图6.16所示,把 Transformer 模块末端输出的信息流 Trans - Map: $O \in \mathbb{R}^{C \times H \times W}$ 和 CNN 模型末端的输出特征, $N_c(i, j) \in \mathbb{R}^{C \times H \times W}$ 沿着通道方向进行拼接,经过 1×1 卷积变换激活得到特征张量 $N_c(i, j) \in \mathbb{R}^{C \times H \times W}$。

具体描述如下:

$$M = \delta(F_1([O, N]))$$

（6.28）

图 6.16 中，各模块信息流如下：

输入 $C \times H \times W$ ↓　　输入　　↓ $C \times H \times W$

CNN　　　　Trans-Map

Concat + Conv2d

↓ $2C \times H \times W$

X Avg Pooling　　Y Avg Pooling

$2C \times H \times 1$ ↓　　　　↓ $2C \times 1 \times W$

Concat + Conv2d

↓ $2C/r \times 1 \times (H+W)$

BatchNorm + Non-linear

Split

Conv2d　　　　Conv2d

$2C \times H \times 1$ ↓　　　　↓ $2C \times 1 \times W$

Sigmoid　　　　Sigmoid

×

输出　　Fuse Map　　$2C \times H \times W$

图 6.16　CNN 与 Transformer 模块信息融合框图

式中, F_1 为 1×1 卷积变换; δ 为 ReLU 激活函数。

接着,对 M 分别使用两个不同的池化核,沿着水平方向和垂直方向进行平均池化(average pooling, Avg Pooling),得到水平方向和垂直方向的信息特征图 $Z_c^h \in \mathbb{R}^{2C \times 1 \times H}$ 和 $Z_c^w \in \mathbb{R}^{2C \times 1 \times W}$,具体描述如下:

$$Z_c^h(h) = \frac{1}{W} \sum_{0 \leq i \leq W} f_c(h, i)$$

（6.29）

$$Z_c^w(w) = \frac{1}{H} \sum_{0 \leq j \leq H} f_c(j, w)$$

（6.30）

为了得到特征的空间信息,将得到的两个信息特征图 Z_c^h 和 Z_c^w,沿着空间维度进行拼接。为了减少模型的参数量,模型经过 1×1 卷积之后进行了降低参数处理。经过拼接变换后,激活如下:

$$f = \delta(F_1([Z^h, Z^w]))$$

（6.31）

式中，$f \in R^{2C/r \times 1 \times (H+W)}$，$r$ 为 4。沿着空间维度进行分割，分别得到两个分离的特征图 $f^h \in R^{2C/r \times H \times 1}$ 和 $f^w \in R^{2C/r \times 1 \times W}$。

再进行卷积变换与激活，最后得到权重向量 g_c^h 和 g_c^w：

$$g_c^h = \sigma(F_h(f^h)) \tag{6.32}$$

$$g_c^w = \sigma(F_w(f^w)) \tag{6.33}$$

式中，σ 为 Sigmoid 函数；F_h、F_w 为卷积变换函数。

为了使特征信息重新分配权重，最后将 $M_c(i,j)$ 与 g_c^h、g_c^w 元素逐点相乘，具体实现方式由式（6.34）所示。通过上述操作，得到融合输出 $S_c(i,j) \in \mathbb{R}^{2C \times H \times W}$。

$$S_c(i,j) = M_c(i,j) \times g_c^h(i) \times g_c^w(i) \tag{6.34}$$

4. 模型验证

1）实验环境设置

实验环境配置：GeForce RTX 3090 显卡 2 块，Python 3.8，PyTorch 1.8.1 框架。训练和测试时，将数据集中的图像尺寸固定为 256×192 或者 384×288。初始学习率是 5×10^{-4}，在第 170 轮和 200 轮时学习率衰减，模型总共训练 210 轮。实验使用 AdamW 优化器，实验设置每个 GPU 的最小批量大小为 32，使用随机的图像翻转、裁剪方法进行数据增强。

2）实验结果分析

本章提出的双支路模型使用联合训练的方式，随着迭代次数的增加，模型的损失数值逐渐减小，损失数值的可视化结果如图 6.17 所示。

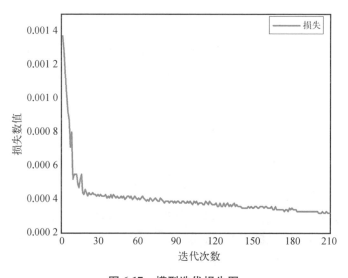

图 6.17　模型迭代损失图

在飞行员关键点检测数据集上比较模型性能,结果如表 6.2 所示,其中参数量和每秒 10 亿次的浮点运算数目(giga floating-point operations per second,GFLOPS)由人体姿态估计网络模型计算得出,不包括飞行员身体检测和关键点分组的计算复杂度。

表 6.2　不同模型性能指标

模　　型	输入尺寸	参数量	GFLOPS	AP	AP^{50}	AP^{75}	AP^M	AR
SimpleBaseline[131]	256×192	34.0M	8.90	86.0	85.9	87.1	84.3	86.8
SimpleBaseline	384×288	68.6M	35.6	87.4	87.1	88.7	87.9	88.2
HRNet－W32[132]	256×192	28.5M	7.10	89.3	90.4	90.3	88.3	89.8
HRNet－W32	384×288	28.5M	16.0	92.6	92.5	93.6	90.9	92.5
GCEHNet(本章方法)	256×192	6.7M	2.24	86.9	86.5	88.4	87.3	87.2
GCEHNet(本章方法)	384×288	6.7M	4.64	88.1	88.3	89.5	88.6	88.9

实验结果表明,GCEHNet 模型在较少的参数量和 GFLOPS 的条件下,在飞行员关键点检测数据集上取得了良好的性能。GCEHNet 在输入尺寸为 256×192 的条件下,达到 86.9 的 AP 分数。相较于输入尺寸为 256×192 的 SimpleBaseline 模型,模型预测的 AP 分数增加 0.9。与 HRNet－W32 复杂的网络模型相比,GCEHNet 以更低的复杂度获得了良好的 AP 分数。由于本章所提出的模型能够有效地感知上下文语义信息,GCEHNet 在准确率和复杂度之间实现了较好的平衡。图 6.18 展示了模型在飞行员肢体关键点数据上的部分可视化效果。

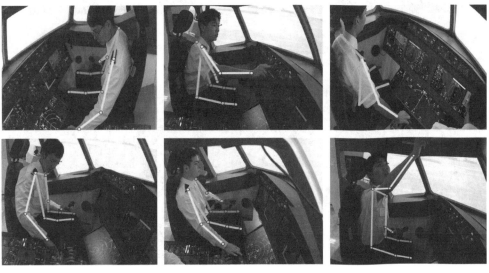

图 6.18　飞行员肢体关键点数据部分可视化效果图

3) 光照强度

如图 6.19 所示,设定四个不同的光照强度,即(a)、(b)、(c)和(d)四个等级,光照强度分别是:50 000 lx、20 000 lx、500 lx、0.5 lx。

比较图 6.20 的淡红椭圆形区域,在(b)和(c)级的光照强度下,该模型的识别性能好,在(a)和(d)级的情况下,该模型的识别性能差。比较图中的绿色长方形

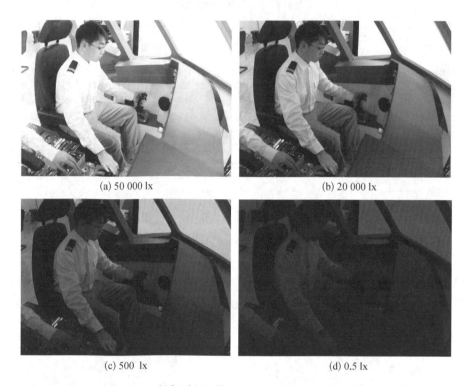

(a) 50 000 lx   (b) 20 000 lx

(c) 500 lx   (d) 0.5 lx

图 6.19　飞机驾驶舱图像不同光照强度可视化效果图

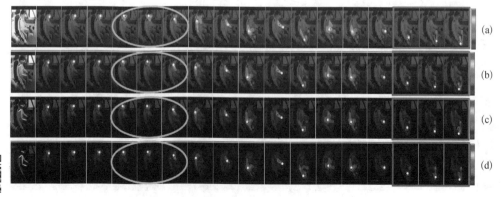

图 6.20　不同光照强度下飞行员姿态估计输出结果对比图

区域,在(b)级的光照强度下,该模型表现出更好的性能。对比了不同光照条件下的姿态估计结果,发现该模式在不同的光照条件下表现出更多的偏好。

　　4)消融实验

　　如表 6.3 所示,为了探究深度卷积对原始 HRNet 模型参数量和精度的影响,在飞行员肢体关键点检测数据集上进行了实验验证,其中 CNN 主干为本章体系结构中 CNN 特征提取模块。通过深度卷积对 HRNet 进行轻量化改进,参数量减少了25M,预测 AP 分数减少了 4.5。

表 6.3　GCEHNet 与 HRNet 性能比较

模　型	输入尺寸	参数量	GFLOPS	AP
CNN 主干	256×192	3.5M	1.73	84.8
HRNet	256×192	28.5M	7.10	89.3

　　为了探究 GCEHNet 模型的主要组成部分对参数量和精度的影响,实验中设计了四种模型结构,分别为 CNN 主干、第二支路 Transformer、GCEHNet*、GCEHNet。其中,CNN 主干为本章体系结构中 CNN 特征提取模块,第二支路 Transformer 为本章体系结构中第二支路模块,GCEHNet* 与本章模型 GCEHNet 相比少了 CNN 与Transformer 特征融合模块。网络模型具体对比细节如表 6.4 所示。

表 6.4　GCEHNet 模型不同组成部分性能比较

模型组成部分	输入尺寸	参数量	GFLOPS	AP
CNN 主干	256×192	3.5M	1.73	84.8
CNN 主干	384×288	3.5M	3.42	86.5
第二支路 Transformer	256×192	3.1M	0.49	—
第二支路 Transformer	384×288	3.1M	1.22	—
GCEHNet*	256×192	6.6M	2.22	86.4
GCEHNet*	384×288	6.6M	4.61	87.8
GCEHNet	256×192	6.7M	2.24	86.9
GCEHNet	384×288	6.7M	4.64	88.1

　　当模型输入尺寸为 256×192 时,高效 CNN 主干在参数量为 3.5M,GFLOPS 为1.73 的条件下达到了 84.8 的 AP 分数。GCEHNet 与高效 CNN 主干相比,参数量增加 3.2M,准确率提升了 2.1 的 AP 分数。对比 GCEHNet 与 GCEHNet* 两种模型,发现两者在参数量相差不多的条件下,使用高效特征融合模块提升了 0.5 的 AP分数。

当模型输入尺寸为 384×288 时,高效 CNN 主干在参数量为 3.5M,GFLOPS 为 3.42 的条件下达到了 86.5 的 AP 分数。GCEHNet 与高效 CNN 主干相比,参数量增加 3.2M,准确率提升了 1.6 的 AP 分数。对比 GCEHNe 与 GCEHNet* 两种模型,发现两者在参数量相差不多的条件下,使用高效特征融合模块提升了 0.3 的 AP 分数。

6.3.3　飞行员手部关键点检测方法

为了提升飞行员行为识别的准确率,基于 MediaPipe – Hands 模型[133],进行飞行员手部关键点检测,该模型主要由手掌检测器和手部关键点模型构成。

1. 构建手部关键点检测数据

如图 6.21 所示,手部关键点坐标是从真实世界图像和合成数据集获得的。为了获得手部关键点检测数据,创建了以下数据集,包括室外手势数据集、室内手势数据集、合成手势数据集。

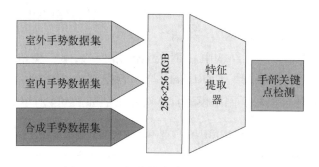

图 6.21　手部关键点检测总体结构图

(1) 室外手势数据集:该数据集包含 6 000 张图像,涵盖多样化的人体手部和照明环境。

(2) 室内手势数据集:该数据集包含 10 000 张图像,涵盖所有可能角度的手势。该数据集的局限性在于,它仅从背景变化有限的 30 人中收集。

(3) 合成手势数据集:为了更好地覆盖所有可能的手部姿势,该数据集在各种背景上渲染高质量的合成手部模型,提供了 5 种不同肤色的纹理。该数据集创建了手姿势之间的转换视频序列,并从视频中采样了 10 万张图像,使用随机的高动态范围照明环境和三个不同的摄像头渲染每个手部姿态。

2. 手掌检测器

为了检测手的初始位置,建立了针对移动实时应用优化的单镜头检测器模型。如图 6.22 虚线框所示,手掌可以使用方形边界框建模。此外,该模型使用自上而下的编码器–解码器特征提取器,来获得更大的场景上下文感知。

3. 手部关键节点检测

为了解决部分被遮挡的手部关键节点,多视图检测系统通过强大的手部探测器,优化遮挡检测能力,同时允许弱探测器运行在小的带注释的数据集上。为了进行准确的手部关键点定位,通过使用稳健的三角测量方法来去除错误的检测。采用重新投影三角化的方法,标记图像中严重遮挡的部位。在训练中使用标记信息,不停迭代地改进检测器,从而获得更优质的检测结果。通过关键点检测方式,可以较好地标记由于遮挡而难以注释的图像。

4. 检测实施流程

手部特征提取器结构如图 6.22 所示,该结构由两部分组成,上半部分用于手掌检测,下半部分则用于手部关键点预测。为了节省计算资源,手掌探测器仅在需

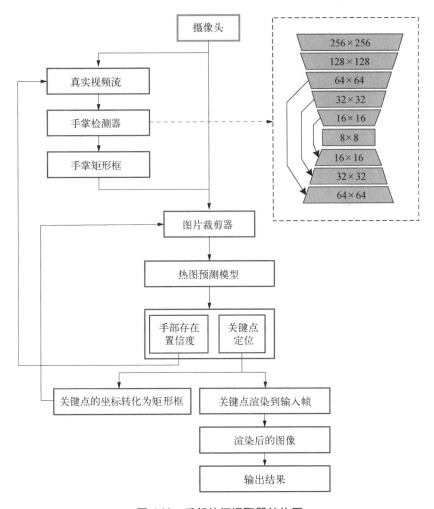

图 6.22　手部特征提取器结构图

要时开始运行,不需要时即停止运行,具体实现方式为:模型通过从前一帧中计算得出手的置信度阈值,导出当前帧中手的位置,从而无须在每一帧上应用手掌检测器,通常只有当置信度低于某个设定的阈值时,手掌检测模型才会重新应用于下一帧。在手掌检测的基础上,进一步完成手部关键点预测。

5. 飞行员肢体与手部关键点联合部署

飞行员肢体与手部关键点联合部署的实时效果对于行为识别具有重要作用,飞行员关键点位置示意图如图 6.23 所示,共计提取 59 个飞行员人体关键节点。

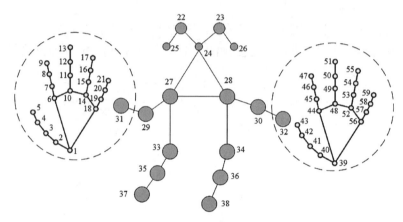

图 6.23　飞行员关键点位置示意图

对于单张图像输入,模型首先进行飞行员人体关键点位置的估算,然后得到单张图像上飞行员关键节点的二维信息。表 6.5 展示了飞行员人体关键节点的具体位置,其中手部关键节点数目 42 个(每只手有 21 个关键节点),肢体关键节点数目 17 个。

表 6.5　飞行员人体关键节点标注位置

编号	节点	编号	节点	编号	节点
1	左手手腕上部	11	左手中指第二节	21	左手小指指尖
2	左手大拇指第一节	12	左手中指第三节	22	左眼
3	左手大拇指第二节	13	左手中指指尖	23	右眼
4	左手大拇指第三节	14	左手无名指第一节	24	鼻子
5	左手大拇指指尖	15	左手无名指第二节	25	左耳
6	左手食指第一节	16	左手无名指第三节	26	右耳
7	左手食指第二节	17	左手无名指指尖	27	左肩
8	左手食指第三节	18	左手小指第一节	28	右肩
9	左手食指指尖	19	左手小指第二节	29	左肘
10	左手中指第一节	20	左手小指第三节	30	右肘

续　表

编号	节　点	编号	节　点	编号	节　点
31	左手腕	41	右手大拇指第二节	51	右手中指指尖
32	右手腕	42	右手大拇指第三节	52	右手无名指第一节
33	左臀	43	右手大拇指指尖	53	右手无名指第二节
34	右臀	44	右手食指第一节	54	右手无名指第三节
35	左臀膝中部	45	右手食指第二节	55	右手无名指指尖
36	右臀膝中部	46	右手食指第三节	56	右手小指第一节
37	左膝	47	右手食指指尖	57	右手小指第二节
38	右膝	48	右手中指第一节	58	右手小指第三节
39	右手手腕上部	49	右手中指第二节	59	右手小指指尖
40	右手大拇指第一节	50	右手中指第三节		

对于完成联合部署的飞行员肢体与手部关键点检测模型,选取典型的飞行操作动作,包括点击触摸屏、推拉油门杆,打开起落架和打开自动导航按钮,进行实验验证。如图 6.24 所示,飞行员肢体与手部关键点联合检测结果,模型在良好实时性检测的前提下,表现出良好的可视化效果,为飞行员行为识别奠定了基础。

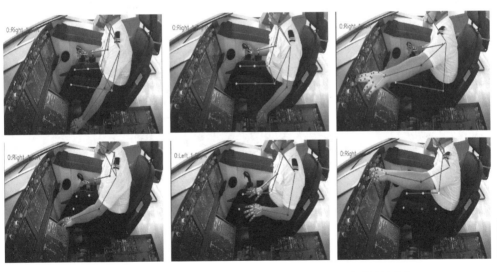

图 6.24　飞行员肢体与手部关键点检测联合部署可视化效果图

6.4　体感交互动作识别与验证方法

结合典型的飞行任务场景,通过标准操作程序建立模拟飞行实验程序,选取四个典型的飞行员操作动作进行展示,分别为点击触摸屏、推油门杆、打开自动导航、打开起落架。对于每个典型操作动作,制作 200 个飞行片段,每个飞行片段的视频帧总数为 30~120,其中训练集和测试集比例为 7∶3。制作飞行员的操作动作数据集时,可以将输入的录像分成两类:一类是实时动作识别视频,即通过摄像头来实现对飞行员行为的实时识别;另一类是录像视频进行识别,即通过视频片段对飞行员操作动作进行识别。两种数据集制作方式为:在输入视频之后,抽取视频中的当前图像,进行人体姿势估算,得到关键点数据,并将其送至动作捕捉模型进行分类,对操纵动作进行独热编码,最后将其在当前图像中表现出来,再进行下一步的图像标识。

6.4.1　图网络结构概述

　　如图 6.25 所示,$G(E, V)$ 代表图论中点和边构成的集合,其中 E 为各个连接边的集合,V 为各个连接点的集合。为了高效地表示图上节点之间的连接关系,通常的做法是在传统卷积神经网络的基础上应用图卷积结构,并且将其应用到拓扑图的网络结构之上,再对图上各个连接边赋予一定比例的权值,从而高效地提取节点特征。

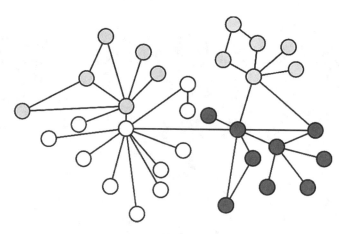

图 6.25　图网络拓扑示意图

6.4.2　图时空网络模型

　　本节提出一种基于骨骼检测图时空网络的飞行员行为识别模型,从骨架数据中提取有效的时空特征,用于飞机驾驶舱飞行员操纵动作识别。模型整体框架如图 6.26 所示,模型将图卷积引入飞行员行动识别中。与传统的图卷积相比,模型采用多阶段时间采样方法,该方法将输入的飞行员动作序列在时间域中划分为多个阶段。每个采样片段被输入到图卷积层和时间卷积层中,以提取每个阶段的局部时空特征。BLSTM 网络结构从两个方向学习时间信息,提供更好的性能;最后,特征信息进入多层感知机(mutillayer perceptron, MLP)层,输出飞行员行为识别结果。

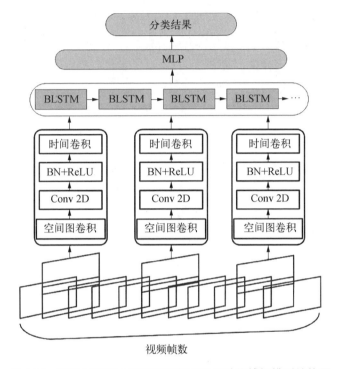

图 6.26 基于 BLSTM 图时空网络飞行员动作捕捉模型结构图

1. 飞行员人体关键点位置提取

基于飞行员人体关键点检测模型,提取 59 个关键节点,相关数据可以从飞行员动作捕捉视频中获得。飞行员行为识别数据集为由一系列不同帧数组成的简短视频,每个帧都有一组关节坐标。以二维坐标的形式,构建了一个以身体关节为图节点,以飞行员人体关键点和时间中的联系为图边的时空图。

2. 骨骼图空间网络构建

图卷积运算从图结构数据中提取有效的特征。在动作识别中,身体的骨骼被定义为无向图,其中骨骼的每个关节被定义为图的顶点,人体中各个关节点的自然连接被定义为该图的边。$G_t = \{V_t, E_t\}$ 表示每帧 t 中的骨骼图,其中,V_t 是数据集中视频帧的总数,E_t 是飞行员骨骼点的集合。对于关键点检测 2D 骨架数据,$v_{ti} = (x_{ti}, y_{ti})$,$v_{tj} = (x_{tj}, y_{tj})$。骨骼点的连接边向量为

$$e(v_{ti}, v_{tj}) = (x_{tj} - x_{ti}, y_{tj} - y_{ti}), (i, j) \in Q \tag{6.35}$$

式中，Q 为具有连接关系的人体关节的集合。具有 M 帧的骨架序列表示为 $S = \{G_1, G_2, \cdots G_M\}$。图卷积是在每个顶点及其相邻顶点上定义的，对于图中的顶点 v_{ti}，其相邻集为

$$N(v_{ti}) = \{v_{tj} \mid d(v_{ti}, v_{tj}) \leqslant D\} \tag{6.36}$$

式中，$d(v_{ti}, v_{tj})$ 表示从 v_{tj} 到 v_{ti} 的最短路径的长度，设置 1 范式距离相邻集 $D = 1$。在顶点 v_{ti} 的相邻集上操作的图卷积为

$$f_{\text{out}}(v_{ti}) = \sum_{v_{t,j} \in N(v_{ti})} \frac{1}{Z[l(v_{tj})]} f_{\text{in}}(v_{tj}) \cdot W[l(v_{tj})] \tag{6.37}$$

式中，f_{in} 和 f_{out} 表示该卷积层的输入和输出特征向量；$l(v_{tj})$ 是为 $N(v_{ti})$ 中顶点分配的从 1 到 K 的标签函数，设置 $K = 3$，将 $N(v_{ti})$ 分成 3 个子集；$W(\cdot)$ 为根据标签 $l(v_{tj})$ 提供权重向量的加权函数。类似地，$Z[l(v_{tj})]$ 表示对应于 $l(v_{tj})$ 子集顶点的数目。图的连接被放置在 $N \times N$ 邻接矩阵 ψ_k 中，将邻接矩阵代入公式：

$$f_{\text{out}} = \sum_{k=1}^{K} W_k (\psi_k^{-\frac{1}{2}} A_k \psi_k^{-\frac{1}{2}} f_{\text{in}}) \odot (M_k) \tag{6.38}$$

式中，$\odot$ 表示点积；W_k 为卷积运算的权重向量，对应于等式中的加权函数 $W(\cdot)$；A_k 被分配有可学习的权重矩阵 M_k，表示为 $N \times N$ 的注意力图，指示每个顶点的重要性。

3. 骨骼图时间网络构建

形式上，给定飞行员骨骼数据序列 C，多阶段时间采样策略将其划分为具有相等时间间隔的 $T = \{1, 2, \cdots, t\}$ 个时间阶段，表示为 $C = \{c_1, c_2, \cdots, c_T\}$。每个采样片段 c_t 被输入到堆叠的多个图卷积层，以提取相应时间阶段的局部时空特征，具体公式如下：

$$F_t = \text{Conv}(f_{\text{GConv}}(c_t)) \tag{6.39}$$

式中，F_t 是由图卷积层提取的局部时空特征；f_{GConv} 表示图卷积操作。

$$\Gamma_t = f_{\text{BLSTM}}(\Gamma_{t-1}, F_t) \tag{6.40}$$

式中，Γ_t 表示由 BLSTM 层提取的局部时空特征；f_{BLSTM} 为 BLSTM 操作。最后模型输出预测结果如下：

$$P_t = f_{\text{pred}}(\text{MLP}(\Gamma_t)) \tag{6.41}$$

式中，P_t 表示阶段 t 的局部预测；函数 f_{pred} 表示完全连接层和 softmax 层的操作。

4. BLSTM 网络结构

长短时记忆网络（long short-term memory，LSTM）常被用于解决网络中的长期依赖问题,使用 LSTM 可以有效地传递和表达长时间序列中的特征信息。此外,LSTM 还可以解决循环神经网络（recursive neural network，RNN）中的梯度消失和爆炸问题。如图 6.27 所示,典型的 LSTM 网络由一个遗忘门、一个输入门和一个输出门组成。

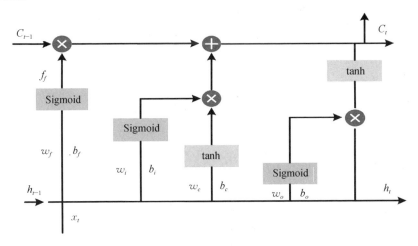

图 6.27　LSTM 网络结构图

假设 x_t 为时间步 t 的输入,h_t 为时间步 t 的隐藏状态,C_{t-1} 为存储单元状态,w_f、w_i、w_c 和 w_o 为权重,b_f、b_i、b_c 和 b_o 为偏差, $\odot$ 表示逐点相乘,Sigmoid 和 tanh 属于激活函数,LSTM 网络可以表示为

$$i_t = \sigma(w_i x_t + w_i h_{t-1} + b_i) \tag{6.42}$$

$$f_t = \sigma(w_f x_t + w_f h_{t-1} + b_f) \tag{6.43}$$

$$C_t = f_t \odot C_{t-1} + i_t \odot \tanh(w_c x_t + w_c h_{t-1} + b_c) \tag{6.44}$$

$$o_t = \sigma(w_o x_t + w_o h_{t-1} + b_o) \tag{6.45}$$

$$h_t = o_t \odot \tanh(C_t) \tag{6.46}$$

然而,利用 LSTM 还存在一个问题:当需要进行更精确的分类时,无法捕捉全段的特征信息。为了克服上述问题,如图 6.28 所示,通过 BLSTM 可以更好地捕捉双向的语义依赖。单层的 BLSTM 由两层 LSTM 组合而成,一层正向处理输入序列,另一层反向处理序列,处理完成后用两层 LSTM 的输出进行进一步的运算。在图 6.28 中,所有的时间步计算完成后,才能得到最终的 BLSTM 输出结果。

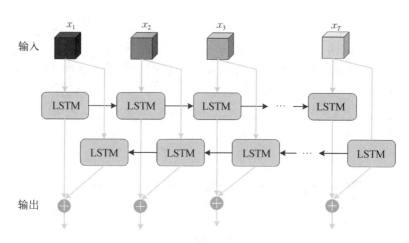

图 6.28 BLSTM 网络结构图

6.4.3 模型验证

1. 实验环境设置

实验环境为 PyTorch 深度学习框架,训练期间使用随机梯度下降(stochastic gradient descent, SGD)优化器,视频帧批次大小为 32,动量为 0.9,初始学习速率为 0.1。在第 40 和第 60 个迭代周期,学习率变为原来的 10%,训练过程在第 80 个迭代周期结束。

2. 实验结果分析

本次实验的数据集采用飞行员操纵行为数据集,如表 6.6 所示,基于四个典型的操作动作,即点击触摸屏、推油门杆、打开自动导航、打开起落架,对本节提出的模型进行评估。

表 6.6　模型行为识别准确率

模　　型	行为识别准确率/%			
	点击触摸屏	推油门杆	打开自动导航	打开起落架
ResNet − 152[134]	73.5	68.5	78.5	66.5
ST − GCN[135]	75.0	73.0	80.0	71.0
AS − GCN[136]	74.0	72.0	82.0	70.5
本节模型	77.0	76.5	81.5	72.5

在飞行员操作行为数据集上,比较该模型与典型技术方法的识别准确率。如表 6.6 所示,与具有良好性能的方法 ST − GCN 相比,本节所提出的模型在四个操作

动作识别准确率基准上分别实现了约 2.7%、4.8%、1.9% 以及 2.1% 的改进。由表中数据可知，相同的识别模型在不同的操纵行为识别上表现出了差异性。整体上看，由于操作动作的复杂度存在区别，"打开起落架"操作识别准确率较低，"打开自动导航"操作识别准确率较高。

第 7 章
飞机驾驶舱眼动交互设计与评估方法

7.1　引言

随着机器学习和人工智能的迅速发展,头部姿态估计、面部识别、眼部识别、瞳孔定位等算法模型的识别精度和速度有了大幅提升,为眼动交互技术的出现与应用奠定了基础。眼动交互技术,即用户通过眼睛的特定行为控制交互设备的功能,实现了用户无须与交互设备在空间距离上接触即可输入信号与接收反馈,使得人机交互具有更强大的自然性、高效性、表达能力和灵活性。目前,眼动交互技术主要运用在界面设计与可用性评估、心理学研究、眼科学研究、体育研究和虚拟现实游戏中的人机交互。在军事应用方面,主要的研究集中在军机驾驶舱头盔显示器和头盔瞄准具中,利用眼睛灵活转动的特性,检测飞行员的眼动注视向量将其作为瞄准方向,使战机武器装备能够更加迅速地锁定目标。在民航领域,眼动交互技术由于受到眼动交互机制、安全风险不明确、风险形成机理不清晰等原因尚未得到充分的应用,飞机驾驶舱眼动交互风险相比传统人机交互模式下的风险,在复杂性、不确定性和严重性方面有着明显的变化。本章详细论述眼动基本概念、眼动数据采集设备、眼动交互方式等技术理论,提出飞机驾驶舱眼动交互机制和眼动交互功能设计方法,构建飞机驾驶舱眼动行为模型与眼动交互算法,结合飞机起飞阶段任务场景,揭示飞机驾驶舱眼动交互风险辨识和形成机理。

7.2　眼动交互基本原理与机制

眼动,即眼球的运动,由三组眼部肌肉控制,彼此相互协调控制眼球在六自由度范围内移动,使得眼睛能够灵活注视不同的方向。研究者们早期发现了人在阅读的过程中,视线除了进行注视和平滑扫视外,还存在一系列短暂的跳动和停顿[137],这一发现使得人们随后开始了一系列眼动行为的相关研究和分析[138-140]。研究表明,人的眼动行为有三种基本模式:注视(fixations)、眼跳(saccades)和平滑追随运动(smooth pursuit)[141],这三种基本眼动行为的具体含义如下。

1. 注视

注视是指人眼将中央凹槽对准目标的活动。正常情况下,注视过程的持续时间为 200～600 ms。当注视过程的目标是静止状态时,眼睛并非完全静止,而是会存在细微的运动过程,如颤动、漂移和微眼跳等。有效刻画注视过程中的微小眼跳运动被认为是在控制系统出现噪声时试图保持注视稳定,这种噪声作为注视区域随机扰动出现,一般被认为出现的区域为不大于 5°的注视视角[142]。

2. 眼跳

眼跳是一种快速眼动,用于在视觉环境中将瞳孔中心移到一个新的位置,眼跳既是自发的,也是自反的。眼跳被认为是轨迹和形式固定的,轨迹固定是指眼跳可以预定目的地,一旦计算出眼跳移向的下一个预期注视位置,则眼跳就无法变更了。形式固定是指一种观察结果能够重复唤起特定的运动模式。一般情况下,眼跳持续时间范围为 30～80 ms。

3. 平滑追随运动

平滑追随运动是指眼睛追随一个运动的物体连续移动,只在追踪运动目标的过程中出现,在个体的场景知觉和行为控制方面具有重要作用。平滑追踪是日常生活中对运动目标最常见的行为反应,为了使视线保持在运动的物体上,而产生的较慢的眼睛的转动,其能够追踪的最大运动速度为 30(°)/s。

随着技术的发展,如今民用飞机驾驶舱信息显示已开始由传统的机械仪表更新升级为触摸显示屏。传统机械仪表通过仪表指针位置与表盘刻度显示传递信息与数据,而触摸显示屏除了能让飞行员直接读取参数信息,增加获取信息的高效性,还能通过让飞行员运用缩放和平移手势,拖曳移动和放大缩小屏幕上正显示的信息,以实现更高效的信息传递。触摸显示屏的出现,也为飞机驾驶舱眼动交互的运用与发展提供了前提条件。

在飞机驾驶舱中,根据所显示信息能够将主显示器划分为不同的区域,如航路信息区、飞行姿态信息区、航线信息区等,如图 7.1 所示。在眼动交互时,需要将这些区域划分为不同操作指令的响应区域,飞行员通过注视相应区域,即注视点停留在指定区域时间达到所设置的阈值,来触发该区域对应的指令操作。

本章设计了基于眼动行为与指定区域相匹配的眼动交互机制。首先,根据信息显示内容划分不同的指定区域,设置在指定区域的操作指令与激活操作指令的阈值。其次,通过模型来识别操作人员的眼动数据,分析其眼动行为。最后,根据指定区域对应的眼动行为是否达到预先设置的阈值,来判断是否触发交互指令,如图 7.2 所示。另外,还可以通过眼动特征中的眨眼行为进行相应的交互设计。

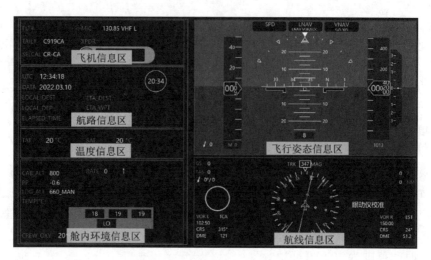

图 7.1 主显示器信息区域划分

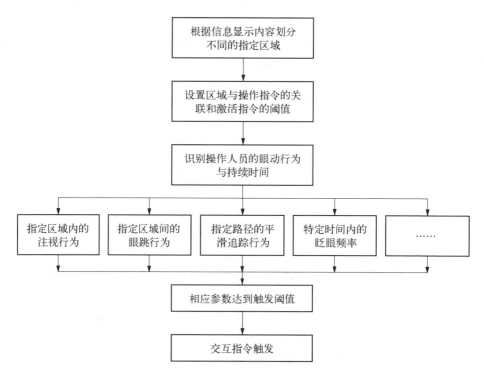

图 7.2 基于眼动行为与指定区域相匹配的眼动交互机制

7.3　眼动交互系统功能设计方法

7.3.1　眼动交互系统框架

基于眼动交互机制,本章提出了飞机驾驶舱眼动交互设计框架,如图 7.3 所示。该框架分为四层结构,分别为眼动数据获取层、眼动行为算法层、眼动交互设计层和飞机驾驶舱应用层。

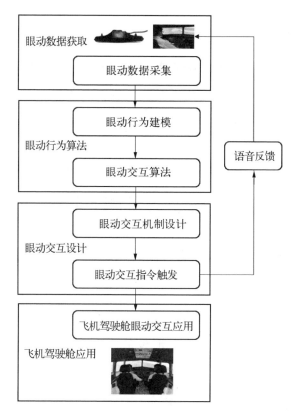

图 7.3　飞机驾驶舱眼动交互设计框架

第一层主要内容: 在眼动数据获取层中,通过眼动跟踪设备采集与提取飞行员眼动信号,包括注视点坐标、眨眼时间等眼动特征。

第二层主要内容: 在眼动行为算法层中,通过建立不同的眼动行为模型,设计针对眼动行为的识别算法,实时识别飞行员的注视、有意识眨眼等眼动行为。

第三层主要内容: 在眼动交互设计层中,设计眼动交互机制,根据识别的眼动行为与具体参数所对应的眼动指令,当满足设置的条件时,触发对应的眼动指令并发出语音反馈,使飞行员实时掌握眼动交互结果,提高眼动交互的高效性和可靠性。

第四层主要内容:在飞机驾驶舱应用层中,通过眼动指令控制飞机驾驶舱相关设备的开关。在执行控制指令前,可设置限制条件,例如飞机起飞后,通过眼动交互指令控制关闭相应灯光,设置必须当起落架是收起状态时才执行该指令,以避免误触发导致的安全风险。

7.3.2　眼动行为模型

1. 注视行为模型

当对某一区域进行注视时,注视时间大于设定的停留时间阈值时,将其定义为注视行为。将注视区域用 A 表示,按区域显示的信息进行划分,划分的对象一般默认为矩形,用公式表示为

$$A = (x_1, x_2, y_1, y_2) \tag{7.1}$$

式中,(x_1, y_1)、(x_1, y_2)、(x_2, y_1) 和 (x_2, y_2) 分别为矩形左上角、右上角、左下角和右下角坐标值,通过上述四个值即可表示出该矩阵的参数信息。

飞行员的注视行为模型可以定义为

$$\text{Fixation} = (A, T_1, T_{t1}) \tag{7.2}$$

式中,T_1 为飞行员在指定区域内的注视点停留时间,当停留时间 T_1 超过设置的阈值 T_{t1} 时,就确定为对该指定区域的注视行为,并触发相应的指令操作。

2. 眨眼行为模型

通过眼动仪记录眨眼行为出现时间,设置眨眼次数 F,统计出现眨眼次数 F 所需要的时间 T_2,若 T_2 小于设置的时间阈值 T_{t2},则认为是有意识的眨眼行为。这样可通过设置的眨眼次数与所需的时间来区分用户有意的眨眼行为和无意识的眨眼行为。因此,用户的眨眼行为可表示为

$$\text{Blink} = (F, T_2, T_{t2}) \tag{7.3}$$

式中,F 为设置的眨眼次数,T_2 为眨眼次数 F 所用的时间,若 T_2 小于设置的时间阈值 T_{t2} 时,就确定为有意识的眨眼行为,并触发相应的指令操作。

7.3.3　眼动交互算法

根据飞机驾驶舱眼动交互相关分析,本章设计了基于眼动数据实时检测的眼动交互算法,主要包括:注视、有意识眨眼的眼动行为检测,眼动行为与操作指令

的逻辑连接,通过眼动行为触发相应操作指令,完成相应任务需求。本章所识别的眼动行为是注视和有意识眨眼。

1. 注视行为的实时识别

针对注视行为实时识别的方法流程为:根据眼动数据采集设备实时获取操作人员的注视点坐标,并检查该坐标所在的区域。若坐标落入该特定区域,则作为注视时间的开始,当视线转移到其他区域时,则作为注视持续时间的结束,从开始注视到注视结束所持续的时间段为注视持续时间。当注视持续时间大于设置的注视时间阈值 T_{t1},则认定进行了注视交互的眼动行为,算法模型如图 7.4 所示。

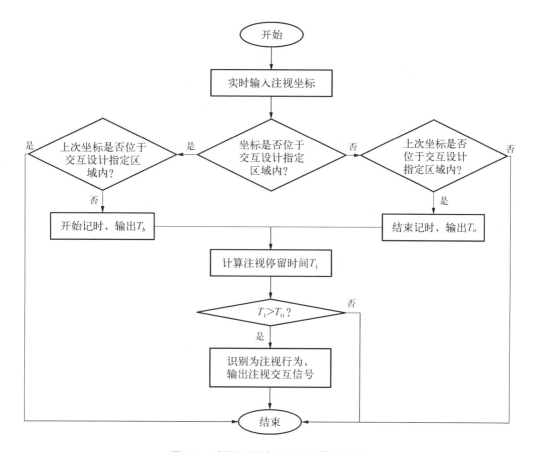

图 7.4　注视行为的实时识别算法模型

2. 有意识眨眼行为的实时识别

有意识眨眼行为实时识别的方法流程为:利用眼动数据采集设备获取操作人员的眨眼行为和眨眼时间,将记录的眨眼时间以一维形式按照出现顺序进行排列,

计算 F 次眨眼所需时间 T_2,将时间 T_2 与设置的时间阈值 T_{t2} 进行比较,若 $T_2 > T_{t2}$,则判断进行了有意识眨眼交互的眼动行为,算法模型如图 7.5 所示。

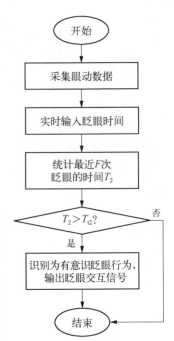

图 7.5 有意识眨眼行为的实时识别算法模型

7.4 眼动交互风险辨识与评估方法

7.4.1 眼动交互风险识别方法

为了能够识别飞机驾驶舱眼动交互的安全风险,本章提出了一种基于工作分解结构-风险分解结构和广义混合加权集结算子的安全风险识别方法。首先通过工作分解结构-风险分解结构(work breakdown structure-risk breakdown structure, WBS – RBS)构建安全风险矩阵,对风险进行识别。再根据专家评估的隶属度值和非隶属度值计算每个风险的广义混合加权集结(generalized hybrid weighted aggregation, GHWA)算子,通过 GHWA 算子的得分值 $M(A)$ 与精确值 $Q(A)$ 对风险进行排序,从而得到对安全风险严重程度的评估结果。以飞机驾驶舱起飞阶段为例,基于 WBS – RBS 对工作模块和风险模块进行分解,得到工作子模块 11 个、安全风险子模块 15 个,结果如图 7.6 和图 7.7 所示。

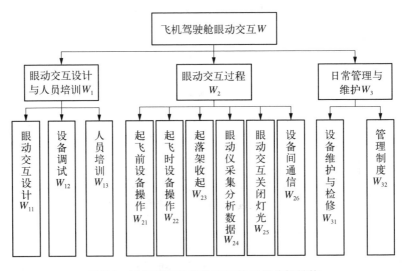

图 7.6 飞机驾驶舱眼动交互的工作分解结构

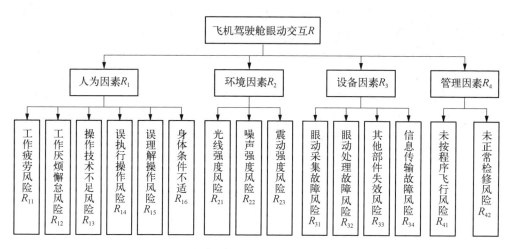

图 7.7　飞机驾驶舱眼动交互的风险分解结构

通过得到的工作子模块和风险子模块构建风险耦合矩阵,如表 7.1 所示。

表 7.1　风险耦合矩阵

	W_{11}	W_{12}	W_{13}	W_{21}	W_{22}	W_{23}	W_{24}	W_{25}	W_{26}	W_{31}	W_{32}
R_{11}	1	0	0	1	1	0	0	0	0	0	0
R_{12}	0	0	1	0	0	0	0	0	0	1	0
R_{13}	0	1	1	0	0	0	0	0	0	1	0
R_{14}	1	0	0	0	1	1	0	0	0	0	0
R_{15}	0	0	0	0	1	1	0	0	0	0	0
R_{16}	1	0	0	0	0	0	1	0	0	0	0
R_{21}	0	0	0	0	0	0	1	0	0	0	0
R_{22}	0	0	0	0	0	0	1	1	1	0	0
R_{23}	0	0	0	0	0	0	0	0	0	0	0
R_{31}	0	0	0	0	0	0	1	0	0	0	0
R_{32}	0	0	0	0	0	0	1	1	0	0	0
R_{33}	0	0	0	0	0	1	0	0	0	0	0
R_{34}	0	0	0	0	0	1	0	1	1	0	0
R_{41}	0	0	0	1	1	1	0	0	0	1	1
R_{42}	0	1	0	1	0	0	0	0	0	1	1

由专家对风险进行评价,利用基于 GHWA 算子的飞机驾驶舱眼动交互安全风险评估模型,确定所有风险排序结果,具体评估过程和结果如下。

（1）把飞机驾驶舱眼动交互过程从上到下逐层分解为相互独立又相互影响的作业单元,对存在的风险进行逐层分解和细化,并将其分类,构建风险耦合矩阵,确定风险集 $X = \{x_1, x_2, \cdots, x_n\}$。

（2）确定专家集 $Y = \{y_1, y_2, \cdots, y_m\}$，以风险集为行向量，专家集为列向量，构建直觉模糊集矩阵 $(F_{ij})_{m \times n} = (\langle \mu_{ij}, v_{ij} \rangle)_{m \times n}$。

（3）利用 AHP 方法确定专家权重向量 $\omega = (0.3, 0.2, 0.2, 0.15, 0.15)^{\mathrm{T}}$，计算直觉模糊集 $\hat{F}_{ij} = m\omega_i F_{ij}$。

（4）对直接模糊集 $\hat{F}_{ij}$ 按照得分值排序法进行排序得到 $\hat{B}_{ij}$，定义正向控制参数 $q = 2$，基于正态分布的赋权法确定位置权重 $w = (0.18, 0.18, 0.2, 0.22, 0.22)^{\mathrm{T}}$。

（5）计算各风险的 GHWA 算子 $f_{\omega, w}^{\mathrm{GH}}$、得分值 $M(A)$ 与精确值 $\Delta(A)$。各风险的 GHWA 算子和排序结果如表 7.2 所示。

表 7.2 各风险的 GHWA 算子和排序

风 险	专家 1	专家 2	专家 3	专家 4	专家 5	$f_{\omega, w}^{\mathrm{GH}}$	$M(A)$	$\Delta(A)$	排序
W_{11}-R_{11}	⟨0.6, 0.2⟩	⟨0.7, 0.2⟩	⟨0.7, 0.1⟩	⟨0.6, 0.3⟩	⟨0.7, 0.2⟩	⟨0.664 1, 0.181 4⟩	0.482 7	0.845 5	7
W_{11}-R_{14}	⟨0.7, 0.2⟩	⟨0.6, 0.2⟩	⟨0.8, 0.1⟩	⟨0.7, 0.1⟩	⟨0.6, 0.2⟩	⟨0.697 0, 0.155 9⟩	0.541 1	0.852 9	6
W_{11}-R_{16}	⟨0.5, 0.3⟩	⟨0.6, 0.2⟩	⟨0.7, 0.2⟩	⟨0.5, 0.3⟩	⟨0.5, 0.4⟩	⟨0.576 9, 0.255 8⟩	0.321 2	0.832 7	17
W_{12}-R_{13}	⟨0.6, 0.1⟩	⟨0.5, 0.3⟩	⟨0.5, 0.2⟩	⟨0.6, 0.3⟩	⟨0.6, 0.1⟩	⟨0.563 1, 0.167 0⟩	0.396 1	0.730 1	9
W_{12}-R_{42}	⟨0.8, 0.2⟩	⟨0.7, 0.1⟩	⟨0.7, 0.3⟩	⟨0.8, 0.1⟩	⟨0.8, 0.1⟩	⟨0.762 6, 0.152 4⟩	0.610 2	0.915 0	2
W_{13}-R_{12}	⟨0.4, 0.5⟩	⟨0.5, 0.4⟩	⟨0.4, 0.5⟩	⟨0.4, 0.3⟩	⟨0.5, 0.4⟩	⟨0.436 4, 0.425 9⟩	0.010 5	0.862 2	34
W_{13}-R_{13}	⟨0.6, 0.3⟩	⟨0.5, 0.2⟩	⟨0.5, 0.3⟩	⟨0.6, 0.1⟩	⟨0.6, 0.3⟩	⟨0.563 1, 0.229 8⟩	0.333 3	0.792 9	14
W_{21}-R_{11}	⟨0.5, 0.4⟩	⟨0.4, 0.5⟩	⟨0.5, 0.4⟩	⟨0.5, 0.4⟩	⟨0.5, 0.5⟩	⟨0.482 7, 0.429 2⟩	0.053 4	0.911 9	32
W_{21}-R_{41}	⟨0.5, 0.2⟩	⟨0.5, 0.3⟩	⟨0.6, 0.3⟩	⟨0.5, 0.3⟩	⟨0.5, 0.2⟩	⟨0.526 0, 0.249 6⟩	0.276 4	0.775 6	23
W_{21}-R_{42}	⟨0.8, 0.1⟩	⟨0.7, 0.2⟩	⟨0.7, 0.3⟩	⟨0.6, 0.2⟩	⟨0.8, 0.2⟩	⟨0.742 3, 0.163 4⟩	0.578 9	0.905 6	4
W_{22}-R_{11}	⟨0.6, 0.4⟩	⟨0.5, 0.4⟩	⟨0.6, 0.4⟩	⟨0.5, 0.3⟩	⟨0.5, 0.1⟩	⟨0.562 2, 0.329 6⟩	0.232 5	0.891 8	29
W_{22}-R_{14}	⟨0.6, 0.3⟩	⟨0.5, 0.2⟩	⟨0.5, 0.4⟩	⟨0.6, 0.3⟩	⟨0.6, 0.3⟩	⟨0.563 1, 0.293 0⟩	0.270 1	0.856 0	25
W_{22}-R_{15}	⟨0.7, 0.2⟩	⟨0.8, 0.2⟩	⟨0.7, 0.2⟩	⟨0.8, 0.2⟩	⟨0.8, 0.2⟩	⟨0.753 4, 0.199 4⟩	0.554 0	0.952 8	5
W_{22}-R_{41}	⟨0.5, 0.3⟩	⟨0.6, 0.2⟩	⟨0.5, 0.5⟩	⟨0.6, 0.2⟩	⟨0.6, 0.2⟩	⟨0.551 9, 0.267 4⟩	0.284 5	0.819 4	20
W_{23}-R_{14}	⟨0.6, 0.2⟩	⟨0.6, 0.2⟩	⟨0.6, 0.3⟩	⟨0.5, 0.4⟩	⟨0.5, 0.3⟩	⟨0.580 9, 0.259 4⟩	0.321 5	0.840 2	16
W_{23}-R_{15}	⟨0.6, 0.3⟩	⟨0.5, 0.4⟩	⟨0.5, 0.4⟩	⟨0.6, 0.2⟩	⟨0.5, 0.1⟩	⟨0.550 1, 0.252 5⟩	0.297 7	0.802 6	18
W_{23}-R_{33}	⟨0.5, 0.3⟩	⟨0.6, 0.2⟩	⟨0.7, 0.3⟩	⟨0.4, 0.3⟩	⟨0.7, 0.3⟩	⟨0.598 3, 0.273 3⟩	0.325 0	0.871 5	15
W_{23}-R_{34}	⟨0.5, 0.2⟩	⟨0.6, 0.2⟩	⟨0.6, 0.3⟩	⟨0.5, 0.3⟩	⟨0.4, 0.3⟩	⟨0.543 9, 0.261 1⟩	0.282 9	0.805 0	22
W_{23}-R_{41}	⟨0.4, 0.4⟩	⟨0.4, 0.3⟩	⟨0.3, 0.6⟩	⟨0.3, 0.4⟩	⟨0.4, 0.5⟩	⟨0.370 4, 0.416 0⟩	−0.045 7	0.786 4	35
W_{24}-R_{16}	⟨0.9, 0.1⟩	⟨0.6, 0.3⟩	⟨0.5, 0.2⟩	⟨0.8, 0.2⟩	⟨0.7, 0.2⟩	⟨0.764 5, 0.178 7⟩	0.585 8	0.943 2	3
W_{24}-R_{21}	⟨0.6, 0.3⟩	⟨0.5, 0.2⟩	⟨0.4, 0.5⟩	⟨0.5, 0.2⟩	⟨0.6, 0.3⟩	⟨0.536 9, 0.329 5⟩	0.207 4	0.866 4	30
W_{24}-R_{22}	⟨0.5, 0.2⟩	⟨0.6, 0.3⟩	⟨0.5, 0.3⟩	⟨0.6, 0.2⟩	⟨0.5, 0.3⟩	⟨0.540 0, 0.249 6⟩	0.290 4	0.789 6	19
W_{24}-R_{31}	⟨0.5, 0.3⟩	⟨0.7, 0.2⟩	⟨0.4, 0.5⟩	⟨0.5, 0.2⟩	⟨0.5, 0.3⟩	⟨0.536 7, 0.302 2⟩	0.234 6	0.838 9	28
W_{24}-R_{32}	⟨0.6, 0.2⟩	⟨0.5, 0.3⟩	⟨0.6, 0.2⟩	⟨0.4, 0.4⟩	⟨0.6, 0.3⟩	⟨0.540 7, 0.257 8⟩	0.283 0	0.798 5	21
W_{25}-R_{22}	⟨0.4, 0.2⟩	⟨0.4, 0.3⟩	⟨0.3, 0.4⟩	⟨0.5, 0.5⟩	⟨0.4, 0.5⟩	⟨0.399 0, 0.291 3⟩	0.107 7	0.690 3	31
W_{25}-R_{32}	⟨0.5, 0.2⟩	⟨0.5, 0.3⟩	⟨0.6, 0.2⟩	⟨0.6, 0.3⟩	⟨0.5, 0.2⟩	⟨0.542 8, 0.199 1⟩	0.343 7	0.741 9	13
W_{25}-R_{34}	⟨0.5, 0.3⟩	⟨0.5, 0.4⟩	⟨0.5, 0.3⟩	⟨0.4, 0.3⟩	⟨0.6, 0.2⟩	⟨0.506 5, 0.246 6⟩	0.259 9	0.753 1	27
W_{26}-R_{22}	⟨0.4, 0.5⟩	⟨0.4, 0.4⟩	⟨0.4, 0.4⟩	⟨0.5, 0.5⟩	⟨0.3, 0.6⟩	⟨0.412 8, 0.395 7⟩	0.017 1	0.808 6	33
W_{26}-R_{34}	⟨0.6, 0.2⟩	⟨0.5, 0.4⟩	⟨0.6, 0.2⟩	⟨0.7, 0.2⟩	⟨0.5, 0.3⟩	⟨0.590 4, 0.245 4⟩	0.345 0	0.835 8	12
W_{31}-R_{12}	⟨0.7, 0.2⟩	⟨0.6, 0.4⟩	⟨0.5, 0.3⟩	⟨0.5, 0.3⟩	⟨0.7, 0.2⟩	⟨0.624 2, 0.263 3⟩	0.360 9	0.887 4	11

续　表

风　险	专家1	专家2	专家3	专家4	专家5	$f_{\omega,\,w}^{GH}$	$M(A)$	$\Delta(A)$	排序
$W_{31}\text{-}R_{13}$	$\langle 0.6, 0.2\rangle$	$\langle 0.5, 0.3\rangle$	$\langle 0.4, 0.2\rangle$	$\langle 0.7, 0.2\rangle$	$\langle 0.6, 0.1\rangle$	$\langle 0.5726, 0.1994\rangle$	0.3732	0.7721	10
$W_{31}\text{-}R_{41}$	$\langle 0.6, 0.3\rangle$	$\langle 0.4, 0.3\rangle$	$\langle 0.5, 0.3\rangle$	$\langle 0.4, 0.2\rangle$	$\langle 0.7, 0.3\rangle$	$\langle 0.5519, 0.2865\rangle$	0.2654	0.8384	26
$W_{31}\text{-}R_{42}$	$\langle 0.8, 0.2\rangle$	$\langle 0.7, 0.1\rangle$	$\langle 0.7, 0.1\rangle$	$\langle 0.7, 0.1\rangle$	$\langle 0.8, 0.2\rangle$	$\langle 0.7490, 0.1326\rangle$	0.6164	0.8816	1
$W_{32}\text{-}R_{41}$	$\langle 0.7, 0.1\rangle$	$\langle 0.6, 0.3\rangle$	$\langle 0.6, 0.1\rangle$	$\langle 0.5, 0.2\rangle$	$\langle 0.5, 0.2\rangle$	$\langle 0.6176, 0.1787\rangle$	0.4389	0.7963	8
$W_{32}\text{-}R_{42}$	$\langle 0.5, 0.3\rangle$	$\langle 0.4, 0.3\rangle$	$\langle 0.5, 0.2\rangle$	$\langle 0.6, 0.2\rangle$	$\langle 0.6, 0.2\rangle$	$\langle 0.5171, 0.2465\rangle$	0.2706	0.7636	24

安全风险排序值中得分值 M 最大的三项分别为设备未正常检修（$W_{31}\text{-}R_{42}$）、设备调试不合格（$W_{12}\text{-}R_{42}$）和眼动交互引起身体不适（$W_{24}\text{-}R_{16}$）。可以看出,排序前三项风险都与人为因素有关,人为因素是眼动交互过程中产生安全风险的可能性最大的因素,这表明在眼动交互过程中对人为因素的控制最为重要。

从各个子阶段看,在眼动交互设计与人员培训阶段（W_1）中,设备调试不合格（$W_{12}\text{-}R_{42}$）、眼动交互设计易导致误操作（$W_{11}\text{-}R_{14}$）和眼动交互设计易导致人员疲劳（$W_{11}\text{-}R_{11}$）三项安全风险排序值最大;在眼动交互过程（W_2）中,眼动交互引起身体不适（$W_{24}\text{-}R_{16}$）、起飞前设备未正常检修（$W_{21}\text{-}R_{42}$）和起飞时设备错误操作（$W_{22}\text{-}R_{15}$）三项安全风险排序值最大;日常维护与管理（W_3）中,设备未正常检修（$W_{31}\text{-}R_{42}$）、未按标准程序飞行（$W_{32}\text{-}R_{41}$）和设备维护程度不足（$W_{31}\text{-}R_{13}$）三项安全风险排序值最大。

7.4.2　眼动交互风险形成机理

1. 识别与描述功能

基于功能共振分析方法（functional resonance analysis method, FRAM）,结合眼动交互过程的风险识别结果,分析飞机起飞阶段的眼动交互风险形成机理。根据飞机起飞阶段飞行机组操作程序和飞机状态,将飞机起飞阶段分为三个子阶段,分别为起飞前准备工作、起飞时相关操作和飞机离地后相关操作。下面针对三个子阶段进行详细说明。

1）起飞前准备工作

在飞机起飞前准备阶段,飞行员需要完成相应的操作,并对照飞行检查单核实相应灯光和设备是否正确打开,以确保飞机安全起飞。在起飞前准备阶段中,飞行机组的操作分为 8 个主要步骤,分别为航空公司提供飞行资料、人员培训、眼动交互座舱、PF 操作、PM 操作、执行起飞操作程序、操纵飞机至起飞等待点和起飞前相应灯光。以 P6"操纵飞机至起飞等待点"为例描述其功能特征,如表7.3所示。

表 7.3　P6"操纵飞机至起飞等待点"功能特征

功能名称	操纵飞机至起飞等待点
描述	将飞机操纵到起飞点,准备起飞
输入	完成起飞前相应设备挡位设置
输出	已到达起飞等待点
前提	PF 操作
资源	—
控制	—
时间	—

对飞机起飞前准备工作中的功能进行特征分析,如表 7.4 所示。

2)起飞时相关操作

在飞机起飞时相关操作阶段,飞行员需要操纵飞机,核对发动机推力是否稳定,飞机加速和爬升。飞行机组的操作分为 16 个主要步骤,分别为轻推油门杆、发出起飞指令、推油门杆至推力达到 45%~55% N1、核实左右推力情况、推油门杆至发动机满推力、发出 V1 指令、发出抬轮指令、拉动操纵杆、维持飞机俯仰角为 15°、PM 发出收轮指令、PF 收到收轮指令、PF 执行眼动交互指令、飞行员眼动数据采集、识别眼动行为和眼动交互算法触发眼动指令等。对每一个功能进行特征描述,具体如表 7.5 所示。

3)离地后相关操作

在飞机离地后相关操作阶段,飞行员需要完成飞机离地后的相关操作,如关闭跑道灯、自动刹车 DISARM 位、发动机点火电门 OFF 位、收起襟翼等。在离地后相关操作阶段中的操作分为 10 个步骤,分别为关闭跑道灯、PF 执行眼动交互关闭跑道灯指令、PF 注视眼动交互区域、注视时间达到参数值、自动刹车 DISARM 位、发动机点火电门 OFF 位、襟翼一挡、襟翼收上和起飞阶段完成等。根据 FRAM 中对功能进行六个方面的描述,对每一个功能进行特征描述,具体如表 7.6 所示。

将表 7.4、表 7.5 和表 7.6 内的信息输入 FRAM 模型可视化工具(FRAM model visualizer, FMV)中,得到图 7.8 所示的 FRAM 功能网络图,图中 I 表示输入(Input),O 表示输出(Output),T 表示时间(Time),P 表示前提(Preconditions),R 表示资源(Resources),C 表示控制(Control)。

2. 识别功能变化

通过第一阶段的功能识别与描述,得到飞机起飞阶段正常运行所需的功能。本节对功能的输出变化进行识别,首先将功能按照其操作属性进行分类,可分为技术、人员、组织三种。同时,按照功能变化的发生源头将其分为内源、外源和上下游耦合。据此对飞机起飞阶段工作中各功能的变化来源进行分析,飞机起飞阶段工作中功能的变化情况如表 7.7 所示。

表 7.4　起飞前准备工作中各功能描述与特征

功能名称	符号	描述	输入	输出	前提	资源	控制	时间
航空公司提供飞行资料	P0	航空公司提供飞行所需的材料信息		飞行资料				
人员培训	P1	对飞行员进行培训能够熟练完成眼动交互		眼动交互规则				
眼动交互座舱	P2	能够进行眼动交互的座舱平台		眼动行为识别模型 眼动交互算法				
PF 操作	P3	操纵飞机的飞行员所执行的操作		PF 操作			飞行资料	
PM 操作	P4	监控飞机的飞行员所执行的操作		PM 操作			飞行资料	
执行起飞操作程序	P5	开始按照飞行计划准备进行起飞程序	飞行资料	完成起飞前相应设备挡位设置	PM 操作			
操纵飞机至起飞等待点	P6	将飞机操纵到起飞点,准备开始前起飞	完成起飞前相应设备挡位设置	已到达起飞等待点	PF 操作			
起飞前相应灯光	P7	起飞前点亮着陆灯、跑道灯、标志灯、频闪灯、防撞灯、安全带灯;关闭滑行灯,完成起飞前准备过程的相关操作,等待起飞	已到达起飞等待点	已完成相应灯光设置,准备工作已完成,准备起飞	PM 操作			

表 7.5　起飞时相关操作中各功能描述与特征

功能名称	符号	描述	输入	输出	前提	资源	控制	时间
轻推油门杆	P8	缓慢增加飞机动力	已完成相应灯光设置,准备工作已完成,准备起飞	速度大于 45 节	PF 操作			
发出起飞指令	P9	开始准备加速起飞	速度大于 45 节	推动油门杆	PF 操作			
推油门杆至推力达到 45%~55% N1	P10	增加推力,检查推力是否稳定	推动油门杆	飞机推力信息显示	PF 操作			

续表

功能名称	符号	描　述	输　入	输　出	前　提	资源	控制	时间
核实左右推力情况	P11	检查左右推力是否稳定,发出口令"N1推力稳定"	飞机推力信息显示	起飞左右推力稳定	PM操作			
推油门杆至发动机满推力	P12	满推力,发出口令"TOGA"	起飞左右推力稳定	推力增加并稳定在最大值,速度逐步增加 速度达到150节 速度达到185节	PF操作			
发出V1指令	P13	核实飞机速度,达到130节,发出指令	推力增加并稳定在最大值,速度逐步增加	速度达到V1	PM操作			
发出抬轮指令	P14	当速度达到140节,发出指令	推力增加并稳定在最大值,速度逐步增加	速度达到VR	PM操作			速度达到V1
拉动操纵杆	P15	飞机离地	速度达到VR	飞机俯仰角逐步增加	PF操作			
维持飞机俯仰角为15°	P16	操纵操纵杆,控制俯仰角稳定在15°,发出口令"正上升率"	飞机俯仰角逐步增加	飞机正上升率	PF操作			
PM发出收轮指令	P17	起飞离地,证实正上升率后,收起起落架	飞机正上升率	PM发出收轮指令	PM操作			
PF收到收轮指令	P18	完成起落架收操作	PM发出收轮指令	PF接收到收轮指令	PF操作			
PF执行眼动交互指令	P19	规定时间内进行相应次数的眨眼行为	PF接收到收轮指令	进行眨眼行为的眼动交互	PF操作			
飞行员眼动数据采集	P20	采集飞行员眼动数据用于判断眼动交互参数	进行眨眼行为的眼动交互注视时间达到眼动交互参数值	眼动仪采集飞行员眼部运动数据				
识别眼动行为	P21	识别飞行员眼动行为	眼动仪采集飞行员眼部运动数据	识别眼动行为	眼动行为识别模型			
眼动交互算法触发眼动指令	P22	检测飞行员眼动是否达到眼动交互参数	识别眼动行为	通过眼动交互算法激活眼动指令	眼动交互算法		眼动交互规则	

续　表

功能名称	符号	描　述	输　入	输　出	前　提	资　源	控制	时间
眼动指令判定	P23	眼动仪数据采集与分析判断飞行员眼动特征	通过眼动交互算法激活眼动指令	眼动指令激活,收起起落架 眼动指令激活,跑道灯已关闭				
起落架系统完成响应,起落架已收起	P24	飞机起落架系统完成起落架收起任务,起落架已收起	眼动指令激活,收起起落架	起落架已收起				

表 7.6　离地后相关操作中各功能描述与特征

功能名称	符号	描　述	输　入	输　出	前　提	资　源	控制	时间
关闭跑道灯	P25	离地后关闭跑道灯	起落架已收起	需要关闭跑道灯				
PF 执行眼动交互关闭跑道灯指令	P26	进行眼动交互	需要关闭跑道灯	进行注视行为的眼动交互	PF 操作			
PF 注视眼动交互区域	P27	注视相关区域	进行注视行为的眼动交互	飞行员注视飞行姿态信息区	PF 操作			
注视时间达到参数值	P28	注视时间	飞行员注视飞行姿态信息区	注视时间达到眼动交互参数值				
自动刹车 DISARM 位	P29	设置自动刹车	眼动指令激活,跑道灯已关闭	自动刹车 DISARM 位				
发动机点火电门 OFF 位	P30	关闭发动机点火电门	自动刹车 DISARM 位	发动机点火电门已关闭				
襟翼一挡	P31	调整襟翼至一挡	发动机点火电门已关闭	襟翼已设置为一挡	速度达到 150 节			
襟翼收上	P32	收起襟翼,起飞阶段完成	襟翼已设置为一挡	襟翼已收上	速度达到 185 节			
起飞阶段完成	P33	完成起飞阶段操作	襟翼已收上	起飞阶段已完成				

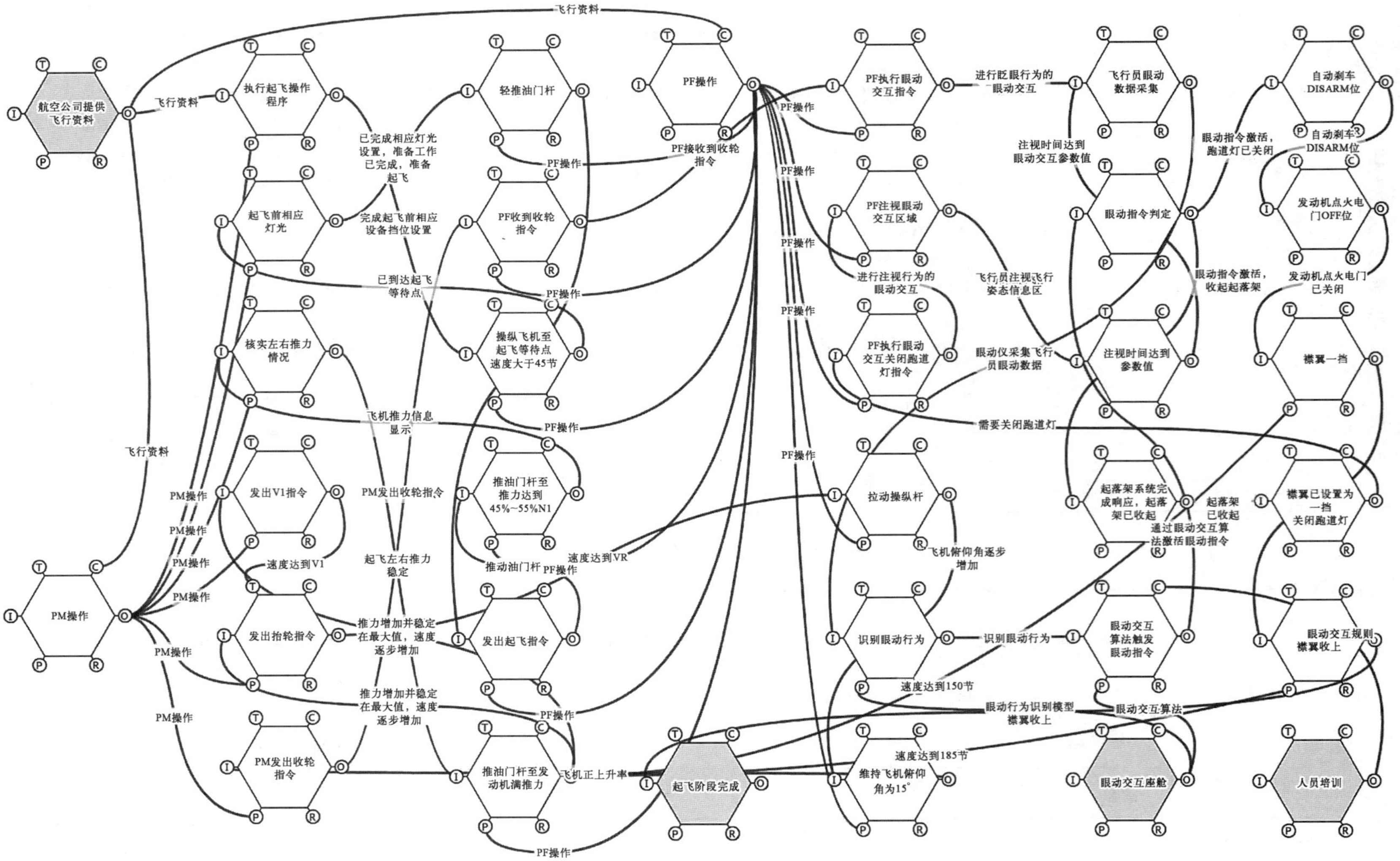

图 7.8 飞机起飞阶段眼动交互 FRAM 功能网络图

表 7.7 基于眼动交互的飞机起飞阶段中各功能的变化

功能单元名称	类 型	变化来源	可能的输出变化
P0-航空公司提供飞行资料	组织	内源	资料信息不全、资料信息未更新
P1-人员培训	组织	内源	培训不足
P2-眼动交互座舱	技术	内源、外源	硬件设备故障
P3-PF 操作	人员	内源、外源、上下游耦合	误操作、遗漏操作
P4-PM 操作	人员	内源、外源、上下游耦合	误操作、遗漏操作
P5-执行起飞操作程序	组织	内源	未按飞行资料执行程序
P6-操纵飞机至起飞等待点	人员	内源	飞行员操作失误
P7-起飞前相应灯光	人员	内源	灯光未全部开启、开启了错误灯光信号
P8-轻推油门杆	人员	内源	油门过大,超出程序要求
P9-发出起飞指令	人员	内源	遗漏指令
P10-推油门杆至推力达到 45%~55% N1	人员	内源	未按程序操作
P11-核实左右推力情况	技术	内源	未及时核实
P12-推油门杆至发动机满推力	人员	内源、上下游耦合	设备故障、飞行员操作失误
P13-发出 V1 指令	人员	内源	未及时发出指令
P14-发出抬轮指令	人员	内源	未及时发出指令
P15-拉动操纵杆	人员	内源	设备故障、飞行员操作失误
P16-维持飞机俯仰角为 15°	人员	内源	飞行员操作失误
P17-PM 发出收轮指令	人员	内源	未及时发出指令
P18-PF 收到收轮指令	人员	内源	未及时接收到指令信息
P19-PF 执行眼动交互指令	人员	内源、外源、上下游耦合	飞行员不熟悉交互规则
P20-飞行员眼动数据采集	技术	内源、外源、上下游耦合	眼动数据采集设备故障、环境干扰数据采集
P21-识别眼动行为	技术	内源、上下游耦合	飞行员个人习惯、眼动行为模型精度、眼动数据传输
P22-眼动交互算法触发眼动指令	技术	内源、上下游耦合	眼动交互算法精度、眼动数据传输
P23-眼动指令判定	技术	内源	眼动指令判定错误
P24-起落架系统完成响应,起落架已收起	技术	内源	起落架系统故障、眼动指令未完成
P25-关闭跑道灯指令	组织	内源	未按飞行程序
P26-PF 执行眼动交互关闭跑道灯指令	人员	内源、上下游耦合	飞行员不熟悉交互规则
P27-PF 注视眼动交互区域	人员	内源、上下游耦合	眼动交互区域未匹配
P28-注视时间达到参数值	人员	内源、外源	参数值设置不适合

功能单元名称	类 型	变化来源	可能的输出变化
P29-自动刹车 DISARM 位	人员	内源	飞行员未及时执行操作
P30-发动机点火电门 OFF 位	人员	内源	飞行员未及时执行操作
P31-襟翼一挡	人员	内源	襟翼系统故障、飞行员未及时执行操作
P32-襟翼收上	人员	内源	襟翼系统故障、飞行员未及时执行操作
P33-起飞阶段完成	组织	内源	

3. 确定功能共振

根据飞机起飞阶段工作中各功能的变化情况及功能共振网络图,对基于眼动交互的各功能连接情况和上下游功能进行统计,如表 7.8 所示。

表 7.8 各功能连接信息

功能单元名称	上游功能	下游功能
P0-航空公司提供飞行资料	—	P3、P4、P5
P1-人员培训		P22
P2-眼动交互座舱		P21、P22
P3-PF 操作	P0	P6、P8、P9、P10、P12、P15、P16、P18、P19、P26、P27
P4-PM 操作	P0	P5、P7、P11、P13、P14、P17
P5-执行起飞操作程序	P0、P4	P6
P6-操纵飞机至起飞等待点	P3、P5	P7
P7-起飞前相应灯光	P4、P6	P8
P8-轻推油门杆	P3、P7	P9
P9-发出起飞指令	P3、P8	P10
P10-推油门杆至推力达到 45%~55% N1	P3、P9	P11
P11-核实左右推力情况	P4、P10	P12
P12-推油门杆至发动机满推力	P3、P11	P13、P32、P33
P13-发出 V1 指令	P4、P12	P14
P14-发出抬轮指令	P4、P12、P13	P15
P15-拉动操纵杆	P3、P14	P16
P16-维持飞机俯仰角为 15°	P3、P15	P17
P17-PM 发出收轮指令	P4、P16	P18
P18-PF 收到收轮指令	P3、P17	P19
P19-PF 执行眼动交互指令	P3、P18	P20
P20-飞行员眼动数据采集	P19、P28	P21

功能单元名称	上游功能	下游功能
P21-识别眼动行为	P2、P20	P22
P22-眼动交互算法触发眼动指令	P1、P2、P21	P23
P23-眼动指令判定	P22	P24
P24-起落架系统完成响应,起落架已收起	P23	P25
P25-关闭跑道灯指令	P24	P26
P26-PF 执行眼动交互关闭跑道灯指令	P3、P25	P27
P27-PF 注视眼动交互区域	P3、P26	P28
P28-注视时间达到参数值	P27	P20
P29-自动刹车 DISARM 位	P24	P30
P30-发动机点火电门 OFF 位	P29	P31
P31-襟翼一挡	P12、P30	P32
P32-襟翼收上	P12、P31	P33
P33-起飞阶段完成	P32	—

从飞机起飞阶段的 FRAM 功能网络图可以看出,P3-PF 操作和 P4-PM 操作与其他功能之间的连接较多,多作为其他功能的上游功能,其完成与否会直接对下游功能产生直接性影响,因此 P3-PF 操作和 P4-PM 操作功能处于重要的位置。这与 P3-PF 操作和 P4-PM 操作功能均作为机组人员的相关操作这一属性有关,在起飞阶段,机组人员出现操作方面的问题导致功能失效,会进而影响到下游工序的正常运行,从而产生风险形成路径。P0-航空公司提供飞行资料和 P12-推油门杆至发动机满推力这两个功能的下游功能均存在三个,其中 P0 的下游功能为 P3-PF 操作、P4-PM 操作和 P5-执行起飞操作程序,P12 的下游功能为 P13-发出 V1 指令、P31-襟翼一挡和 P32-襟翼收上,相比其他功能单元而言,属于具有较高影响力的功能单元。P19-PF 执行眼动交互指令、P20-飞行员眼动数据采集、P21-识别眼动行为、P22-眼动交互算法触发眼动指令、P26-PF 执行眼动交互关闭跑道灯指令和 P27-PF 注视眼动交互区域功能这六个功能单元属于涉及眼动交互的功能单元,同时又易被其他功能单元所影响,具有较大可能性发生功能变化。

在此基础上,构建基于眼动交互的飞机起飞阶段功能失效网络图,如图 7.9 所示。其中,根据各功能单元上游功能单元数量确定功能单元的被影响程度。下游功能单元数量代表着输入、前提、资源、控制和时间五个方面可能存在影响其他功能单元的可能性,即代表着功能单元的影响力。图 7.9 中红色单元代表该功能单元具有较高的影响力,绿色单元代表着该功能单元易被其他功能单元产生的风险所影响。

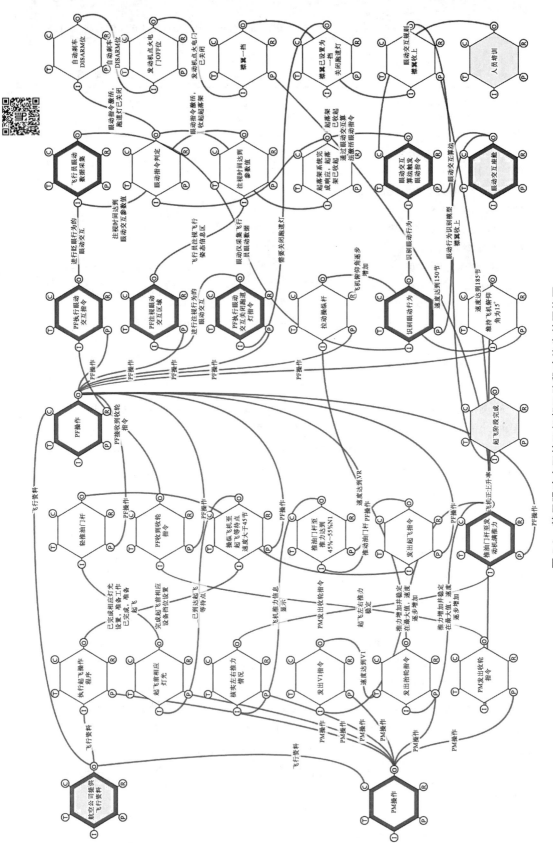

图 7.9 基于眼动交互的飞机起飞阶段功能失效网络图

4. 分析结果

飞机起飞阶段的 FRAM 建模分析,为各项功能在运行阶段存在的风险形成机理与演化过程提供了依据。在各个涉及眼动交互的功能单元中,易引起共振功能的单元为 PF 执行眼动交互指令、飞行员眼动数据采集、识别眼动行为、眼动交互算法触发眼动指令、PF 执行眼动交互关闭跑道灯指令和 PF 注视眼动交互区域。针对这六个功能单元进行风险形成机理分析,当 P19 - PF 执行眼动交互指令失效时,会直接影响下游功能 P20 - 飞行员眼动数据采集功能的输入,导致眼动交互人员未按照交互指令进行相应的眨眼或者注视操作。进而影响 P20 - 飞行员眼动数据采集功能的输出,使其没有相应的眼动数据,功能 P21 不能识别到眼动行为,影响功能 P22 眼动交互指令的触发,形成失效连锁反应。同样,在功能 P26 失效时,导致 PF 未能执行眼动交互关闭跑道灯指令,进而影响到功能 P27 的输入。根据功能变化以及功能上下游耦合分析,得到表 7.9 所示的涉及眼动交互易被影响的功能失效连接。

表 7.9　涉及眼动交互易被影响的功能失效连接

功能单元名称	影响因素	失效连接
P19 - PF 执行眼动交互指令	P3、P18	P3(O) - P19(P) P18(O) - P19(I)
P20 - 飞行员眼动数据采集	P19、P28	P19(O) - P20(I) P28(O) - P20(I)
P21 - 识别眼动行为	P2、P20	P2(O) - P21(I) P20(O) - P21(I)
P22 - 眼动交互算法触发眼动指令	P1、P2、P21	P1(O) - P22(C) P2(O) - P22(P) P21(O) - P22(I)
P26 - PF 执行眼动交互关闭跑道灯指令	P3、P25	P3(O) - P26(P) P25(O) - P26(I)
P27 - PF 注视眼动交互区域	P3、P26	P3(O) - P27(P) P26(O) - P27(I)

注:表中 I 表示输入(Input),O 表示输出(Output),P 表示前提(Preconditions),C 表示控制(Control)。

这六个功能单元涉及的风险类型可细化为人为差错、交互设计逻辑冲突和软硬件设备故障,结合不同的风险类型进一步采取应对措施,降低风险概率。针对人为差错问题,加强飞行员业务水平培训,对涉及眼动交互的操作更加需要进行系统性培训,使飞行员不仅能够知道眼动交互指令信息,更要深入了解眼动交互的算法、机制和逻辑。针对交互设计逻辑冲突问题,进一步实施眼动交互设计优化,并不断地开展实验进行眼动交互测试,及时发现潜在问题。针对软硬件设备故障问题,需要严格完成日常检修工作,发现问题及时处理。

下　篇

混合式人机智能交互技术

第 8 章
飞机驾驶舱人机交互异常行为监测方法

8.1 引言

　　飞行员作为人机交互控制回路中的主导者,其操纵行为直接影响着飞行任务的执行效果,不当的操作可能会导致灾难性的后果。有效识别和监测飞行员异常操纵行为,对规范飞行员操纵行为、保证航空安全运行具有重要意义。目前,飞行员异常操纵行为的检测方法研究主要采用航空安全工程学方法、统计学方法以及传统机器学习方法,对民航大数据进行抽样、指标选取、参数建模、风险评估以及阈值设计,存在着主观性较强和缺乏前瞻性的问题,样本抽取可能会存在数据不完备的问题,传统机器学习方法因离线学习无法满足实时异常检测需求。为了解决传统方法数据完备性较差、客观性欠缺和系统时效性不佳等问题,使用历史和实时的状态监测数据来保证数据的完备性,利用数据挖掘技术和深度学习技术对飞行员操纵行为进行预测和异常检测,以保障对飞行员异常操纵行为进行检测的客观性,提高飞行员异常操纵行为识别的实时性,可为飞行员提供更多时间纠正异常行为。本章利用改进的 HTA – HET 方法对进近着陆阶段的飞行员异常操纵行为类型进行分析,将飞行员异常操纵行为的发生情况作为原始数据,统计分析得出飞行员异常操纵行为类型以及发生频次,基于模糊集和时间线的飞行阶段识别方法,建立飞行操作预测和异常监测的协同专家系统,实现飞行操作预测和异常对象监测,并在起飞过程任务场景中进行评估与验证。

8.2 飞行员异常操纵行为分类

8.2.1 改进的 HTA – HET 方法

　　层次化任务分析(hierarchical task analysis, HTA)就是进行任务树分解[143],任务树应直至最底层级的任务子项,最终形成完整的任务树[144-145]。对于复杂的任务构型而言,任务树的层次会比较多,任务子项也会非常繁杂。HTA 目的是描述任务的结构,可以有效地帮助任务分析者更好地理解任务,并有助于他们更好地安排和实现任务[146]。

人为差错模式(human error template，HET)用于描述人类用户在与计算机系统交互时可能发生的失误，如果计算机系统没有正确的社会和技术机制来保护用户，那么很容易发生用户失误，从而导致系统发生故障。HET模型将用户失误分为三个层次：社会层面、技术层面和用户层面。在社会层面，文化背景会影响人们对计算机系统的使用方式以及失误的发生率。在技术层面，计算机系统的结构和功能会影响人们在操作时的行为，以及出现失误的可能性。在用户层面，个体的技能水平和经验也会影响用户的行为以及出现失误的可能性。HET模型提出，计算机系统应该有一系列的社会和技术机制来避免出现用户失误，这些机制包括：简化系统的设计、引导用户完成任务、提升用户的技能、防止用户犯系统错误、提供及时的支持等。通过这些社会和技术机制，可以减少用户失误，从而提升系统的可靠性和可用性。

基于进近着陆阶段的飞行员异常操纵行为特点，利用改进的HET方法确定飞行员操纵行为异常类型，并将HTA与改进的HET两种方法相结合进行分析，提出了改进的HTA-HET方法，对飞行员在进近阶段的异常操纵行为进行划分，得到飞行员异常操纵行为的客观分析结果。

利用改进的HTA-HET方法对飞行员异常操纵行为类型进行客观分析，具体的工作内容包括以下几项：

（1）根据HTA方法将进近着陆阶段的程序按照操作的先后顺序进行分解，分解成多个层次及若干个子程序；

（2）根据HET方法确定飞行员异常操纵行为类型，基于进近着陆阶段飞行员的操纵行为特点，改进HET方法重新划分飞行员异常操纵行为类型；

（3）按照已经分解的进近着陆阶段的飞行程序以及已确定的飞行员异常操纵行为类型，制订改进的HTA-HET数据统计表；

（4）基于改进的HTA-HET数据统计表，从实验收集整理的状态监测数据中统计飞行员异常操纵行为的客观数据；

（5）对改进的HTA-HET数据统计表的结果进行分析，通过分析得出在进近着陆阶段异常操纵行为类型的发生次数所占百分比。

改进的HTA-HET方法的分析流程如图8.1所示，根据HTA理论划分飞行员异常操纵行为，应用改进HET理论对飞行员异常操纵行为类型进行分析，判断飞行员操纵行为存在哪些异常类型。

8.2.2   基于HTA-HET方法的操纵行为分类

基于HTA方法将进近着陆阶段飞行程序按先后顺序分为三层，第一层包含2个子程序，第二层是在第一层的基础上进行划分，包含12个子程序，第三层是在第二层的基础上继续进行划分，包含13个子程序，具体划分结果见图8.2。图中第一层的任务1-1连续型行为可细分为第二层的1-1-1监听、1-1-2监视、1-1-3俯

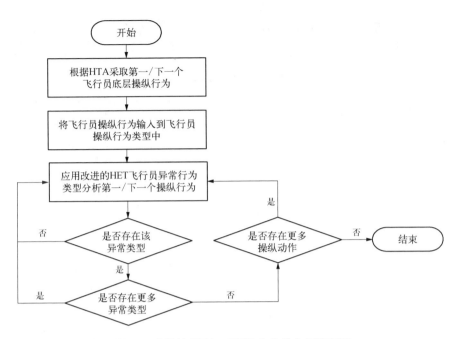

图 8.1　改进的 HTA－HET 方法的分析流程图

仰操纵、1-1-4 滚转操纵、1-1-5 航向操纵;第二层的 1-1-1 监听又可细分为 1-1-1-1 监听驾驶舱语音信息以及 1-1-1-2 监听其他。第一层的 1-2 启-停型行为又细分为 1-2-1 前推油门手柄、1-2-2 后推油门手柄、1-2-3 打开反推、1-2-4 放起落架、1-2-5 设置襟翼、1-2-6 减速板预位、1-2-7 打开预留刹车。

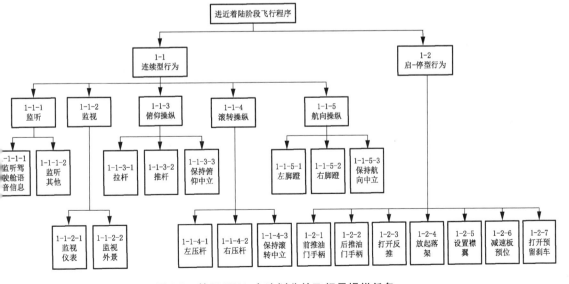

图 8.2　基于 HTA 方法划分的飞行员操纵任务

基于 HET 方法将飞行员异常操纵行为分为 11 种基本的异常类型,如表 8.1 所示。

表 8.1 基于 HET 方法划分的飞行员异常操纵行为类型

编号	飞行员异常操纵行为类型	描　述
1	未执行该执行的动作	忘记放起落架或襟翼等
2	执行了部分动作	遗漏部分动作等
3	动作执行方向错误	移动操纵杆的方向错误等
4	执行错误的动作	没有按照计划执行正确的动作等
5	重复执行动作	重复按压按钮等
6	在错误的界面要素上执行动作	按压错误的按钮等
7	动作执行过早	过早地施加方向舵操纵力等
8	动作执行过晚	起落架或襟翼收起过晚等
9	动作执行幅度过大	移动操纵杆幅度过大等
10	动作执行幅度过小	飞机抬前轮时,拉杆幅度过小等
11	其他	其他异常操纵行为

为了使 HET 方法更好地识别出异常操纵行为,对 HET 方法进行改进,步骤如下:

(1) 在进近着陆阶段的飞行任务中,虽然已经分配好了人机交互任务,但却存在飞行员动作执行顺序错误的情况,比如配平的顺序出现错误等,因此加上"动作执行的顺序错误"这一项飞行员异常操纵行为类型。

(2) 由于"在错误的界面要素上执行动作"也属于"执行错误的动作"的这一范畴,"执行错误的动作"中包括"其他"异常操纵行为,因此可统一归为"执行错误的动作"。

(3) 飞行员在执行任务过程中,有些操作动作执行的持续时间会过长或者过短,比如着陆后接地平飘时间过长,着陆时拉平时间过短等,因此加上"动作执行持续时间过长"和"动作执行时间过短"这两项飞行员异常操纵行为类型。

基于改进的 HET 方法划分的飞行员异常操纵行为类型如表 8.2 所示。

表 8.2 基于改进的 HET 方法划分的飞行员异常操纵行为类型

编号	飞行员异常操纵行为类型	描　述
1	未执行该执行的动作	忘记放起落架或襟翼等
2	执行了部分动作	遗漏部分动作等
3	动作执行方向错误	移动操纵杆的方向错误等
4	动作执行的顺序错误	配平的顺序出现错误等
5	执行错误的动作	按压邻近按钮等

编号	飞行员异常操纵行为类型	描　述
6	重复执行动作	重复按压按钮等
7	动作执行过早	过早地施加方向舵操纵力等
8	动作执行过晚	起落架或襟翼收起过晚等
9	动作执行幅度过大	移动操纵杆幅度过大等
10	动作执行幅度过小	飞机抬前轮时,拉杆幅度过小等
11	动作执行持续时间过长	接地平飘时间过长等
12	动作执行持续时间过短	着陆时拉平时间过短等

8.2.3　实例分析

根据 HTA 方法分解的进近着陆阶段飞行程序,与改进的 HET 方法确定的飞行员异常操纵行为类型相结合,构造出改进的 HTA – HET 统计表,将实验采集的200 组进近着陆飞行任务作为样本,从里面筛选出飞行员异常操纵行为的情况,并将统计得到的飞行员异常操纵行为发生次数填入表 8.3 中。

表 8.3　飞行员异常操纵行为类型的原始数据

子 程 序	飞行员异常操纵行为类型											
	1	2	3	4	5	6	7	8	9	10	11	12
1 – 1 – 1 – 1	0	0	0	0	0	0	0	0	0	0	0	0
1 – 1 – 1 – 2	0	0	0	0	0	0	0	0	0	0	0	0
1 – 1 – 2 – 1	0	0	0	0	0	0	0	0	0	0	0	0
1 – 1 – 2 – 2	0	0	0	0	0	0	0	0	0	0	0	0
1 – 1 – 3 – 1	0	0	5	3	0	4	3	5	2	0	0	0
1 – 1 – 3 – 2	0	0	5	2	2	2	1	5	3	0	0	0
1 – 1 – 3 – 3	0	0	4	0	0	2	1	0	0	0	0	0
1 – 1 – 4 – 1	0	0	5	1	1	2	1	1	3	2	1	0
1 – 1 – 4 – 2	0	0	6	1	1	0	1	2	1	2	1	2
1 – 1 – 4 – 3	0	0	4	0	0	1	1	1	2	1	2	1
1 – 1 – 5 – 1	3	0	1	0	0	0	1	1	2	0	2	0
1 – 1 – 5 – 2	3	0	0	0	0	0	1	1	1	0	2	0
1 – 1 – 5 – 3	3	0	0	0	0	0	1	0	1	0	1	0
1 – 2 – 1	0	0	3	0	2	1	2	1	3	1	1	0
1 – 2 – 2	0	0	3	0	2	2	1	1	3	1	0	1
1 – 2 – 3	4	2	0	2	0	0	1	1	0	0	0	0
1 – 2 – 4	3	1	0	3	0	0	0	0	0	0	0	0
1 – 2 – 5	5	4	0	4	0	0	2	1	0	0	0	0
1 – 2 – 6	4	3	0	2	0	0	1	2	0	0	0	0
1 – 2 – 7	3	2	0	1	0	0	1	1	0	0	0	0

根据表 8.3 的数据,所有的飞行员异常操纵行为类型总共出现 201 次,进一步计算飞行员执行各个子程序时异常操纵行为的发生次数所占百分比,结果如表 8.4 所示。

表 8.4　各项子程序异常操纵行为所占百分比

子 程 序	百分比	子 程 序	百分比
1－1－1－1 监听驾驶舱语音信息	0%	1－1－5－1 左脚蹬	4.97%
1－1－1－2 监听其他	0%	1－1－5－2 右脚蹬	3.98%
1－1－2－1 监视仪表	0%	1－1－5－3 保持航向中立	2.98%
1－1－2－2 监视外景	0%	1－2－1 前推油门手柄	6.97%
1－1－3－1 拉杆	10.94%	1－2－2 后推油门手柄	6.97%
1－1－3－2 推杆	9.95%	1－2－3 打开反推	4.98%
1－1－3－3 保持俯仰中立	3.48%	1－2－4 放起落架	3.48%
1－1－4－1 左压杆	8.46%	1－2－5 设置襟翼	7.96%
1－1－4－2 右压杆	8.46%	1－2－6 减速板预位	5.97%
1－1－4－3 保持滚转中立	6.47%	1－2－7 打开预留刹车	3.98%

从表 8.4 可以看出,飞行员执行各项子程序时出现异常操纵行为所占百分比较大的前五项依次是:1－1－3－1 拉杆、1－1－3－2 推杆、1－1－4－1 左压杆、1－1－4－2 右压杆、1－2－5 设置襟翼。

根据表 8.3 的数据,计算得到各项异常操纵行为的发生次数所占百分比,具体计算结果如表 8.5 所示。

表 8.5　各项异常操纵行为类型所占百分比

异常操纵行为类型	百分比	异常操纵行为类型	百分比
未执行该执行的动作	13.93%	动作执行过早	9.45%
执行了部分动作	5.97%	动作执行过晚	11.44%
动作执行方向错误	17.91%	动作执行幅度过大	10.45%
动作执行的顺序错误	9.45%	动作执行幅度过小	3.48%
执行错误的动作	3.98%	动作执行持续时间过长	4.98%
重复执行动作	6.97%	动作执行持续时间过短	1.99%

从表 8.5 可以看出,飞行员异常操纵行为类型的发生次数所占百分比较大的前四项依次是:动作执行的方向错误、未执行该执行的动作、动作执行过晚、动作执行幅度过大。

8.3　人机交互行为实时监控机制

8.3.1　基于模糊集和时间线的飞行阶段识别方法

1. 飞行阶段识别方法对比

民用航空器飞行阶段的识别方法主要有追踪高度变化率、机器学习和建立模糊集模型等方法,方法优缺点对比如表 8.6 所示。

表 8.6　飞行阶段识别方法对比

识别方法	优点	缺点
追踪高度变化率	简单易行	只能划分爬升、巡航和下降阶段,受天气影响出现局部高度抖动时,识别易失效
机器学习	识别准确率高	需要大量数据训练模型,对训练集之外的新数据可能不适用,复杂性高,缺乏灵活性
建立模糊集模型	根据飞行任务要求设定阈值,识别结果可以涵盖所有飞行阶段	飞行过程不能脱离预定规则,灵活性较差

基于以上方法的对比分析,采用模糊集和时间线分析方法实现飞行阶段识别。一方面,该方法可识别的飞行阶段范围广;另一方面,通过时间线分析法可以解决飞行品质引起的识别误差问题。

根据飞行任务,对飞行阶段参数设定阈值,用隶属度函数计算参数的模糊隶属度,根据各阶段的模糊值确定输出结果;同时为避免飞行品质造成干扰的问题,采用时间线分析方法,按照时间顺序依次确定飞行阶段,当模糊集输出无效解时,记飞行阶段处于切换过程,若在规定时间内未转入下一阶段或回归上一阶段,则记为异常阶段。

2. 飞行阶段识别算法设计

飞行阶段识别的主要实现步骤如下。

(1) 各飞行阶段 S_j 的模糊值由该阶段 n 个飞行参数特征 $x_i(1 \leqslant i \leqslant n)$ 数值确定。记 S_j 为有限集论域,可以表示为

$$S_j = \{X_1, X_2, \cdots, X_n\} = \sum_{i=1}^{n} \frac{\mu_{S_j}(x_i)}{x_i} \qquad (8.1)$$

式中,$\sum$ 表示概括集合诸元的记号;$\dfrac{\mu_{S_j}(x_i)}{x_i}$ 表示特征 x_i 对模糊集 S_j 的隶属度是 $\mu_{S_j}(x_i)$;X_i 表示各特征的隶属度。

（2）记飞行阶段 S_j 的特征 x_i 阈值范围为 $(x_{\min}, x_{\max})$，特征 x_i 越靠近阈值范围中心，隶属度越高，则隶属度可以使用三角型隶属度函数表示：

$$x_{\mathrm{m}} = \frac{x_{\min} + x_{\max}}{2} \tag{8.2}$$

$$\mu_{S_j}(x_i) = \begin{cases} 1 - (x_{\mathrm{m}} - x_i)/(x_{\mathrm{m}} - x_{\min}), & x_{\min} < x_i < x_{\mathrm{m}} \\ 1 - (x_i - x_{\mathrm{m}})/(x_i - x_{\max}), & x_{\mathrm{m}} \leqslant x_i < x_{\max} \\ 0, & x_i \notin (x_{\min}, x_{\max}) \end{cases} \tag{8.3}$$

（3）飞行阶段识别特征 X_i 与 X_j 之间条件"与"和条件"或"的关系可以使用模糊集合算子 $\cap$ 和 $\cup$ 表示，"与"则取模糊集合输出的最小值，"或"则取模糊集合输出的最大值：

$$X_i \cap X_j = \min(\mu_{S_j}(x_i), \mu_{S_j}(x_j)) \tag{8.4}$$

$$X_i \cup X_j = \max(\mu_{S_j}(x_i), \mu_{S_j}(x_j)) \tag{8.5}$$

（4）μ_{Si} 记为飞行阶段 S_i 的模糊值，集合 $S = \{\mu_{S1}, \mu_{S2}, \cdots, \mu_{Sn}\}$ 是按照时间顺序的飞行阶段模糊值集合，最终飞行阶段 S_i 取决于集合 S 中最大值：

$$\begin{cases} \mu_{Si} = \max(\mu_{S1}, \mu_{S2}, \cdots, \mu_{Sn}) \\ S = S_i \end{cases} \tag{8.6}$$

（5）基于时间线纠正输出结果。记上一阶段为 $S_i(i < n)$，则输出结果只能是 S_i 或 S_{i+1}，μ_{Si} 和 $\mu_{S(i+1)}$ 为 0 时记为飞行阶段切换中，超出最大响应时间 $t_{\max}$ 时记为异常阶段。

8.3.2　基于改进专家系统的飞行操作预测和异常对象监测方法

1. 专家系统设计原理

专家系统（expert system，ES）[147]根据专家提供的知识和方法，进行推理和判断，模拟人类专家的决策过程，利用知识库和信息流进行启发式决策，可以基于飞行操作手册或飞行经验知识实现飞行操作预测和异常对象监测。由知识库、推理机、综合数据库、人机交互界面组成的机载专家系统框图如图 8.3 所示。

依据飞行操作手册对操作任务进行归纳总结，并将自然语言描述的知识编码，这一过程为"知识获取"；通过规则联系"条件"和"决策"，采取合适的数据结构，将计算机可以识别处理的数据按照一定顺序排列，这一过程为"知识库"的建立；当机载信息流输入系统时，推理机运行并处理数据，综合数据库作为数据运算的临时存储区，最终将匹配到的知识库规则通过人机交互界面反馈给飞行员。

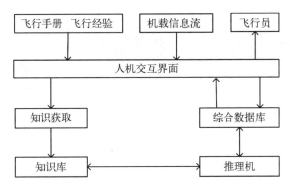

图 8.3　机载专家系统框图

1）知识获取

飞行员执行操作时,一方面观察飞行状态信息(高度、速度、上升率、姿态等),再结合飞行操作手册、飞行经验,判断当前条件是否满足具体操作要求,最后做出操作决策;另一方面,飞行员执行完操作指令后,机载效应器执行相应动作,并更新状态信息,由人机交互界面反馈给飞行员。通过监视参数数值和对比标准范围,做出飞行操作决策以及判断当前飞行过程是否出现异常,可以将监视对象按照数值是否连续分为连续型和离散型,连续型对象数值上连续变化(如高度、速度、俯仰角等),离散型对象数值上则是离散的(如起落架状态、襟翼数值等)。

以飞行状态信息为"条件",飞行操作和异常对象为"决策",建立相应规则,并将知识以数学方式表达,以编码方式存储,通过规则形成飞行状态信息与飞行操作、异常对象的映射关系:

$$\begin{cases} f(x_1,\ x_2,\ \cdots,\ x_n) = y_i \\ \text{IF}(''y_1,\ \cdots,\ y_i,\ \cdots,\ y_m'')\,\text{THEN}(''\text{Action}'') \end{cases} \tag{8.7}$$

式中,x_i 表示飞行状态信息中的特征值,经过预处理得到规则条件 y_i,当满足所有约束条件后,可确定飞行员需要做出的决策"Action",即 IF"满足条件"THEN"执行决策"的规则。

2）知识库建立

知识库建立过程主要是将编码化的知识结构化。对于时序知识,可采用拓扑排序的方式存储;对于非时序数据,常采用结构树、哈希表、链表、数组等数据结构存储。

3）推理机

推理机结构示意图如图 8.4 所示,推理机反复链接知识库中的知识、规则和临时存储在综合数据库中的事实,不断输出匹配到的结果,由推理策略、搜索算法和冲突消解组成。

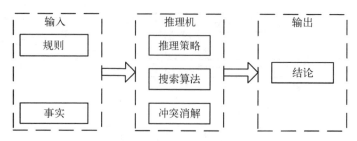

图 8.4　推理机结构示意图

（1）推理策略。

包括正向推理、反向推理和双向推理三种形式。正向推理由数据驱动,依据事实,正向使用规则,当规则条件部分与事实匹配时,就把该规则作为可用规则放入候选规则队列中,再通过冲突消解方法选择启用规则进行推理,最后将结果存于综合数据库;反向推理由目标驱动,首先提出假设,然后反复验证事实是否支持假设,若所需的事实证据都满足条件,说明原假设正确,反之若找不到所需的事实证据,则原假设不成立;双向推理即推理过程同时使用正向推理和反向推理。

（2）搜索算法。

搜索算法框图如图 8.5 所示,首先预处理飞行计划信息(平飞高度、巡航高度等信息)和飞行状态信息(海平面高度、真空速等实时机载信息流),通过飞行阶段识别算法得到当前阶段,然后根据知识库(异常判断依据、标准操作规则)搜索对应的判断条件,最后和飞行状态信息对比,输出匹配结果。

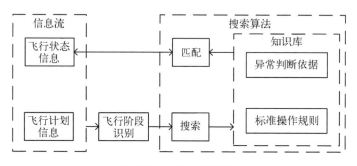

图 8.5　搜索算法框图

（3）冲突消解。

当事实同时匹配到多个规则时,与输出唯一结果矛盾,即发生了"冲突",解决这一问题的方法称为"冲突消解"。冲突消解的常用方法有投票法、排序法、元规则法。投票法是将判别规则数最多的结果作为最终结果;排序法是在规则集合上定义优先级,在发生冲突时按照优先级排序依次输出结果;元规则法是根据领域知识事先设定"元规则",即关于规则的规则,根据元规则输出结果。

2. 协同专家系统设计

传统专家系统只能解决单一问题,无法满足飞行操作预测信息和异常对象信息同时采集的需求。一方面,传统专家系统规则库内容单一固化,缺乏自适应性,在知识获取过程中,传统专家系统中的飞行状态信息是具体值,而不是范围值,使用推理机搜索匹配时,存在同时匹配多个结果的缺点。另一方面,操作预测和异常监测专家系统知识获取的方法不同,前者是在满足飞行状态信息条件前做出操作预测,后者是在飞行状态信息超出阈值后立即进行异常反馈;知识库建立方式不同,考虑搜索算法优化,前者研究对象整体上存在时序关系,更适合采用拓扑排序结构,后者采用遍历查询方法,数据结构更适合采用结构树形式;推理策略不同,前者是基于飞行状态信息进行预推送的正向推理,后者是假定异常发生情况下,反复对比,并做出判断的反向推理。

针对以上不足,采取飞行操作预测专家系统和异常监测专家系统的协同专家系统,并将规则库模糊化处理,基于模糊推理方法改进推理机,实现飞行操作预测和异常对象监测。改进后的机载协同专家系统框图如图 8.6 所示,子系统共用综合数据库和人机交互界面。前者依据飞行阶段对飞行操作进行划分,对各阶段标准操作触发条件进行模糊化处理,建立 IF THEN 规则库,使用正向推理策略匹配拓扑排序存储结构的操作对象,并用 S 型隶属函数评估触发条件的隶属度,建立优先级队列;后者依据异常对象监测条件确定待监测对象和参数要求,建立 IF THEN 规则库,采用反向推理策略,遍历搜索匹配异常对象,同时采用高斯型隶属度函数,评估监测对象的隶属度,建立监测对象优先级队列。

当机载信息流输入模型时,综合数据库对采集的飞行状态信息和飞行计划信息进行预处理,得到当前的飞行阶段;再通过动态时间窗口方法预测未来的飞行状态信息,输入到操作预测专家系统推理机进行推理;同时未经动态时间窗口处理的飞行状态信息输入到异常监测专家系统推理机进行推理。

协同策略主要解决子专家系统之间的冲突问题。首先,采集各专家系统的输出,按照时间裕度排列操作预测队列和异常对象队列,更新优先级队列,并传递至综合数据库。然后,综合数据库进行结果的输出与更新。最后,监测协同策略模块是否输出操作序列,并加载操作序列至人机交互界面,同时根据当前飞行状态信息不断链接推理机,更新操作序列,移除失效的预测操作或异常对象。

3. 飞行操作预测

1) 操作节点拓扑排序

通过专家系统实现飞行操作预测,需要比较当前飞行状态数据与操作触发条件,而飞行操作繁多,采用遍历查询方法时计算机处理过程会存在时间延误的问题。考虑到飞行操作在不同飞行阶段的具体内容不同,以及不同操作节点之间具有依赖、独立等关系的线性序列特点,可以建立不同飞行阶段的操作节点拓扑排序,既可以优化触发条件的匹配效率,又可以表征操作节点之间时序、独立、依赖等关系。

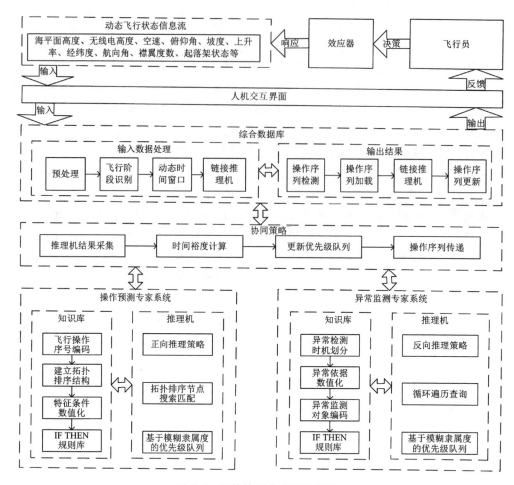

图 8.6　机载协同专家系统框图

拓扑排序可用有向无环图(directed acyclic graph，DAG)来表示，其所有节点组成线性序列，通常用来排序具有依赖和独立关系的操作任务，如图 8.7 所示。先从 DAG 中选择入度为 0 的节点输出；然后删除该节点及以其为顶点的边；重复上述步骤，直到 DAG 不存在入度为 0 的顶点。其中入度表示传入节点的元素个数，图中所示节点 A、B、C、D、E 的入度分别为：0、1、1、2、1。

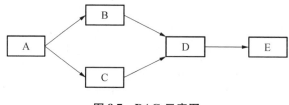

图 8.7　DAG 示意图

2）飞行操作编码

为将拓扑排序数据结构化,以及建立图和规则库触发条件的映射关系,需要编码化操作节点。以英文大写字母表征飞行阶段,阶段内具体操作用递增为 1 的连续整数编号表示,被依赖的操作编号大于前提操作编号,具有独立关系的操作编号相邻,编码后的 DAG 如图 8.8 所示。其中:操作 A_2 和 A_3 依赖操作 A_1 的完成;A_2、A_3 之间存在独立关系;A_4 操作需要 A_2 和 A_3 都完成后才能进行;A_5 依赖 A_4 操作的完成。

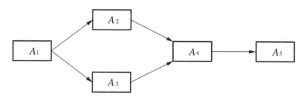

图 8.8　编码后的 DAG 示意图

3）IF THEN 规则库

规则库按照飞行阶段划分,阶段内的所有操作组成该阶段的操作节点拓扑排序图,条件为操作节点飞行参数阈值范围,输出结果为操作节点编码。

4）操作节点更新策略

DAG 可以用 $G = (V, E)$,$V = \{v_1, v_2, \cdots, v_n\}$ 表示,其中 V 表示图中 n 个操作节点的集合,并按照操作编码顺序排列,E 表示图中边的集合。使用无权邻接矩阵将 DAG 转换成数据,即用元素数值为 1 或 0 的二维方阵描述图的内容:

$$\begin{cases} i = v_i \in V \\ j = v_j \in V \\ A.arcs[i][j] = \begin{cases} 1, & i \in [1, n], j \in [1, n], \langle i, j \rangle \in E \\ 0, & i \in [1, n], j \in [1, n], \langle i, j \rangle \notin E \end{cases} \end{cases} \tag{8.8}$$

式中,$\langle i, j \rangle$ 表示以顶点 i 为起点到顶点 j 的路径;当 $A.arcs[i][j]$ 为 1 表示存在以顶点 i 为起点到顶点 j 的路径,否则为 0。以图 8.8 为例,用矩阵 A 可以表示为

$$A_{5 \times 5} = \begin{vmatrix} 0 & 1 & 1 & 0 & 0 \\ 0 & 0 & 0 & 1 & 0 \\ 0 & 0 & 0 & 1 & 0 \\ 0 & 0 & 0 & 0 & 1 \\ 0 & 0 & 0 & 0 & 0 \end{vmatrix}, \ i, j \in [1, 5] \tag{8.9}$$

式中,行列的数值 i 和 j 代表具体操作编号,i 代表路径起点,j 代表路径终点。

飞行操作节点的更新关键在于用邻接矩阵寻找入度为 0 的节点,以该点为起

点的边是拓扑排序优先输出的结果。操作节点 k 的入度 d_k 可以表示为邻接矩阵第 k 列的元素之和，而且由拓扑排序特点可知首节点入度为 0：

$$\begin{cases} d_1 = 0 \\ d_k = \sum_{i=1}^{n} A.arcs[i][k], \ i \in [1, n], \ k \in [2, n] \end{cases} \tag{8.10}$$

删除 $d_m = 0$ 的节点 m 和以该点为起点的边，即将邻接矩阵更新为操作序列 $\{v_m, v_{m+1}, \cdots, v_n\}$ 的对应矩阵，且行列编号保持不变，如式（8.11）所示。$A.arcs'$ 表示更新后的邻接矩阵，i' 和 j' 表示新矩阵的行和列，v_i 和 v_j 表示操作编号：

$$\begin{cases} A.arcs'[i'][j'] = A.arcs[i][j], \ i, j \in [m+1, n] \\ i' = i - m, \ v_i = i' + m \\ j' = j - m, \ v_j = j' + m \end{cases} \tag{8.11}$$

重复上述步骤直到最终矩阵为空，则表示拓扑排序输出完成。以图 8.8 为例，$d_1 = 0$ 首先输出 A_1，邻接矩阵 A 变成 4×4 的方阵，且 $d_1 = d_2 = 0$，则同时输出 A_2、A_3，直到最后输出 A_5，表示该拓扑排序输出完成。

5）冲突消解策略

采用隶属度函数求解不同操作节点的隶属度，按照隶属度大小排序输出的优先级队列，可以解决由于存在多个入度为 0 的操作节点而导致输出结果混乱的问题。

待执行操作的触发条件是飞行状态信息达到特征参数的标准范围，且越接近中心值，隶属度越大，优先级越高，超过标准范围即失效。可以使用 S 型隶属度函数来表示特征条件的隶属度，取值范围为 0~1，值越大说明优先级越高，其中特征参数记为 x，系数 c 决定隶属度函数递增或递减，与 x 变化量的正负性相关，特征参数阈值范围中心值记为 x_0，则隶属度 $A(x)$ 为

$$A(x) = 2/(1 + e^{-c(x - x_0)}) \tag{8.12}$$

式中，$c > 0$、$x < x_0$ 时，表示特征量递增，且 x 越大，隶属度越大；$c < 0$、$x > x_0$ 时，表示特征量递减，且 x 越小，隶属度越大。

操作节点隶属度取所有特征参数隶属度的最小值，并按照该值从大到小顺序建立操作预测的优先级队列。

6）动态时间窗口

操作预测需要在满足触发条件前输出即将进行的操作，可以使用动态时间窗口实现飞行操作预测。为防止特征参数变化率突变带来的影响，在时间间隔 T_1 内检查参数的变化率，若参数二阶导数不超过阈值 D 则将飞行状态数据变化率取值为 T_1 内的平均变化率，否则取间隔内的中位数，再通过积分预测时间间隔 T_2 后的

各参数数值,确定未来飞行阶段后输入操作预测专家系统,通过推理机输出操作节点编码:

$$\begin{cases} \mathrm{d}x = \left(\int_0^{T_1} \dfrac{\Delta x}{\Delta t}\mathrm{d}t \right) \Big/ T_1 , \ \max(\{\mathrm{d}x_i\}) \leqslant D \\ \mathrm{d}x = \mathrm{mid}(\{\mathrm{d}x_i\}) , \ \max(\{\mathrm{d}x_i\}) > D \end{cases} \tag{8.13}$$

$$x' = \int_0^{T_2} (x + t\mathrm{d}x)\,\mathrm{d}t \tag{8.14}$$

式中,$\mathrm{d}x$ 为参数 x 在时间间隔 T_1 内变化率取值;$\{\mathrm{d}x_i\}$ 表示 T_1 间隔内采样的 $\mathrm{d}x$ 数组;max 表示取数组最大值;mid 表示取数组中位数;x' 为提前时间间隔 T_2 的参数预测值。

4. 异常对象监测

1)异常监测对象编码

异常监测对象编码由监测时机编码和监测对象组成,不同监测时机内监测对象不同,监测对象参数的标准范围也不同。监测时机由飞行阶段及阶段内高度等参数二次划分。根据监测时机编码,确定需要监测的异常对象编码,并通过规则库获得参数标准范围。

2)IF THEN 规则库

通过飞行状态信息确定当前异常对象监测编码,采用反向推理策略,即基于监测对象参数数值的标准范围,不断与当前飞行状态数据比较,如果当前参数数值超出标准范围则触发异常。其中标准范围通过规则库确定,可以表示为:IF"(监测时机编码)"THEN"(监测对象编码)"AND"(异常对象标准范围)"。

3)遍历查询策略

由当前飞行状态信息确定异常监测时机编码,通过规则库确定监测对象与参数数值标准范围,再不断地与机载信息流比较,最后输出是否触发异常的判断。离散型参数采用绝对比较法,即与标准值不等则触发离散型异常;连续型参数采用范围比较法,超出标准阈值范围则触发连续型异常。

4)冲突消解策略

基于各参数隶属度值的大小,建立操作序列,解决同一时间可能产生多个异常对象,造成操作序列混乱的问题。由于离散型异常对飞行安全的危害性最大,存在则隶属度记为 1,即离散型参数发生异常优先输出异常反馈;而连续型异常采用范围比较法,低于最小值或者大于最大值都会造成异常,可以采用高斯型隶属度函数计算参数隶属度:

$$A(x) = \begin{cases} 1 - \dfrac{1}{\sqrt{2\pi}\,\sigma}\mathrm{e}^{\frac{-(x-x_{min})^2}{2\sigma^2}}, & x \leqslant x_{min} \\ 0, & x_{max} > x > x_{min} \\ 1 - \dfrac{1}{\sqrt{2\pi}\,\sigma}\mathrm{e}^{\frac{-(x-x_{max})^2}{2\sigma^2}}, & x \geqslant x_{max} \end{cases} \tag{8.15}$$

式中,若参数 x 满足 $x_{max} > x > x_{min}$ 隶属度记为 0,否则 x 与边界差值的绝对值越大则隶属度越高。

异常对象隶属度取所有特征参数隶属度的最小值,并依据该值从大到小顺序建立异常对象监测的优先级队列。

5) 协同策略

协同策略可避免操作预测专家系统和异常监测专家系统输出结果冲突。操作预测时间提前量充足时,异常对象信息更加紧迫,具有更高的优先级;反之,当距操作触发时间点较短时,优先输出操作预测信息。采用计算操作预测时间裕度,并与最小操作预测时间提前量比较,更新操作预测队列和异常对象队列优先级的方法实现协同策略,具体实现方法如下。

(1) 记飞行操作条件触发提前时间上限为 T_{0max},有效提前时间为 T_0(小于 T_{0max},表示操作可提前预测的提前时间下限),时间裕度为 T(表示 T_{0max} 减去开始预测到当前节点经过的时间,当 $T \leqslant T_0$ 时表示操作预测即将失效),T 小于 T_0 优先输出异常对象,否则优先输出预测操作。

(2) 操作预测规则库中参数 x 触发条件的数值范围可以表示成 $[x_{min}, x_{max}]$,则当 $\mathrm{d}x > 0$ 时,时间 T 内对 x 积分可得到阈值 x_{max};当 $\mathrm{d}x < 0$ 时,时间 T 内对 x 积分可得到阈值 x_{min}。以 $\mathrm{d}x > 0$ 为例,可以通过积分运算公式得到 T 与 x 之间的关系式:

$$\int_0^T (x + t\,\mathrm{d}x)\,\mathrm{d}t = x_{max}, \quad T > 0 \tag{8.16}$$

(3) 对 T 进行函数求解运算,得到时间裕度:

$$\begin{cases} T = (\sqrt{x^2 + 2x_{max}} - x)/\mathrm{d}x, & \mathrm{d}x > 0 \\ T = -(\sqrt{x^2 + 2x_{min}} - x)/\mathrm{d}x, & \mathrm{d}x < 0 \end{cases} \tag{8.17}$$

(4) 基于当前飞行状态信息流,计算时间裕度 T,再和有效提前时间 T_0 比较,并更新操作预测队列和异常对象队列的优先级,其中 va 表示操作预测队列,vb 表示异常对象队列:

$$
\begin{cases}
A(\mathrm{va}_1) \geqslant \cdots \geqslant A(\mathrm{va}_n) \\
A(\mathrm{vb}_1) \geqslant \cdots \geqslant A(\mathrm{vb}_n) \\
V = \{\mathrm{va}_1, \cdots, \mathrm{va}_n, \mathrm{vb}_1, \cdots, \mathrm{vb}_n\}, \; T \leqslant T_0 \\
V = \{\mathrm{vb}_1, \cdots, \mathrm{vb}_n, \mathrm{va}_1, \cdots, \mathrm{va}_n\}, \; T > T_0
\end{cases}
\tag{8.18}
$$

8.4　人机交互异常行为评估与验证

基于起飞过程任务场景,以标准操作程序和标准参数范围为专家系统的知识库,建立操作节点拓扑排序数据结构、操作预测专家系统,规则库和异常监测专家系统规则库。根据飞行阶段识别算法和协同专家系统编写后端数据采集与处理模块,共采集 12 次模拟飞行实时处理产生的飞行状态数据(包括海平面高度、真空速、上升率、俯仰角、坡度、航向角、襟翼状态、起落架状态等)以及实时处理的数据(包括飞行阶段、操作节点、异常对象等)。基于以上数据的统计分析,对飞行阶段识别算法和专家系统的有效性进行验证。以起飞前准备至巡航阶段的全过程作为任务场景,将起飞过程划分为准备阶段、滑跑阶段、起飞阶段、平飞阶段与爬升阶段,其中起飞过程任务场景示意图如图 8.9 所示。

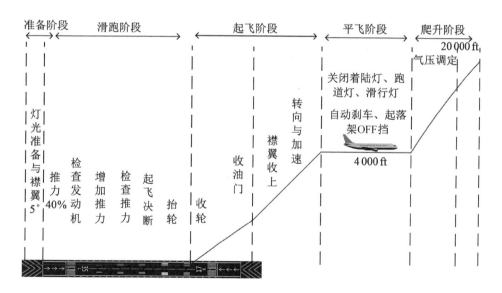

图 8.9　起飞过程任务场景示意图

受试者需要按照操作程序依次执行飞行操作,并完成参数监视任务,保证操作节点准确完成以及监视参数处于标准范围内。

8.4.1 飞行阶段识别验证

飞行阶段识别准确率指飞行阶段识别算法得到的阶段持续时间与实际持续时间的比值,比值越大说明识别效果越好。通过采集的飞行状态数据和标准飞行手册,对比得到各飞行阶段的实际时间区间,对比算法输出结果后,统计算法优化前后各阶段识别准确率如表 8.7 所示。模糊集合法对飞行阶段识别的准确率大多达到95%以上,但起飞、平飞阶段识别误差大,甚至低于90%;而通过时间线分析方法优化后,各阶段识别准确率显著提升,均达到95%以上。

表 8.7 飞行阶段识别准确率对比

飞行阶段	识别准确率	
	模糊集合分析	时间线分析方法优化
准备阶段	96.25%	98.58%
滑跑阶段	95.57%	98.23%
起飞阶段	86.84%	96.88%
平飞阶段	90.23%	97.08%
爬升阶段	96.96%	99.18%

随机选择一次完整飞行过程,并将识别算法优化前后飞行阶段识别结果可视化如图 8.10 所示。其中不同颜色标记的区间代表识别的不同飞行阶段结果,黑色加粗标记点表示飞行阶段处于切换中或者其他未知阶段,红色星号标记点表示实际飞行阶段的切换点。

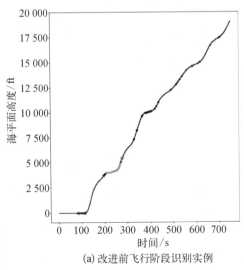
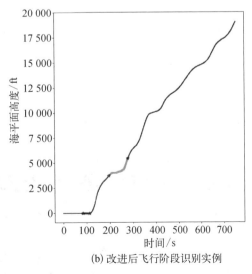

(a) 改进前飞行阶段识别实例　　　　　(b) 改进后飞行阶段识别实例

图 8.10 飞行阶段识别效果对比

图 8.10(a) 表示仅仅使用模糊集合得到的飞行阶段识别结果,可知在起飞到平飞、平飞到爬升转换区间以及爬升阶段区间易出现无效输出,与实际结果冲突,误差较大。主要原因是平飞阶段需要完成转向操作,受飞行品质的影响,易出现上升率、俯仰角、速度不协调以及爬升过程航向角、俯仰角参数易超出规定范围,而导致阶段识别算法失效;图 8.10(b) 表示时间线分析优化后的飞行阶段识别结果,当模糊集合算法失效时,通过时间线推断当前和未来阶段,结果表明无效输出显著减少,识别效果得到优化。

8.4.2　飞行操作预测验证

将飞行操作条件触发提前时间上限记为 T_{0max},有效提前时间为 T_0,飞行操作的预测时间点到实际需要完成操作时间点的区间长度记为时间提前量 T。不考虑协同策略时,即 T 表示 T_{0max},其取值与操作预测差异率的关系如图 8.11 所示,过小或过大时会导致各操作提前量差异性增加,主要因为过小时大部分操作无法提前预测,过大时由于部分操作间隔较短,而导致操作间提前量差异性增加。考虑协同策略,即 T 表示 T_0,其取值与操作预测成功率关系如图 8.12 所示,小于 2 s 会由于异常对象与操作预测同时输出,时间裕度有限而导致部分操作未成功预测。综合考虑,T_{0max} 取 3.5 s,T_0 取 2 s。

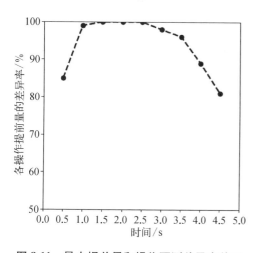

图 8.11　最大提前量和操作预测差异率关系

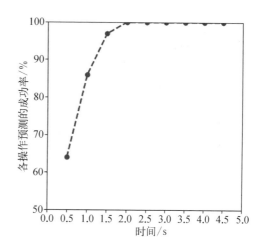

图 8.12　有效提前量和操作预测成功率关系

为进一步探究操作节点时间提前量的差异性,将随机选择的完整飞行过程中操作节点预测情况可视化。各阶段操作预测实例如图 8.13 所示,不同颜色标记点代表不同操作,标记点的持续区间表示该操作时间提前量。图 8.13(a) 和图 8.13(b) 中的极少部分操作由于触发条件相近,而导致时间提前量较小,但总体操作预测能达到后续要求,可以实现飞行操作的预测。

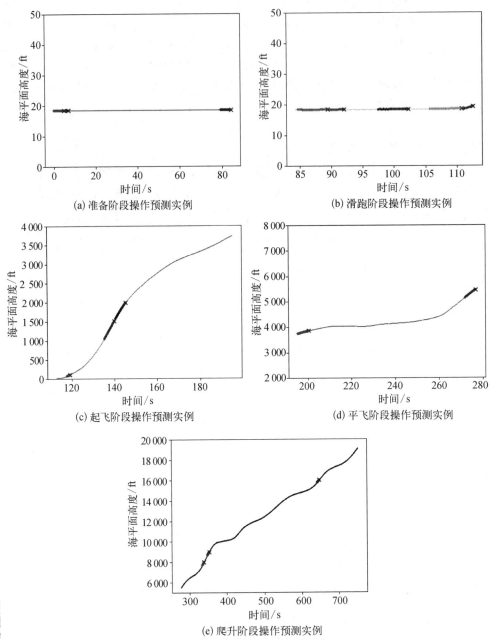

(a) 准备阶段操作预测实例

(b) 滑跑阶段操作预测实例

(c) 起飞阶段操作预测实例

(d) 平飞阶段操作预测实例

(e) 爬升阶段操作预测实例

图 8.13   操作预测实例

8.4.3　异常对象监测验证

出现异常的参数称为异常对象,并根据该参数的数据类型分为连续型异常和离散型异常。以起飞过程任务场景为例,监测的异常对象包括:速度、上升率、俯仰角、坡度、航向角 5 个连续型异常对象;起落架收放状态、襟翼度数 2 个离散型异常对象。

利用飞行状态数据与参数监视范围,确定实际异常出现的时间区间,与异常监测专家系统输出结果对比,异常监测专家系统监测正确的异常数与输出总异常数的比值作为异常监测的准确率。对实验数据统计可得,异常监测专家系统的准确率达到 98% 以上。

对随机选择的完整飞行数据进行分析,异常监测和航迹关系如图 8.14 所示,其中蓝色加粗标记点表示实际出现异常的航迹点,红色加粗标记点表示专家系统输出异常对象时的航迹点。爬升阶段未发生异常的区间最长,而起飞与平飞阶段极易出现异常,与专家系统输出结果吻合,表明异常监测专家系统可以有效监测异常对象。

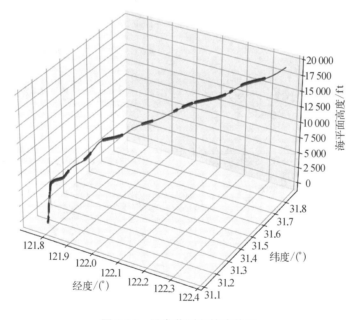

图 8.14　异常监测和航迹关系

为进一步探究异常对象产生的原因,各参数异常监测情况可视化如图 8.15 所示。起落架和襟翼监测情况如图 8.15(a)所示,图中监测准确率达到 100%,可知刚开始的异常是襟翼未放置 5°,后续襟翼正常收上,起落架正常收放;图 8.15(b)是对速度的监测,可知在滑跑转起飞时,由于抬轮不及时,造成短暂的速度异常,以及在10 000 ft以下出现速度超出250节的异常;图8.15(c)~图8.15(f)分别是对俯仰角、上升率、坡度、航向角的监测,部分异常区间端点出现细小误差,但是总体准确率达到98%及以上。上述分析进一步表明了异常监测专家系统的有效性。

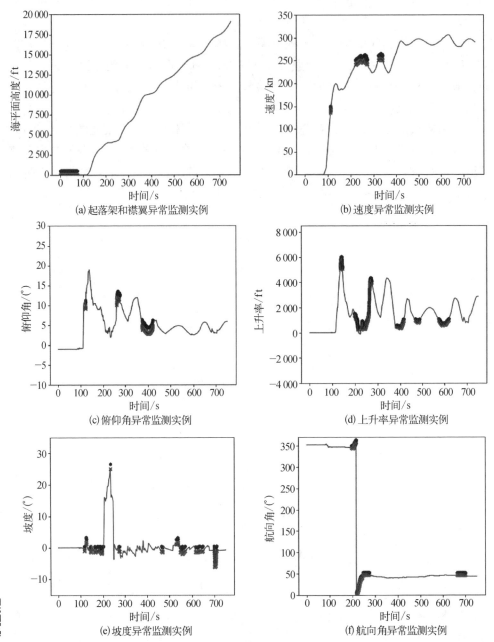

图 8.15　异常对象监测实例

第 9 章
飞机驾驶舱人机交互意图识别方法

9.1 引言

人机交互意图识别通常是根据人体的动作来识别具体的意图内容,主要分为两个方向:其一是动作识别,通过提取人体关键点的方式进行手势动作识别,进而来推断其意图,或者通过视频帧序列或者光流帧序列进行行为识别并判断其意图,提取人体关键点识别方式的人工成本比采用视频帧序列和光流帧序列识别方式的人工成本高;其二是通过传感器的方式,采集脑电图(electroencephalography,EEG)、表面肌电图(surface electromyography, sEMG)或眼电图(electrooculogram,EOG)信号来识别意图。尽管目前用单传感器采集信号进行识别的方式有着一定的效果,但是单传感器采集的数据具有一定的不稳定性和不确定性。结合多个传感器数据的识别可以补充某些过程可能缺失的信号,识别的效果更加客观和全面。目前意图识别相关研究在医学和车辆驾驶领域较多,而飞行员的交互意图识别主要是在战斗机领域研究较多,民机驾驶舱的飞行员操控意图识别研究较少。本章从民航驾驶舱复杂的环境出发,对飞行员动作、显式意图和隐式意图之间的关系进行表征,建立飞行员操控意图识别的技术框架,基于操控行为动作的单流数据集和双流数据集,提出基于动作数据的飞行员显式操控意图识别方法,提出基于生理数据的飞行员显式操控意图识别方法,构建飞行员隐式操控意图的遗传算法优化支持向量机-隐马尔可夫模型(genetic algorithm-support vector machine and hidden Markov model, GASVM - HMM)双层模型,结合模拟五边飞行任务,对比基于动作数据和生理数据的飞行员操控意图识别效果,验证飞机驾驶舱人机交互意图识别方法的有效性。

9.2 人机交互意图表征方法

意图是指一个人的想法、需求和执行某种行为的意愿。意图必然和行为联系起来,一个人有某种意图,必然需要有某种行为来完成这个意图。如果一个人需要得到一个结果,并且这个结果相应地需要某些行为来完成,那么这个人就有从事某行为的意图。研究表明,生理信号可以揭示在行为发生前的意图[148]。同样,也可以通过识别视频中的前几帧动作来判断其意图。

意图是一个人的某种意愿,所以有明确的意图,也有隐含的意图[149]。明确的意图,是指当下行为的一个明确指向。隐含的意图是指当下的行为需要联系前后的行为动作进行推断的意图,并不能明确地指向某一个意图。本章将明确的意图称为显式意图,需要进一步推断的意图称为隐式意图。隐式意图中产生行为的目的不是与交互的机器人或者设备进行互动,而是这些机器人或者设备可以根据这些行为来推断出隐式意图,进而判断出该意图下可能的行为动作,预防某些动作失误或者风险发生。

1. 操控动作和意图关系表征

本章所指意图是民机驾驶舱环境下的飞行员操控意图,将飞行员的操控意图分为显式操控意图和隐式操控意图。驾驶舱环境复杂,飞行员执行的飞行任务比汽车驾驶员执行的任务复杂很多。车辆驾驶中的某些动作是可以直接指向的显式意图,而在飞行员执行任务时需要联系前后动作和具体的场景才能推断出具体意图。飞行员显式操控意图指的是飞行员在执行飞行任务的过程中完成的某一个动作可以直接观测出的意图。飞行员的隐式操控意图是需要联系一系列的动作和场景才能进一步推断出的意图。通过一系列的动作先观察其显式操控意图,再根据这一系列显式操控意图推断出对应的隐式操控意图。推断隐式操控意图所需要的一系列显式操控意图不是唯一的,也就是说,某一个动作对应某个显式操控意图,该显式操控意图可能不止对应一个隐式操控意图,甚至某一个动作序列组成的显式操控意图序列也有可能不止对应一个隐式操控意图。

根据驾驶舱复杂的环境和飞行员执行的飞行任务,对飞行员动作、显式意图与隐式意图的关系进行表征,具体的关系如图 9.1 所示。飞行员执行的动作与显式意图的关系比较简单,显式意图和隐式意图之间的关系相对复杂。一个隐式意图有着不同的显式意图序列,显式意图序列包含着不同的组合和不同顺序的动作,可根据这些不同组合和不同顺序的显式意图来推断隐式意图。飞行员执行的任务一般都有明确的起飞到下降的程序,因此部分隐式意图相互之间的关系是确定的。

飞行员操控意图识别的整体技术框架如图 9.2 所示。首先,将飞行员与显控设备交互的动作和意图关系进行表征,再分别通过交互的动作数据、生理数据识别飞行员的显式意图。动作数据是指飞行员执行动作时的视频数据,生理数据是指任务过程中的肌电数据和眼动数据。最后,将识别到的显式意图结果进行预处理,并引入飞行场景来识别飞行员的隐式意图。

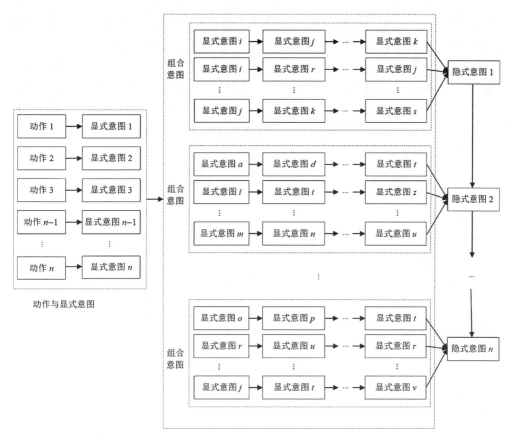

图 9.1　动作、显式意图和隐式意图关系表征

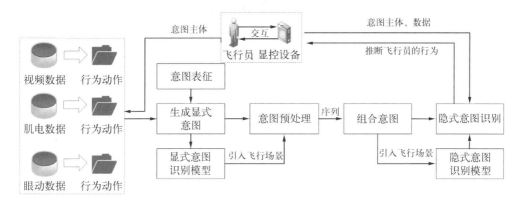

图 9.2　飞行员操控意图识别整体技术框架

2. 飞行员操控动作选取方法

基于五边飞行过程中操控动作对应的动作数据和生理数据,提出不同的意图识别模型。五边飞行具体的动作包括推拉油门杆、推拉襟翼杆、推拉操纵杆、收放起落架拨钮、拨动反推拨钮、推拉扰流板、转动自动刹车旋钮、转动自动驾驶高度旋钮、转动自动驾驶航向旋钮、转动自动驾驶速度旋钮、按自动驾驶开关按钮、点击探头加温电门、点击着陆灯、点击滑行灯、点击 RWY TURNOFF 灯、点击 LOGO 灯、点击频闪灯、点击防撞灯、点击发动机点火电门、点击安全带灯和转动空中交通预警和防撞系统(traffic alert and collision avoidance system, TCAS)旋钮。

不同的飞行场景或任务需要飞行员执行不同的操作,飞行员主要与左座操纵区域、中央操作台、顶部操控面板、自动飞行控制面板等区域有交互行为,本章只对主驾驶的飞行员进行研究。飞行员在驾驶舱内的交互行为很多,如果采集全部的动作花费的时间和成本较大,因此选取了飞行员在执行五边飞行任务时所需要的动作进行具体的意图识别。

五边飞行任务过程中,飞行员与驾驶舱操控设备和显示界面进行多次交互,通过 10 组基础的五边飞行实验来统计每个行为出现的次数,该五边飞行实验是采用手动和自动驾驶结合的方式进行的。在飞行员与驾驶舱显示界面和操控设备的交互行为中,选择了出现频率最高且对意图有较大作用的动作进行操控意图识别。

统计结果具体如表 9.1 所示,表中的动作只简写了交互的杆件和设备。智能座舱包含了传统的机械杆件和触摸屏,研究的动作既包含了飞行员与杆件或者旋钮的交互,也包括了与触摸屏的交互行为。与机械杆件的交互有:推拉油门杆、推拉操纵杆、推拉襟翼杆和推拉扰流板。与旋钮的交互行为有:转动自动刹车旋钮、转动 TCAS 旋钮、转动自动驾驶航向旋钮、转动自动驾驶高度旋钮和转动自动驾驶速度旋钮。与拨钮的交互有:收放起落架拨钮和拨动反推拨钮。与按钮的交互有:按自动驾驶开关按钮。与触摸屏的交互有:点击探头加温电门、点击着陆灯、点击滑行灯、点击 RWY TURNOFF 灯、点击 LOGO 灯、点击频闪灯、点击防撞灯、点击发动机点火电门和点击安全带灯。

表 9.1　五边飞行过程中出现的动作频率统计

序号	动作	1	2	3	4	5	6	7	8	9	10	合计	排名
1	油门杆	8	10	5	3	5	4	3	11	6	3	55	1
2	襟翼杆	5	4	5	4	4	4	4	4	5	5	39	3
3	操纵杆	10	6	3	4	7	5	2	7	7	3	51	2
4	起落架拨钮	2	2	2	2	2	2	2	2	2	2	18	10
5	反推按钮	0	1	1	1	1	1	1	1	1	1	8	21

续　表

序号	动　　作	1	2	3	4	5	6	7	8	9	10	合计	排名
6	扰流板	1	1	1	1	1	1	1	1	1	1	9	14
7	自动刹车	1	1	1	1	1	1	1	1	1	1	9	14
8	自动驾驶高度	2	4	2	1	2	3	1	3	2	2	20	9
9	自动驾驶航向	3	3	4	4	6	6	4	3	2	6	35	5
10	自动驾驶速度	1	1	1	3	6	5	2	1	2	4	22	8
11	自动驾驶开关	2	6	3	4	4	1	1	3	2	1	26	7
12	探头加温电门	1	1	1	1	1	1	1	1	1	1	9	14
13	着陆灯	4	4	4	4	4	4	4	4	4	4	36	4
14	滑行灯	2	2	2	2	2	2	2	2	2	2	18	10
15	RWY TURNOFF 灯	1	1	1	1	1	1	1	1	1	1	9	14
16	LOGO 灯	1	1	1	1	1	1	1	1	1	1	9	14
17	频闪灯	2	2	2	2	2	2	2	2	2	2	18	10
18	防撞灯	1	1	1	1	1	1	1	1	1	1	9	14
19	发动机点火电门	1	1	1	1	1	1	1	1	1	1	9	14
20	安全带灯	3	3	3	3	3	3	3	3	3	3	27	6
21	TCAS	2	2	2	2	2	2	2	2	2	2	18	10

最终选择的动作是出现频率最多，并对意图推断有较大作用的动作，分别是推拉油门杆、推拉襟翼杆、推拉操纵杆、推拉扰流板、收放起落架拨钮、转动自动刹车旋钮、转动自动驾驶高度旋钮、转动自动驾驶航向旋钮、转动自动驾驶速度旋钮、按自动驾驶开关按钮、点击着陆灯和点击安全带灯，共计 12 种。

9.3　人机交互显式意图识别方法

9.3.1　基于动作数据的显式意图识别方法

基于卷积神经网络的飞行员显式操控意图识别是将飞行员在驾驶舱内执行动作的视频片段输入到网络模型中进行训练，通过识别飞行员执行的动作来输出显式意图结果，最后通过实时输入飞行员在驾驶舱内执行的动作来验证其显式意图识别的准确率。选取单流网络和双流网络中有着较好识别效果的 C3D 网络和双流卷积神经网络，构建显示意图识别模型，并和其他网络进行对比，选择识别效果最好的网络并进行优化。

1. 飞行员显式操控意图识别模型的优化方法

根据提出的 C3D 网络和双流卷积神经网络，对飞行员操控行为和显式操控意图进行训练，再根据训练的结果选择识别效果较好的网络进行优化改进，并和其他的网络进行对比，证明优化效果是否有效。对于网络的优化主要从两个方面入手：

1）卷积层数量

卷积神经网络不是越深效果越好,针对飞行员操控数据集的特点可以发现卷积层的数量影响识别准确率。对原网络进行改写,主要是对卷积层进行修改,对比不同卷积层的识别效果。

2）1×1×1 卷积核

在卷积层前可以添加 1×1×1 卷积核来减少计算量,1×1×1 卷积核的个数为卷积层卷积核的一半,该方式可以减少参数量,加快运算速度。如原本是 22×128×3×3×256 的参数量,加入 32×1×1 卷积后为 22×128×1×1×64+22×64×3×3×256,可以有效地减少参数量。第一层卷积层和最后一层卷积层保持不变,池化层和全连接层与原网络相同。

2. 案例分析

1）数据采集流程

实验采集的动作是基于选取的 12 种操控动作。20 名受试对象按照正常飞行流程中执行的动作来进行动作采集实验,每组动作重复 10 次左右,每组实验完成后休息 10 分钟后再开始下一组实验。

2）飞行员操控动作和显式操控意图关系表征

实验采集的 12 个飞行员操控动作和其对应的显式意图如表 9.2 所示。每个动作对应的显式意图可能不止一个,需要结合具体的场景来判断。

表 9.2　操控动作及对应的显式意图

序　号	交　互　动　作	显　式　意　图
动作 1	推拉襟翼杆	调节机翼升力
动作 2	推拉油门杆	调节发动机功率(高度)
动作 3	收放起落架拨钮	减少阻力/减少着陆冲击力
动作 4	点击安全带灯按钮	提醒乘客系好安全带/关闭安全带灯
动作 5	点击着陆灯按钮	照亮跑道/关闭着陆灯
动作 6	按自动驾驶开关按钮	打开/关闭自动驾驶
动作 7	转动自动驾驶航向旋钮	调整自动飞行时的航向
动作 8	转动自动驾驶速度旋钮	调整自动飞行时的速度
动作 9	转动自动驾驶高度旋钮	调整自动飞行时的高度
动作 10	推拉扰流板	减少升力,增大阻力
动作 11	推拉操纵杆	控制俯仰和姿态
动作 12	转动自动刹车旋扭	减缓速度

图 9.3 为每个动作的示意图。构建的动作数据集包含推拉襟翼杆视频片段 124 个,推拉油门杆视频片段 156 个,拨动起落架拨钮 113 个,点击安全带灯按钮视频片段 116 个,点击着陆灯按钮视频片段 124 个,按自动驾驶开关按钮视频片段 115

个,转动自动驾驶航向旋钮视频片段 125 个,转动自动驾驶高度旋钮视频片段 133 个,转动自动驾驶速度旋钮视频片段 120 个,推拉扰流板视频片段 122 个,推拉操纵杆视频片段 128 个,转动自动刹车旋钮视频片段 115 个,共计 1 491 个视频片段。

(a) 推拉襟翼杆

(b) 推拉油门杆

(c) 收放起落架拨钮

(d) 点击安全带灯按钮

(e) 点击着陆灯按钮

(f) 按自动驾驶开关按钮

(g) 转动自动驾驶航向旋钮

(h) 转动自动驾驶速度旋钮

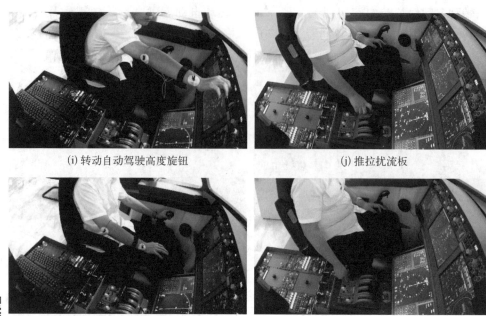

(i) 转动自动驾驶高度旋钮　　　　　　　　　　(j) 推拉扰流板

(k) 推拉操纵杆　　　　　　　　　　　　　(l) 转动自动刹车旋钮

图 9.3　交互动作示意图

3) 数据预处理及模型实现

预处理后的单流训练集、测试集和验证集分别有 41 411 张、16 204 张和 14 405 张图片,单帧图片的维度是 112×112。

对于双流数据集,预处理后的空间流训练集和测试集分别有 7 290 张和 3 832 张,共有 11 122 张 RGB 图片。光流训练集和测试集分别有 148 171 张和 79 785 张,共有 227 956 张光流图片。图 9.4 所示为调整自动驾驶航向旋钮的动作,在 x 和 y 两个方向预处理后的光流图,选择了连续的 3 帧进行示例,实际是连续 4 帧光流输入网络。从光流图中可以看出,光流信息更多体现的是运动的变化。

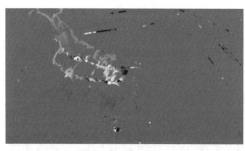
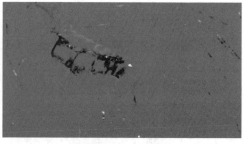

(a) t 帧 x 方向光流　　　　　　　　　　(b) t 帧 y 方向光流

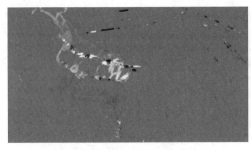

(c) t+1帧x方向光流   (d) t+1帧y方向光流

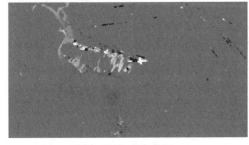

(e) t+2帧x方向光流   (f) t+2帧y方向光流

图 9.4 x 和 y 两个方向预处理后的光流图

基于已建立的数据集,采用不同的网络进行训练,运行结果如表 9.3 所示。

表 9.3   不同模型的识别精度对比

模　　型	识别精度
C3D 网络	94.26%
双流卷积神经网络	89.24%
P3D 网络	80.03%
R3D 网络	76.77%

从训练精度上看,C3D 网络比双流卷积神经网络的精度高。C3D 网络 1 000 个轮次的训练时间约为 21 小时,而在相同配置下,双流卷积神经网络的预处理和训练时间约为 161 小时,约为 C3D 卷积神经网络的 8 倍。因此,选择 C3D 网络进行进一步的优化训练。同时,也对比了 C3D 网络和其他的 3D 卷积神经网络,可以发现 C3D 网络比其他网络的识别准确率高。

在原始的 C3D 网络的基础上,对卷积层进行了修改,并在卷积层前添加了 1×1 卷积来减少计算量。优化后的网络称为基于卷积层优化的 C3D 网络(C3D optimization based on convolutional layer, CL - C3D),其结构和维度如表 9.4 所示。由于 1×1 卷积不改变维度,故表中没有详细列出,直接进行最后维度的计算。维度是批量大小×通道数×帧数(时间维度)×宽度×高度。

表 9.4 优化后的网络结构和维度

结　　构	输入维度	卷　积　核	padding	步　　长	输出维度
输入→Conv1	22×3×16×112×112	3×3×3×64	1×1×1	1×1×1	22×64×16×112×112
Conv1→Pool1	22×64×16×112×112	1×2×2×64	0	1×2×2	22×64×16×56×56
Pool1→Conv2	22×64×16×56×56	3×3×3×128	1×1×1	1×1×1	22×128×16×56×56
Conv2→Pool2	22×128×16×56×56	2×2×2×128	0	2×2×2	22×128×8×28×28
Pool2→Conv3	22×128×8×28×28	3×3×3×256	1×1×1	1×1×1	22×256×8×28×28
Conv3→Pool3	22×256×8×28×28	2×2×2×256	0	2×2×2	22×256×4×14×14
Pool3→Conv4	22×256×4×14×14	3×3×3×512	1×1×1	1×1×1	22×512×4×14×14
Conv4→Pool4	22×512×4×14×14	2×2×2×512	0	2×2×2	22×512×2×7×7
Pool4→Conv5	22×512×2×7×7	3×3×3×512	1×1×1	1×1×1	22×512×2×7×7
Conv5→Pool5	22×512×2×7×7	2×2×2×512	0×1×1	2×2×2	22×512×1×4×4
Pool5→Fc1	22×8 192	—	—	—	22×4 096
Fc1→Fc2	22×4 096	—	—	—	22×4 096
Fc3	22×4 096	—	—	—	22×9

此外,对比了不同数量的卷积层识别效果,根据运行结果发现,采用 5 层卷积层的效果最好,6~8 层的效果比较接近。加入 1×1 卷积后的训练时间为 17 小时,但精度没有明显提升。最优的训练集、测试集和验证集的准确率如表 9.5 所示,迭代 1 000 次的准确率和损失值的变化趋势如图 9.5 所示。对训练集、测试集和验证集的比例进行了多次实验,发现比例为 0.25 时效果最好。

表 9.5 不同数量卷积层的准确率对比

数据集	准确率/%			
	5 层	6 层	7 层	8 层
训练集	93.07	89.77	90.59	89.44
测试集	95.62	93.27	92.93	94.26
验证集	96.34	92.69	93.61	94.54

将动作数据输入训练好的网络进行显式操控意图识别,由于视频输入的每一帧都会输出识别的意图以及准确率,选取准备开始做动作和已经做完动作的两帧结果作为示例。图 9.6(a)左图为受试对象推拉襟翼杆,此时识别的显式意图为调节机翼升力。在这一帧之后的 3 s 完成了整个动作,右图为已经完成整个动作的视频帧,识别的准确率为 82.05%。图 9.6(b)左图为受试对象推拉油门杆的动作,识别的显式意图为调节发动机功率(调节高度),右图为 4.4 s 后完成推拉油门杆的动作,识别的准确率为 87.76%。图 9.6(c)左图为受试对象拨起落架拨钮,识别的显式意图为减少阻力/准备降落,右图为经过 2.5 s 后完成该动作的单帧图像,该动作识别准确率为 94.15%。

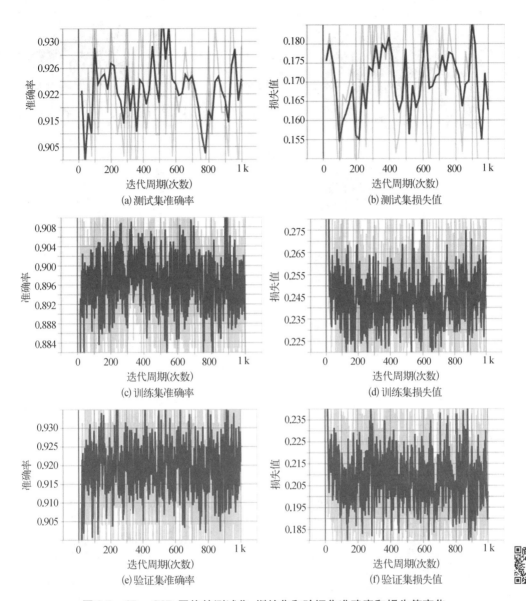

图 9.5 CL－C3D 网络的测试集、训练集和验证集准确率和损失值变化

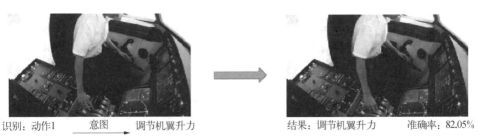

(a)动作1识别结果

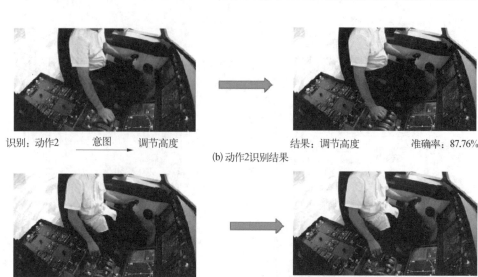

识别：动作2 意图→ 调节高度　　　　结果：调节高度　　准确率：87.76%

(b) 动作2识别结果

识别：动作3 意图→ 减少阻力/准备降落　　结果：减少阻力/准备降落　准确率：94.15%

(c) 动作3识别结果

图 9.6　飞行员显式操控意图识别结果一

　　图 9.7(a) 左图为受试对象点击顶控板的安全带灯,识别的显式意图为提醒乘客需系安全带,右图为经过 2.8 s 后完成触屏操作,识别准确率为 85.57%。图 9.7(b) 左图为受试对象点击顶控板的着陆灯,识别的显式意图为照亮跑道/关闭着陆灯,右图为经过 4.6 s 后完成该动作的帧,该动作的识别准确率为 90.24%。图 9.7(c) 左图为受试对象按自动驾驶开关按钮,识别的意图为打开/关闭自动驾驶,右图为经过 3.6 s 后完成整个动作的视频帧,识别准确率为 95.26%。

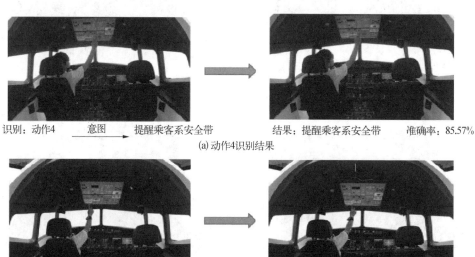

识别：动作4 意图→ 提醒乘客系安全带　　结果：提醒乘客系安全带　准确率：85.57%

(a) 动作4识别结果

识别：动作5 意图→ 照亮跑道/关闭着陆灯　　结果：照亮跑道/关闭着陆灯　准确率：90.24%

(b) 动作5识别结果

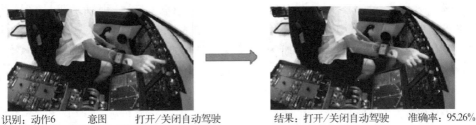

识别：动作6　──意图──→　打开/关闭自动驾驶　　结果：打开/关闭自动驾驶　准确率：95.26%

(c) 动作6识别结果

图 9.7　飞行员显式操控意图识别结果二

图 9.8(a)左图为受试对象转动自动驾驶航向旋钮,识别的显式意图为调整飞行时自动驾驶航向,右图为经过 3.2 s 后完成动作的视频帧,识别准确率为

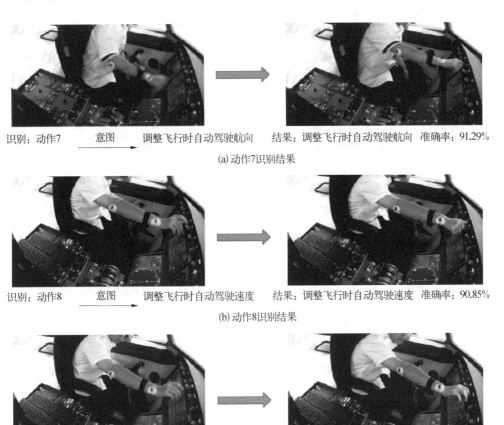

识别：动作7　──意图──→　调整飞行时自动驾驶航向　　结果：调整飞行时自动驾驶航向　准确率：91.29%

(a) 动作7识别结果

识别：动作8　──意图──→　调整飞行时自动驾驶速度　　结果：调整飞行时自动驾驶速度　准确率：90.85%

(b) 动作8识别结果

识别：动作9　──意图──→　调整飞行时自动驾驶高度　　结果：调整飞行时自动驾驶高度　准确率：87.34%

(c) 动作9识别结果

图 9.8　飞行员显式操控意图识别结果三

91.29%。图 9.8(b)左图为受试对象转动自动驾驶速度旋钮,识别的显式意图为调整飞行时自动驾驶速度,右图为经过 4 s 后完成动作的视频帧,识别准确率为90.85%。图 9.8(c)左图为受试对象转动自动驾驶高度旋钮,识别的显式意图为调整飞行时自动驾驶高度,右图为 2 s 后完成该动作的视频帧,识别准确率为87.34%。

图 9.9(a)左图为受试对象推拉扰流板,识别的显式意图为减少升力,增大阻力,右图为 3.4 s 后完成该动作的视频帧,识别准确率为 94.69%。图 9.9(b)左图为受试对象推拉操纵杆,识别的显式意图是控制俯仰和姿态,右图为 4.5 s 后完成该动作的视频帧,识别准确率为 98.89%。图 9.9(c)左图为受试对象转动自动刹车旋钮,识别的显式意图为减缓速度,右图为 2.6 s 后该动作完成后的视频帧,识别准确率为 93.08%。

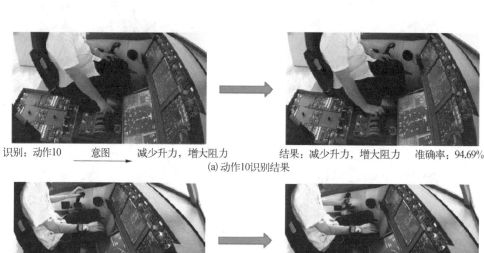

识别:动作10 —意图→ 减少升力,增大阻力   结果:减少升力,增大阻力   准确率:94.69%
(a)动作10识别结果

识别:动作11 —意图→ 控制俯仰和姿态   结果:控制俯仰和姿态   准确率:98.89%
(b)动作11识别结果

识别:动作12 —意图→ 减缓速度   结果:减缓速度   准确率:93.08%
(c)动作12识别结果

图 9.9 飞行员显式操控意图识别结果四

根据飞行员显式操控意图识别结果发现,在采用动作数据进行实际识别操作时,拨起落架拨钮、按自动驾驶开关、推拉操纵杆、推拉扰流板和转动自动刹车旋钮的实时识别准确率更高,达到94%以上。转动自动驾驶航向旋钮、转动自动驾驶速度旋钮和转动自动驾驶高度旋钮识别准确率在87%~92%。对比处理后的数据集后发现,这几个旋钮距离较近且动作相似,因此准确率相对低一些。推拉襟翼杆、推拉油门杆、点击安全带灯和点击着陆灯的准确率在82%~91%。在识别飞行员具体的动作变化时可以发现,推拉油门杆的动作和推拉襟翼杆的动作在最后有几帧角度相似,点击安全带灯和点击着陆灯是前几帧动作比较相似,在实时识别时容易混淆。在实际应用中,识别的准确率会有一定范围内的误差,模型还需根据实际的数据进行实验和调参,本章验证了模型在飞行员操控意图识别应用的可行性。

9.3.2　基于生理数据的显式意图识别方法

对于飞行员显式操控意图的识别,不仅可采用动作数据进行显式意图识别,也可借助 sEMG 和 EOG 信号进行的显式操控意图识别,提出生理数据降维和重构的方法和基于生理数据的显式操控意图识别模型。将预处理后的 sEMG 数据和 EOG 数据输入到降维算法中进行降维,选取降维效果较好的自动编码器(autoencoder,AE)、主成分分析(principal component analysis,PCA)和线性判别分析(linear discriminant analysis,LDA)算法进行比较,最终选取降维效果最好的算法来重构数据集。根据生理数据的特点,选取的识别模型应是在识别领域有着较好效果的机器学习模型,通过多个模型之间的对比,最终选取飞行员显式操控意图识别效果最好的模型,作为基于生理数据的飞行员显式操控意图识别模型。

1. 数据采集流程

受试对象具有飞行经验,在实验前经过足够的训练并熟练飞行任务。如图 9.10 所示,受试对象只需佩戴肌电传感器相关的设备。眼动仪固定在座舱内部,不需要佩戴。20 名受试对象重复每一个操控动作 20~30 次,每个动作持续时间在 2~7 s。摄像头同步记录实验开始到结束的所有过程,以便处理对应时间段的数据。

不同的肌肉部位可以反映不同的动作变化。比如体现肘关节伸展和屈曲的部位是肱桡肌、肱二头肌、肱三头肌、桡侧腕屈肌和桡侧腕长伸肌。体现腕部屈腕和伸腕

图 9.10　肌电设备佩戴位置

的部位是尺侧腕屈肌、桡侧腕屈肌、指浅屈肌、指深屈肌和指总屈肌。飞行员在驾驶舱内执行飞行任务的动作均需要伸展和屈曲,并且研究表明肱桡肌和肱二头肌对肌肉运动的变化有明显的反应[150],故选择对受试对象的肱二头肌和肱桡肌部位进行数据采集和分析。

1）实验前

在实验前,受试对象先进行设备的佩戴,并用医用酒精棉片擦拭受试对象的肱二头肌、肱桡肌及肘关节和腕关节处的凸起处。肱二头肌处放置两块电极片,肘关节处的凸起处放置一块电极片。由于肘关节凸起处的电压不会随着肌肉变化,因此作为参考电极来排除人体自身的电压。肱桡肌处放置两块电极片,腕关节处的凸起同样作为参考电极将导线与对应的电极片进行连接并接入传感器。对每个通道的放大器增益、高通滤波器和低通滤波器进行基本设置,sEMG 放大器增益设置为 2 000,高通滤波器截止频率设置为 1 Hz,低通滤波器截止频率设置为 100 Hz。

接着调试 BIOPAC 生理仪,确保每个通道的波形和数据都能正常输出的。每名受试对象在开展模拟飞行实验前,需进行肱二头肌和肱桡肌的最大自主收缩力实验。每名受试对象使用最大的力拉测力计,确保肱二头肌和肱桡肌发力并维持 5 s,用 BIOPAC 生理仪记录两块肌肉的 sEMG 信号。最大自主收缩力实验过后休息 5 min 再开始正式的实验,避免影响实验数据。

受试对象在开始正式实验前需调整好驾驶舱座椅的位置,选择自己最合适的角度。然后进行眼动仪的校准,主飞行显示器上有多个校准的点,受试对象选择三个方向的点进行校准即可。

2）正式开始实验

正式开始飞行实验时,同步 BIOPAC 生理仪、眼动仪和摄像头记录的开始任务到结束任务的时间。受试对象执行一个交互动作,如点击顶控板的外部灯按钮,一个完整的动作包括开始伸手,到点击按钮完毕后手放回原位。每个动作正常执行时间为 2~7 s,受试对象可以放松 30 s 后再重复刚才相同的动作。一个动作完整采集完,受试对象进行 5~10 min 的休息后,再进行下一个动作的采集,每个动作的采集步骤都相同。

2. 数据预处理及模型实现

最终建立的生理参数数据集包括受试对象的眨眼频率、左瞳孔直径、右瞳孔直径、肱桡肌和肱二头肌部位的 MAX、MIN、MAV、RMS 和 WL[①],共 13 个生理特征,将选取的 12 个飞行员操控动作对应的显式操控意图作为类别标签。生理参数数据集一共有 3 944 组有效数据,其中推拉襟翼杆 432 组、推拉油门杆 407 组、收放起落架拨钮

---

① MAX(maximum):肌电信号的最大幅值;MIN(minimum):肌电信号的最小幅值;MAV(mean absolute value):平均绝对值;RMS(root mean square):均方根值;WL(waveform length):波形长度。

286 组、点击安全带灯按钮 349 组、点击着陆灯按钮 341 组、按自动驾驶开关按钮 436 组、转动自动驾驶航向旋钮 321 组、转动自动驾驶速度旋钮 386 组、转动自动驾驶高度旋钮 197 组、推拉扰流板 304 组、推拉操纵杆 250 组和转动自动刹车旋钮 235 组。

　　首先对处理完后的生理参数数据集进行降维,舍弃对意图影响不明显的特征,并把在降维算法中进行特征学习和重构后的新数据集输入 Elman 神经网络进行显式意图识别。

　　选取 sEMG 和 EOG 信号的 13 个参数作为特征,12 个飞行员操控动作对应的显式意图作为标签来构建生理参数数据集,将其输入到 PCA、LDA 和 AE 中进行数据降维和重构。PCA 和 LDA 降维和重构后的数据与原数据比较接近,直接用其分类后的效果如图 9.11 和图 9.12 所示,从图中可以看出 LDA 降维后的分类效果明显比 PCA 的效果好。AE 的降维和重构后效果如图 9.13 所示,编码器和解码器的损失值相对较高,结果显示,AE 对于该生理参数数据集的降维效果较差。

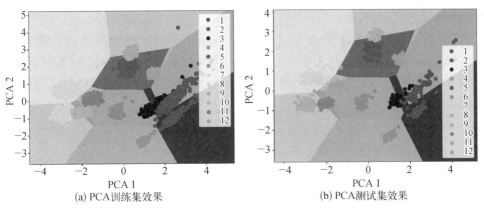

(a) PCA训练集效果　　　　　　　　　(b) PCA测试集效果

图 9.11　PCA 降维后的训练集和测试集效果

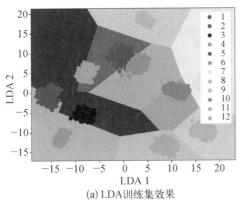
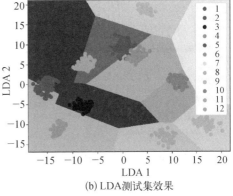

(a) LDA训练集效果　　　　　　　　　(b) LDA测试集效果

图 9.12　LDA 降维后的训练集和测试集效果

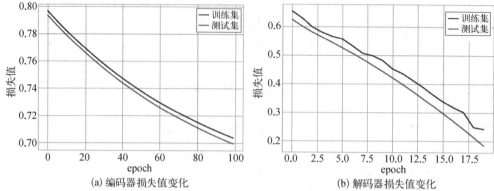

图 9.13　AE 降维和重构后的效果

　　根据降维效果选择 LDA 算法进行降维和重构,并将新的生理参数数据集输入 Elman 神经网络识别,最终的识别准确率为 91.067%。模型预测的效果如图 9.14 所示,模型的最佳的隐藏层数为 11。图 9.15 显示了 Elman 神经网络的性能,从图 9.15 中可以看出,当轮次在 167 左右时,最佳验证性能 0.038 682,此时模型识别效果最好。从图 9.15 中可以看出,模型的收敛效果较好,模型最大误差为 0.476,实际误差为 3.3×10^{-8}。

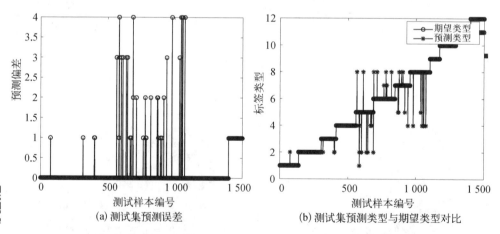

图 9.14　基于 sEMG 和 EOG 数据融合的 Elman 神经网络预测效果

　　为了验证模型的有效性,将本章的模型与其他 6 个分类模型进行对比,结果如表 9.6 所示。最终发现,Elman 神经网络对于基于生理数据识别飞行员显式操控意图有着较好的效果。

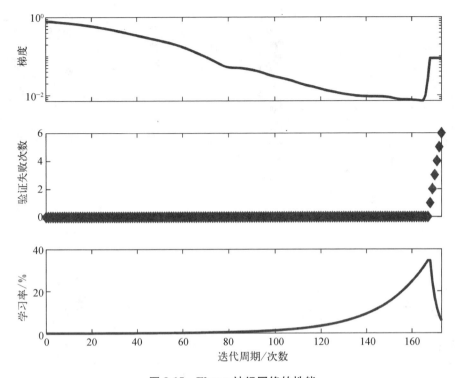

图 9.15　Elman 神经网络的性能

表 9.6　不同模型的准确率对比

模　　　型	准确率/%
Elman 神经网络	91.067
SVM	85.950
KNN	81.240
RF	84.570
LSTM	77.550
RNN	71.370
门控循环神经网络	70.400

　　此外,也采用了单 sEMG 特征和单 EOG 特征进行显式操控意图识别,结果如图 9.16 所示。单 EOG 特征识别的准确率为 65.4%,单 sEMG 特征识别的准确率为78.73%,sEMG 和 EOG 特征融合后的识别准确率为 91.067%,这表明多源生理数据融合后的识别效果比单源生理数据识别的效果更好,准确率可以提高 10% 以上。

　　根据结果发现,肌电信号会随着肌肉运动幅度的增加而增加,即随着动作幅度的变化而变化。在意图识别时,肌电信号有一定的规律性,因此采用肌电数据进行

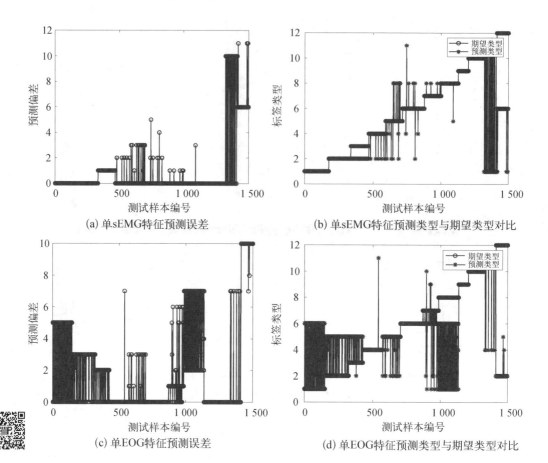

图 9.16　单源生理数据的显式意图识别效果

飞行员显式操控意图识别有一定的效果。由于在飞行过程中,飞行员的视线变化较为复杂,且部分动作的视线变化过程相似,眼动数据的变化规律不是很明显,采用眼动数据来识别飞行员显式操控意图的效果相对较差。肌电和眼动数据结合后可以互相弥补数据规律性不足的地方,融合后的显式操控意图识别有着较好的效果。

9.4　人机交互隐式意图推理方法

9.4.1　显式和隐式操控意图关系

　　基于手动和自动驾驶结合的五边飞行场景来研究飞行员的操控意图识别方法,首先对该场景下的飞行员显式操控意图和隐式操控意图的关系进行表征,每个起飞、巡航、转向以及下降和着陆过程都包括不同的动作序列和显式操控意图序列。

　　起飞对应的部分显式意图序列：调节发动机功率(控制高度)→控制俯仰和姿态→减少阻力→控制俯仰和姿态→减缓速度；调节发动机功率(控制高度)→控制俯仰和姿态→调节机翼升力→减少阻力→控制俯仰和姿态→减缓速度。

　　转向对应的部分显式意图序列：打开自动驾驶→调整自动飞行时的航向；调整自动飞行时的航向；控制俯仰和姿态→调节发动机功率(控制高度)→控制俯仰和姿态→调整自动飞行时的航向；调整自动飞行时的航向→调节发动机功率(控制高度)；调整自动飞行时的航向→控制俯仰和姿态；控制俯仰和姿态；控制俯仰和姿态→调节发动机功率(控制高度)→控制俯仰和姿态。

　　巡航(二边)对应的部分显式意图序列：无操作；调整自动驾驶高度；控制俯仰和姿态；控制俯仰和姿态→调节发动机功率(控制高度)→控制俯仰和姿态；打开自动驾驶开关→控制俯仰和姿态→打开自动驾驶开关；调整自动飞行时的高度；打开自动驾驶开关。

　　巡航(三边)对应的部分显式意图序列：调整自动飞行时的速度→调整自动飞行时的高度→关闭着陆灯→关闭客舱的安全带灯；关闭着陆灯→关闭客舱的安全带灯；调整自动飞行时的速度→调整自动飞行时的航向→调整自动飞行时的高度→关闭着陆灯→关闭客舱的安全带灯；调整自动飞行时的速度→关闭着陆灯→关闭客舱的安全带灯；控制俯仰和姿态→关闭着陆灯→关闭客舱的安全带灯。

　　巡航(四边)对应的部分显式意图序列：调整自动飞行时的速度→调整自动飞行时的高度→照亮跑道→提醒乘客系好安全带；照亮跑道→提醒乘客系好安全带；调节机翼升力→照亮跑道→提醒乘客系好安全带；调节机翼升力→控制俯仰和姿态→调节机翼升力→照亮跑道→提醒乘客系好安全带；控制俯仰和姿态→调节机翼升力→控制俯仰和姿态→照亮跑道→提醒乘客系好安全带。

　　着陆对应的部分显式意图序列：减少着陆冲击力→关闭自动驾驶→控制俯仰和姿态→调节发动机功率(控制高度)→控制俯仰和姿态→调节机翼升力→控制俯仰和姿态→减少升力,增大阻力→控制俯仰和姿态；减少着陆冲击力→控制俯仰和姿态→调节发动机功率(控制高度)→控制俯仰和姿态→减少升力,增大阻力→控制俯仰和姿态；关闭自动驾驶→控制俯仰和姿态→调节发动机功率(控制高度)→控制俯仰和姿态→调节机翼升力→控制俯仰和姿态→减少着陆冲击力→减少升力,增大阻力→控制俯仰和姿态；关闭自动驾驶→控制俯仰和姿态→调节发动机功率(控制高度)→控制俯仰和姿态→减少升力,增大阻力→控制俯仰和姿态→减少着陆冲击力→调节机翼升力→控制俯仰和姿态。

　　操控动作、显式意图和隐式意图的关系有多种对应关系,示例如图 9.17 所示。隐式意图状态的变化是起飞、转向、巡航(二边)、转向、巡航(三边)、转向、巡航(四边)和着陆。

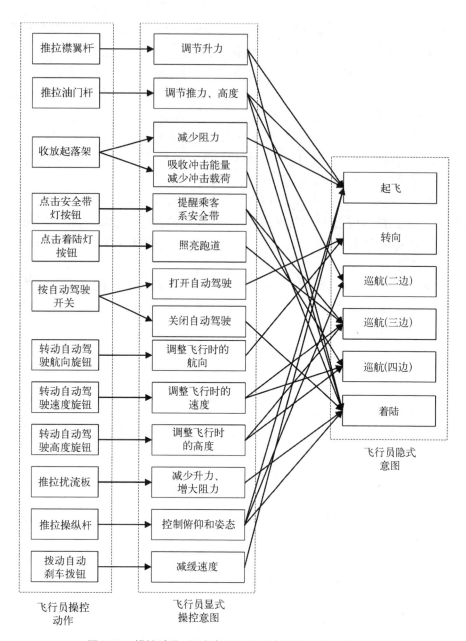

图 9.17   操控动作、显式意图和隐式意图的表征方式示例

9.4.2   基于 GASVM 优化的 HMM 模型

根据特定的飞行任务和飞行环境，飞行员选择最适合当前任务的一系列动作来完成对应的飞行任务。飞行员根据规划好的飞行任务，以合适的力度和角度来操控油门杆、襟翼杆和触控界面等。飞行员每一个操控动作对应可以直接观测出的意图,称为显式操控意图。在飞行过程中需要根据显式意图序列推断的意图称为隐式操控意图,将飞行员操控动作对应的显式操控意图转化成具体的数值序列进行隐式操控意图识别。

结合 GASVM 在解决多分类、多样本间有较大差异问题上的优势和 HMM 对时间序列和连续信号处理上的优势,进行隐式意图的动态识别。

1. GASVM 操作层

支持向量机(support vector machine, SVM)算法在二分类/多分类算法中效果较好,遗传算法(genetic algorithm, GA)和 SVM 算法的结合可以更好地寻找最优参数。GASVM 层识别的是每个显式意图序列对应的隐式意图,每个隐式意图都有对应可能发生的动作序列。

将不同意图下可能发生的动作序列作为模型的输入,飞行任务中的不同意图状态作为模型的输出。训练数据集公式如下:

$$D = \{(x_1, y_1), (x_2, y_2), \cdots, (x_m, y_m)\},$$
$$m = 1, 2, \cdots, 12, y_m \in \{1, 2, 3\} \tag{9.1}$$

式中,$x_1, x_2, \cdots, x_m$ 表示不同的显式操控意图转化的数值序列;$y_1, y_2, \cdots, y_m$ 表示飞行任务中不同的飞行员隐式操控意图。

2. HMM 意图层

飞行员的操控意图一般是指飞行员通过执行某些动作来达到某种目的或者目标。为了达到这种目的或者目标,飞行员需要执行一个或者多个子任务,每个任务又由一个或者多个动作组成。飞行员在驾驶舱中执行飞行任务就是实现意图的一种情况,比如调整飞行速度,到更复杂的下降和着陆程序。复杂的飞行任务可以分解成子任务,因此飞行员的隐式操控意图就可以解释为他当前正在执行的飞行任务。为了执行这一复杂的飞行任务或者说实现这一隐式操控意图,飞行员必须要执行满足这一飞行任务的一系列子任务,飞行员完成这些子任务也就是在驾驶舱内完成与操纵杆、显控界面等的交互行为,这些行为实际就是实现显式操控意图的行为。对于飞行任务,通常有一个动作序列集合,这些动作都有顺序并且对应的意图可以直接观测到,也就是显式操控意图,而飞行员的隐式意图状态无法直接观测到。某一个动作对应的显式意图可能不止对应一个隐式意图,涉及多个隐式意图,因此隐式意图较为复杂。针对特定的飞行任务,飞行员在飞行过程中有特定的操作规律。比如对于五边飞行,飞行员主要的意图是起飞→转向→巡航(二边)→转向→巡航(三边)→转向→巡航(四边)→下降和着陆。可以发现,某些隐式意图对应的下一个隐式意图是固定的,如巡航(四边)后是下降和着陆,但转向后的隐式意图不是固定的。

HMM 意图层包括一组不同的意图状态 $S = \{S_1, S_2, \cdots, S_n\}$ 和一组可能观测到的动作对应的显式意图序列 $O = \{O_1, O_2, \cdots, O_m\}$。这里的意图状态 S 是不可直接观测到的,对应飞行员的隐式操控意图,隐式意图状态序列和观测动作序列之间的对应关系如图 9.18 所示。

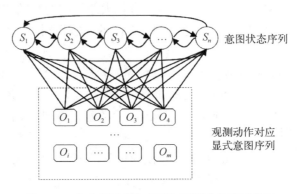

意图状态序列

观测动作对应
显式意图序列

图 9.18　隐式意图状态序列和观测动作序列关系

飞行员意图层模型可以表示为 $\lambda = (A, B, \boldsymbol{\pi})$。其中 $A = [a_{ij}]_{n \times n}$,$A$ 是指状态转移矩阵,a_{ij} 表示飞行员在 t 时刻从某一隐式意图状态转到 $t+1$ 时刻另一个隐式意图状态的概率。从隐式意图状态 i 转移到其他所有的隐式意图状态的概率和为 1。

$$a_{ij} = P(i_{t+1} = q_t \mid i_t = q_i) \tag{9.2}$$

B 表示发射概率,如果有 n 个隐式意图状态,m 个观测到的显式意图序列,则 $B = [b_j(k)]_{n \times m}$,$b_j(k)$ 代表了在 t 时刻,隐式意图状态 j 下可能出现显式意图序列 k 的概率。每一个隐式意图状态下出现所有可能出现的显式意图序列的概率和为 1。

$$b_j(k) = P(o_t = v_k \mid i_t = q_j) \tag{9.3}$$

$\boldsymbol{\pi}$ 是初始的概率值,也就是一开始飞行员每个隐式操控意图可能发生的概率 $\boldsymbol{\pi} = (\pi_i)$,其中 $\pi_i = P(i_1 = q_i)$。这里 $\boldsymbol{\pi}$ 和 A 决定了飞行员的隐式意图状态,B 决定了飞行员执行飞行任务时观测到的显式意图序列状况。这里有两个假设:

(1) 在飞行过程中,飞行员每一个时刻 t 的隐式意图状态只受 $t-1$ 时刻的隐式意图状态影响;

(2) 在飞行过程中,飞行员每一个时刻 t 观测到的显式意图序列的输出只受当下时刻 t 隐式意图状态影响。

3. 案例分析

1)数据采集流程

完整的五边飞行流程包括起飞、巡航、转向以及下降和着陆过程,如图 9.19 所示。起飞阶段以及下降和着陆阶段采用手动驾驶,其余阶段采用自动驾驶。每个受试对象执行 10 组完整的飞行任务,每组飞行过程中会随机触发自动驾驶失效问题,一共有 4 种不同的自动驾驶失效程度,实验时由失效程度从低到高进行,4 种失效程度分别做 2 组、2 组、3 组和 3 组实验。摄像头全程记录完整的飞行过程。

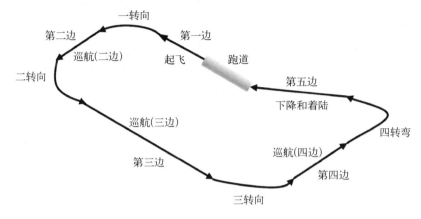

图 9.19　五边飞行流程图

2）数据预处理及模型实现

实验共采集了 200 组完整的飞行数据,去除几组异常数据后共 196 组数据。将动作对应的显式意图转化为具体的数值序列,建立飞行员隐式意图数据集,隐式意图数据集共包含 1 764 组不同阶段的意图数据。

将隐式意图数据集输入到几个分类效果较好的分类模型进行比较,结果如表 9.7 所示,可以发现 GASVM 模型的分类效果最好。将 GASVM 每个动作的输出通过 Sigmoid 函数转化为概率值,接着将概率值作为新的发射概率输入到 HMM 层。

表 9.7　GASVM 与其他分类算法识别准确率对比

模　　型	准确率/%
决策树	80.00
RF	78.00
KNN	82.24
BP 神经网络	84.27
SVM	87.00
GASVM	90.58

HMM 层的初始概率矩阵为 $\pi = [\,0.17,\ 0.17,\ 0.17,\ 0.17,\ 0.17,\ 0.15\,]$,初始状态转移矩阵为

$$A = \begin{bmatrix} 0 & 1 & 0 & 0 & 0 & 0 \\ 0 & 0 & 0.25 & 0.25 & 0.25 & 0.25 \\ 0 & 1 & 0 & 0 & 0 & 0 \\ 0 & 1 & 0 & 0 & 0 & 0 \\ 0 & 1 & 0 & 0 & 0 & 0 \\ 0 & 0 & 0 & 0 & 0 & 1 \end{bmatrix}$$

将各项数据输入到网络后的隐式意图识别结果如图 9.20 所示。该图显示了六种隐式意图的识别效果,纵坐标是对数似然概率,隐式意图状态的对数似然概率越接近 0 则表示最有可能为当前隐式意图状态,即越接近 0 识别的效果越好。

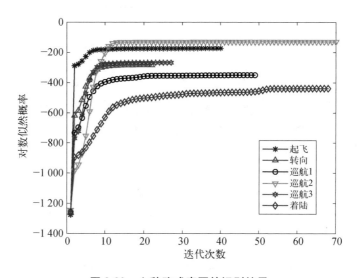

图 9.20   六种隐式意图的识别结果

图 9.21 展示了实际隐式意图状态下可能识别为其他各个隐式意图状态的概率,巡航 1、巡航 2、巡航 3 分别代表巡航(二边)、巡航(三边)和巡航(四边)。图 9.21(a)表示实际为起飞意图状态下,识别为巡航(二边)、转向和巡航(四边)的隐式意图状态的概率较大。图 9.21(b)表示除了识别为实际转向意图时,最有可能识别为巡航(二边)和巡航(四边)的隐式意图状态。图 9.21(c)表示在巡航(二边)的隐式意图状态下,除了当前隐式意图状态外,最有可能识别为巡航(四边)隐式意图状态。图 9.21(d)表示在巡航(三边)的隐式意图状态下,除当前隐式意图

状态外最有可能识别为巡航(二边)。图 9.21(e)表示在巡航(四边)的隐式意图状态下,除当前隐式意图状态外,最有可能识别为巡航(二边)。图 9.21(f)表示在着陆意图状态下,除当前的着陆意图状态外,最有可能识别为起飞隐式意图状态。可以发现,在各个隐式意图状态下,巡航各边之间的意图比较容易混淆,着陆意图相对不容易与其他意图混淆。通过观察数据集发现,巡航过程中的有些动作相同,因此比较容易混淆。着陆状态的显式意图序列较复杂,完成该意图所需的动作较多,因此不易与其他意图混淆。模型整体的识别准确率为 92.92%,如表 9.8 所示,比单层 HMM 识别效率高,证明了隐式操控意图识别模型的有效性。

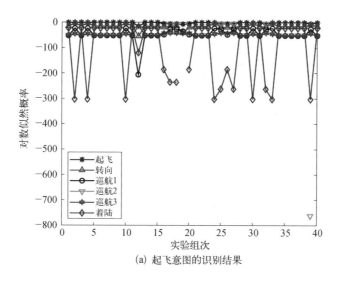
(a) 起飞意图的识别结果

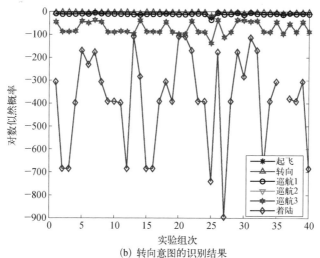
(b) 转向意图的识别结果

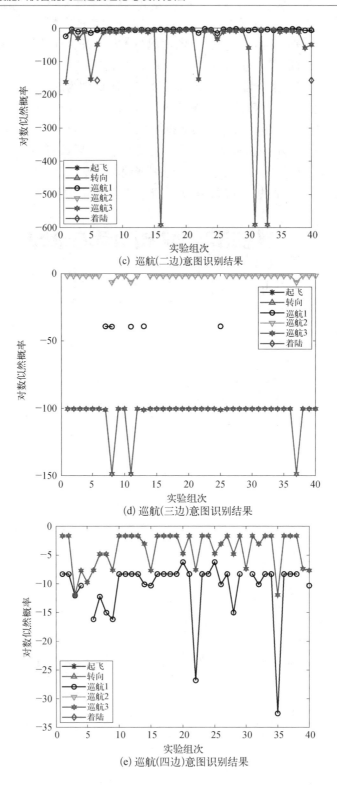

(c) 巡航(二边)意图识别结果

(d) 巡航(三边)意图识别结果

(e) 巡航(四边)意图识别结果

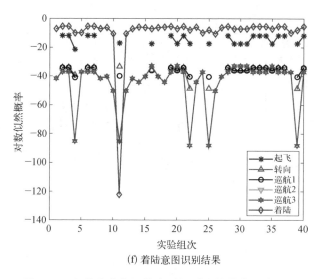

图 9.21　六种隐式意图状态时识别为其他意图的概率

表 9.8　双层和单层模型的识别准确率对比

模　　　型	准确率/%
HMM	90.00
GASVM－HMM	92.92

将数据集输入到 GASVM－HMM 模型后,也可以得到某一个显式意图序列为某一意图状态的概率或某一个意图状态下最大概率的显式意图序列及对应的动作,并预测下一个意图状态和下一个意图状态对应的序列。

为了验证飞行员操控意图识别方法的有效性,将用摄像头和传感器实时采集飞行员手动和自动驾驶结合的五边飞行任务数据,并输入基于动作数据和生理数据的显式操控意图识别模型进行识别。接着,将识别到的显式意图转为数值序列输入构建的 GASVM－HMM 模型进行识别。最终基于动作数据的隐式意图识别准确率为 88.85%,基于生理数据的隐式意图识别准确率为 84.62%。

此外,将显式意图识别结果分别输入 HMM、GASVM 和 GASVM－HMM 模型进行对比来验证隐式意图识别模型的有效性,结果如图 9.22 所示。可以发现,HMM 在一开始进行意图识别时,由于缺少有效数据,容易出现识别偏差。GASVM 在识别的各个阶段不是很稳定。GASVM－HMM 双层模型可以有效地减少这些情况的发生,该模型识别的结果与真实的意图场景最为接近,着陆阶段各个模型的误差都相对较少。观察数据可以发现,着陆阶段操作较为复杂,这说明在有明显特征的场景下更容易识别飞行员的操控意图。

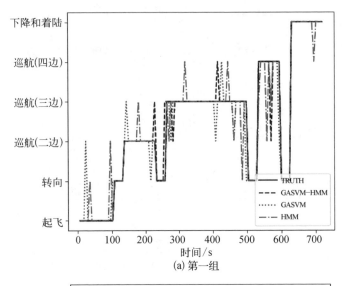

(a) 第一组

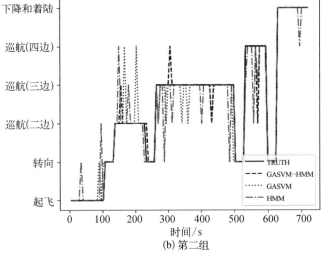

(b) 第二组

图9.22 双层模型和单层模型识别意图效果对比

3）基于动作数据与生理数据的操控意图识别效果对比

从多源数据出发,研究飞行员的显式和隐式操控意图识别方法。基于动作数据和生理数据,分别提出不同的飞行员显式操控意图识别方法,并结合飞行员显式操控意图识别的结果,进一步提出不同的飞行员隐式操控意图识别方法,再对基于动作数据和生理数据的飞行员操控意图识别效果进行对比。

基于动作数据的飞行员显式操控意图识别准确率约为95%,基于生理数据的飞行员显式操控意图识别准确率约为91%。基于动作数据的飞行员隐式操控意图识别准确率为 88.85%,基于生理数据的飞行员隐式操控意图识别准确率为 84.62%。结果表明,生理数据虽然难以实现较好的动作识别效果,但能达成较高的意图识别准确率。从数据集的制作上来看,动作数据集需要进行剪辑和打标签的人工操作,生理参数数据集需要人工寻找动作开始和结束的 sEMG 和 EOG 数据,并需要进行滤波等操作,两种方式所花费的时间和成本比较接近。除了数据集的制作,基于动作数据的方式还需要将视频处理为连续的帧,这需要较多的时间成本。此外,C3D 网络对运行环境有一定的要求,内存和显存都需要较大的空间。即便是有着很好的环境,训练网络也需要较多的时间,训练的时间一般需要几十小时。而基于生理数据的飞行员操控识别模型采用的是机器学习算法,对环境的要求相对较低,训练一次网络一般花费几分钟。从运行和时间的成本来看,采用生理数据识别的模型有着绝对的优势。

　　两个不同通道的数据在时间成本和准确率方面的对比如表 9.9 所示,基于动作数据和生理数据的飞行员操控意图识别模型都有其各自的优缺点。从准确率来说,基于动作数据识别的方式有着更好的效果。从运行成本和时间来看,基于生理数据识别的方式更有优势。可以根据多方面的因素选择合适的方式进行显式操控意图识别,基于生理数据的飞行员显式操控意图的识别结果作为基于动作数据识别结果的参考,可提高飞行员操控意图识别的可靠性。

表 9.9　两个不同通道数据的时间成本和准确率对比

方　　法	实验时间	数据集制作时间	运行时间	准确率	运行设备
动作数据	约 30 天	约 20 天	一次约 20 h	约 95%	内存 64G+显存 24G
生理数据	约 30 天	约 17 天	一次约 1 min	约 91%	内存 16G+显存 2G

第 10 章
飞机驾驶舱人机界面重构与负荷均衡方法

10.1 引言

传统驾驶舱的显示屏很小,显示的信息也很少,需要用多个小显示屏来显示不同的系统信息,飞行员必须在多个显示屏上不断地搜索信息,很容易诱发认知负荷失衡。飞机驾驶舱可重构人机界面的新技术包括视觉重构、认知重构、操作重构等。其中,视觉重构的目的是使飞行员能够更容易、更快速地识别和理解驾驶舱显示界面上的信息,涉及字符显示编码、信息颜色编码、信息布局编码等方式;认知重构指的是通过驾驶舱显示界面信息编码手段,实现飞行员负荷均衡、提高显示界面可用性等目的;操作重构是指基于重要性、使用频率、功能分组和操作顺序相关的驾驶舱布局原则,以提升飞行员的交互操作效率为目的。本章从飞机驾驶舱人机界面信息布局和界面信息编码特征出发,提出基于眼动数据的人机界面视觉注意力量化方法,对信息重要度和信息兴趣度进行量化,构建视觉注意力自适应分配模型,并根据粒子群优化(particle swarm optimization,PSO)算法对模型进行求解,实现基于视觉注意力的人机界面自适应布局;提出基于优先级的飞机驾驶舱人机界面智能重构调度策略,基于飞行员认知负荷水平以及视觉兴趣度等参数,为人机界面信息布局调度设置优先级,根据飞行员认知负荷水平和飞行阶段的变化不断调整优先级,实现飞机驾驶舱人机界面智能重构;基于模糊控制原理,设计工作负荷变化趋势等级和工作负荷状态等级的隶属度区间,定义面向工作负荷均衡的模糊控制规则,并通过实例验证工作负荷模糊控制的合理性。

10.2 基于视觉注意力的人机界面自适应布局方法

10.2.1 视觉注意力自适应分配模型

1. 视觉区域等级划分

基于 CATIA 中人体双眼的可视域分析模块,结合人眼可识别的视野角度,对人眼可视区域进行等级划分,为了简化计算 PFD 界面所在的视野区域面积,将 PFD 界面栅格化,建立 PFD 界面注意力分配模型,如图 10.1 所示。

在标准坐姿下,人眼可见范围可以分为三个区域:A、B 和 C。A 区域是人体双目视线重叠部分,它的视野范围为水平−30°~30°,垂直方向为−35°~35°。A 区域为最佳视野区域,该区域的目标信息可以被有效识别。B 区域的视觉范围在水平−70°~70°之间,该范围是有效视野区域。C 区域是 A 和 B 之外的区域,在 C 区域中,飞行员的注意力较为分散,无法很好地观测到目标。对于一般的视野边缘区域的信息,飞行员对其分配的视觉注意力资源比较少。人眼可视化等级高低排序为A>B>C。图 10.2 所示为飞行员视野区域。

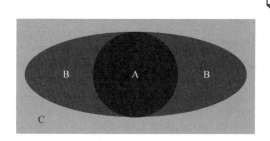

图 10.1　人体模型视野范围

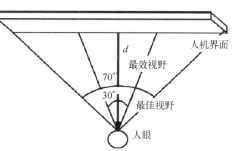

图 10.2　飞行员视野区域

在对视野区域进行了等级划分之后,对 PFD 界面进行栅格化处理。以简化目标信息区域在各等级视野区域内的面积大小,栅格的大小要与 PFD 界面中最小文字编码的大小相匹配。栅格化处理后的 PFD 界面如图 10.3 所示。

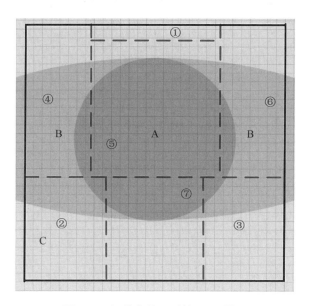

图 10.3　栅格化处理后的 PFD 界面

栅格化处理后的界面单元格大小,取决于目视位置到 PFD 界面的间距 d 和界面中最小信息编码的大小,栅格化处理的目的主要是以网格数目来替代区域面积。一般来说,网格的面积越小,越能更好地体现出目标区域的实际面积,从而更好地提升计算的准确性。通常情况下,在重要区域 A 内的单元格个数占总的功能区域的单元格个数的比例越高,说明界面布局越有效,飞行员注意力资源分配就越合理。

对原始 PFD 显示界面中各个功能区域在不同的视野等级区域内所占的单元格个数进行统计,如表 10.1 所示,将 A、B、C 三个视野区域的等级分别定义为 3、2、1,在后续的计算中对应取值。

表 10.1　PFD 各功能区域在不同视觉等级内的单元格个数

等级	①	②	③	④	⑤	⑥	⑦
A	0	0	0	24	494	22	62
B	0	30	30	249	40	251	25
C	69	98	98	77	78	70	270

2. 自适应模型建立

在可视化区域进行等级划分和目标区域重要度分析的基础上,量化注意力分配影响因素,建立注意力分配模型。以界面最终布局的注意力分配强度最大为目标函数建立注意力分配模型,注意力分配强度越大说明飞行员对越重要的信息区域分配的注意力资源越多,界面布局设计得越为合理。注意力分配强度函数具体的计算公式定义为

$$Z = \sum_{j=1}^{n} \sum_{k=1}^{m} h_j r_{jk} S_{jk} \tag{10.1}$$

以 $R = \{r_{jk}\}$ 代表子功能区域在视野范围内的视觉等级。式中,r_{jk} 为子功能区域 j 在区域 k 视野范围中的视觉注意力等级,取值为 1/2/3;S_{jk} 为子功能区域 j 在视野区域 k 中所占面积大小,由简化的单元格个数代表;$j = 1, 2, \cdots, n$,表示子功能区域的总数,本书中 $n = 7$;$k = 1, 2, \cdots, m$,m 为可视化等级划分的个数,本书中 $m = 3$;h_j 为功能子区域对应的兴趣度权值。

$$h_j = \frac{\lambda_j}{\sum_{j=1}^{n} \lambda_j}, \quad j = 1, 2, \cdots, n \tag{10.2}$$

计算优化前 PFD 界面布局的视觉注意力分配强度 Z,结果如表 10.2 所示。

表 10.2　注意力分配强度值

受试对象编号	起飞阶段	巡航阶段	转向阶段
1	970.979 3	858.431 4	899.215 6
2	939.703 1	844.927 9	843.849 4
3	1 011.188 0	884.660 8	894.955 1
4	968.083 1	888.674 2	882.738 0
5	984.545 0	823.417 1	875.944 7
6	961.846 8	897.791 3	888.549 0
7	988.149 4	861.681 0	841.336 8
8	985.681 2	916.927 1	838.931 5
9	922.893 8	854.407 6	861.538 4
10	1 022.877 0	895.348 8	922.561 6
11	998.458 4	901.173 7	909.952 2
12	986.699 5	865.445 9	877.553 3
13	998.335 0	835.095 8	885.967 2
14	1 003.145 0	900.946 5	886.131 6
15	965.235 8	920.133 2	885.864 6

3. 基于 PSO 的自适应求解方法

PSO 的基本原理为：一种经由 m 个粒子形成的集体在 D 维搜寻空间以某种速率扩散,每种粒子在搜寻时,检验到自身搜寻到的历史最优点和集体中全部粒子的历史最优点,在此基础上对位置进行调整。

第 i 个粒子的位置表示为：$x_i = (x_{i1}, x_{i2}, \cdots, x_{iD})$。

第 i 个粒子的速率表示为：$v_i = (v_{i1}, v_{i2}, \cdots, v_{iD})$。

第 i 个粒子通过的历史最优点可以表达为：$p_i = (p_{i1}, p_{i2}, \cdots, p_{iD})$。集体中全部粒子所通过的最优点可以表达为

$$p_g = (p_{g1}, p_{g2}, \cdots, p_{gD})。$$

式中, $1 \leqslant i \leqslant m; 1 \leqslant g \leqslant D$。

普通情况下,粒子的情况与速率都是在连续的维度内实现抽样。粒子的位置和速度根据如下式所示进行变化：

$$v_{iD}^{k+1} = v_{iD}^k + c_1 r_1 (p_{iD}^k - x_{iD}^k) + c_2 r_2 (p_{gD}^k - x_{gD}^k) \tag{10.3}$$

$$x_{iD}^{k+1} = x_{iD}^k + v_{iD}^{k+1} \tag{10.4}$$

式中,k 定义为迭代数量；c_1 与 c_2 定义为学习参数,用来调整粒子向本身历史最优点与集体中全部粒子最优点的扩散步数,一般 c_1 与 c_2 取值 2；$r_1, r_2 \in U[0, 1]$,是在$[0, 1]$范围内平均分散的伪随机因子。粒子的速率被约束在最优速率的 v_{max} 区间里面。

粒子群算法适用于搜索范围不明确的空间,空间中每个粒子都代表视觉注意

力分配强度 Z 达到最优的潜在解。在基本粒子群算法中引入惯性权重 ω_i，能在保持粒子群的全局搜索寻优能力的同时，又能有效增强粒子群的局部搜索寻优能力。目前惯性权重的取值方法大致有：固定权重法、随机权重法和线性递减权重法等，其中线性递减权重法较其他两种方法具有能够更加灵活反映惯性权重随迭代次数变化的优点。随迭代次数的变化为

$$w = w_{start} - (w_{start} - w_{end}) \times \frac{I_{max} - I}{I_{max}} \qquad (10.5)$$

式中，ω_{start} 代表初始的惯性权重值；w_{end} 代表粒子群算法迭代到最大次数的惯性权重值；I_{max} 代表最大迭代次数；I 代表当前的迭代次数。

在粒子群优化算法中，粒子通过不断改变自身的速度和位置实现寻找最佳解的目标，是一个不断迭代的过程。其步骤可总括如下：① 初始化，初始化粒子群，包括它们的初始位置和速度；② 计算适应值，在每一次迭代中，计算每个粒子的适应度函数值；③ 更新个体极值，每次迭代时，将粒子目前的适应值与其之前的最佳适应值进行对比，将适应值更高的设置为个体极值；④ 更新全局极值，将每个粒子之前找到的最优值与群体中的最佳适应值进行比较，并将经过比较所得的最佳的适应值设置为全局极值；⑤ 更新粒子位置和速度。

10.2.2　PFD 界面自适应布局案例分析

布局自适应方法是指，通过调整信息区域大小的方式来提高信息的突显性，从而增强飞行员的注意力分配强度。通过带有惯性权重的粒子群算法，计算飞行员注意力分配强度，定量调整重点兴趣区的尺寸来逼近适应值最大且设计最为合理的界面。

采用带有惯性权重的粒子群算法进行计算，以 S_{jk} 为约束条件。种群粒子数为 20，每个粒子维数为 2，算法迭代进化次数为 200，ω 取值为 $\omega_{min} = 0.2$，$\omega_{max} = 0.8$，即 ω 线性递减。得到优化后 $Z = 989.7$，此时各个目标模块在不同视野区域所占的单元格个数如表 10.3 所示。

表 10.3　优化界面各视野区域单元格个数

尺寸类型	功能区域						
	①	②	③	④	⑤	⑥	⑦
A	0	0	0	36	548	32	82
B	0	30	30	261	81	265	55
C	69	98	98	121	96	114	336

　　图 10.4 所示为速度区域求解后的最优化尺寸。为了验证模型,在能引起受试对象明显反应的前提下,取了两个尺寸进行实验,将 PSO 计算得到的最优尺寸作为二级调整尺寸,然后将原始尺寸与二级尺寸之间取中间值作为一级尺寸进行调整并对比。

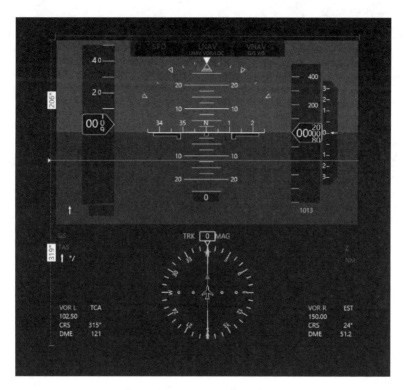

图 10.4　二级速度区域布局图

　　根据兴趣度计算发现,飞行员在速度区(区域④)、高度区(区域⑥)、飞行姿态区(区域⑤)和航向区(区域⑦)分配了大量的注意力资源,重点将上述四个区域的尺寸分别调整为折中一级尺寸和最优二级尺寸,具体尺寸如表 10.4 所示。

表 10.4　PFD 功能区域重构尺寸

尺寸类型	功能区域						
	①	②	③	④	⑤	⑥	⑦
原始				123×483	448×503	162×477	319×366
一级				131×515	469×527	177×489	343×394
二级				139×547	490×550	192×531	357×410

10.3　基于优先级调度的人机界面智能重构方法

10.3.1　基于 PSA 的界面智能重构

1. PSA 算法原理

优先级调度算法(priority scheduling algorithm, PSA)是一种非抢占式的调度算法,其基本思想是将系统中的作业按照优先级来调度。同一优先级的作业,按先来先服务原则调度;优先级高的作业总是先于优先级低的作业调度,并且一旦调度,则优先级高的作业将一直占有处理器,直到完成。优先级调度算法的实现,通常采用静态优先级调度算法或动态优先级调度算法。

静态优先级调度算法是在作业被调入内存之前就确定了作业的优先级,每次调度都是按照静态的优先级来决定的,这种算法的特点是能够保证优先级高的作业总是有机会被调度,但是不能有效地避免优先级低的作业被"抢占"。

动态优先级调度算法在作业被调入内存后,仍然根据作业的实际运行情况动态地调整优先级,每次调度都是按照动态的优先级来决定的,这种算法的特点是可以有效地避免优先级低的作业被"抢占",但优先级高的作业不能总是有机会被调度。

将该调度策略应用到人机界面信息调度中,提出基于优先级的界面布局调度策略,该策略基于飞行员认知负荷水平、飞行阶段和飞行员信息兴趣度参数信息,首先为界面信息布局调度设置优先级,接着调度优先级最高的信息界面并执行,然后根据飞行阶段的变化不断调整优先级,以获得更好的调度性能。调度算法以较少的任务完成时间和降低飞行员任务操作过程中的认知负荷为目标。

2. PSA 算法步骤

优先级调度算法是指在进程调度中,按照进程的优先级,调度模型中最高优先级的进程先执行,直到它运行完毕,才将系统控制权转移给下一个优先级最高的进程。优先级调度算法通过把一个进程附加到某个优先级上,实现对不同类型作业的优先处理,这种算法主要是用于解决实时性作业调度问题,比如操作系统的作业调度。

优先级调度算法的步骤如下。

(1) 确定每个进程的优先级:系统中的每个进程都会被分配一个唯一的优先级,进程的优先级可以根据不同的调度算法确定,比如基于时间片的优先级调度算法,优先级是按照时间片的长度从大到小来确定的。优先级按照飞行员的认知负荷等级和注意力兴趣度大小进行设置。

(2) 比较进程优先级:当有新的进程到达时,就要把新进程的优先级和正在运行的进程的优先级进行比较,如果新进程的优先级大于正在运行的进程的优先级,就把正在运行的进程挂起,把新进程放到运行队列中,这样就能保证优先级最高的进程先被执行。

（3）处理优先级相同的情况：当有两个优先级相同的进程，系统需要采用一定的策略来处理，如先来先服务策略，即先进先出（first in first out，FIFO）法策略；最短作业优先（shortest job first，SJF）法策略；最高响应比（highest response ratio，HRR）优先策略等。考虑到飞行员在执行飞行任务时对信息需求的急迫性，采用 FIFO 策略处理优先级相同的情况。

（4）调度运行：执行过程中，系统会把优先级最高的进程放到即时快速调度空间（instantaneous fast scheduling space，IFSS）中执行，当该进程执行完毕后，系统会选择优先级最高的进程放到采用最高响应比（highest response ratio，HRR）优先策略中执行，重复该过程，直到所有的进程都执行完毕。

（5）把执行完的进程从就绪队列中移除：当进程执行完毕后，系统会把该进程从就绪队列中移除，并将其可能的改变后的状态和相关信息存储到存储介质中，以便在后面的运行中使用。

优先级调度算法能够有效地提高系统的实时性，实现对不同信息界面的优先调度处理。

3. 优先级设置方法

将飞行员在任务操作过程中对界面节点的兴趣度作为界面调度优先级，界面调度的优先级与飞行员认知负荷水平以及飞行员对当前的飞行阶段下注意力偏好有关，不同飞行阶段飞行员对界面信息需求的优先级是不同的。假设已知飞机所处的当前状态，飞行员认知负荷水平较高，此时则选择其中飞行员兴趣度最高的界面节点。人机界面调度的流程如图 10.5 所示，当任务阶段 t_i 中对所有界面节点都没有需求时，可用界面节点集 V_i 为空集，不存在界面节点兴趣度，此时令优先级 $p_i = 0$，认为该界面调度不存在优先级，界面调度任务 t_i 在所有节点都无需求；p_i 值越大，界面节点 a_i 调度的优先级就越高，调度任务设定在某个界面节点上完成。

假设飞机执行飞行任务，处于某个飞行任务阶段，在该阶段飞行员需要执行一系列任务操纵程序，每项操作任务有各自的数据传输量、计算量和截止时间，同时信息流管理系统会收到来自生理数据采集设备的飞行员生理数据，初始时界面节点根据原始界面信息进行推送。优先级调度算

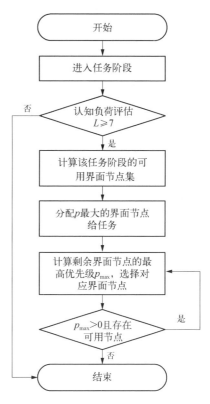

图 10.5　调度算法流程图

法将会分析每个任务阶段中飞行员的认知负荷水平和注意力兴趣偏好,为界面编码设置优先级,最终得到一个完整的界面信息调度序列。该调度算法的主要实现步骤如下。

1) 计算可用界面节点集 V

首先对飞行员认知负荷水平进行评估,设置如果认知负荷等级大于等于 7 时,判定为高负荷,此时激活调度算法。调度初始时刻,首先从界面节点中选择原始界面作为初始调度界面。由于界面的总个数为 m,因此之后每个调度目标界面就有 m 种情况,每种情况都会得到一个调度序列。最后,通过比较这 m 种调度序列的重要度,根据重要度的高低就可以得到界面信息调度序列。假设飞机处于任务阶段 t_i,t_i 的可用节点集指的是能够成功完成该任务阶段的界面节点集合,用 V_i 表示。V_i 的计算方法如下:遍历所有界面节点集合,根据界面节点的位置和可用状态预估 t_i 对每个界面节点的需求情况,如果在某个界面节点 a_k 上其重要度 p_k 不为 0,则表示 a_k 是一个可用界面节点并把该节点添加到集合 V_i;若 p_k 等于 0,则表示飞行员对该界面节点的兴趣度为 0,即重要度为 0。

2) 选择界面节点

当得到任务阶段 t_i 的可用界面节点集合 V_i 后,需要从 V_i 中选择目标界面节点进行调度执行。选择 V_i 中重要度最高的界面节点,重要度最高意味着飞行员在该阶段对该界面信息的需求最高。假设需要调用界面节点 a_s,则将 a_s 连同其位置信息 pos_s 添加到调度队列 P 中,此时 a_s 具有最高优先级,即首先调度界面节点 a_s。再根据飞行状态及数据传输情况对界面节点状态进行更新,也就是对所有状态进行更新,如界面节点所在位置,节点可用与否等,如果界面节点已经超出任务阶段的范围则将界面节点移除;对所有界面节点进行状态更新。

3) 调度剩余界面节点

当首个界面节点调度完成之后,需要对剩余界面节点的优先级进行计算,并选择优先级最高的界面节点,将该阶段对应的节点添加到队列 P。比较所有界面节点的优先级并找出最大值 p_{max},若 $p_{max} > 0$,则首先计算任务阶段 t_j 的可用界面节点集 V_j,并选择其中重要度最高的界面节点,添加 a_k 到调度队列 P,完成界面节点数据的传输。然后更新所有任务阶段和界面节点状态。接着重复步骤 3),继续计算剩余界面节点的优先级,并调度优先级最高的界面。随着时间和系统状态的不断更新,任务阶段和界面节点状态都在随之改变,因此任务优先级也在实时更新,每一个状态下都会得到一个优先级最高的界面。每次循环只需要调度优先级最高的界面节点,然后改变系统状态,计算剩余界面节点优先级。当 $i = n$ 或某一步的 $p_{max} = 0$ 时,优先级调度算法终止,队列 P 就是最终的界面节点调度序列。

10.3.2　人机界面智能重构案例分析

为了更好地评估自适应界面布局和基于优先级算法的界面智能重构的有效性,

采用视觉注意力参数和多生理参数,对飞行员的任务绩效和认知负荷进行分析,将三个飞行阶段分别与原始界面数据进行对比分析,从而检验界面重构的有效性。

截取五边飞行中的起飞、巡航、转向三个阶段进行实验。实验将 T_{cou} 统一设置为 1 s, T_{pre}^i 设置为 5 s,调度程序触发条件为 $L \geqslant 7$,分别以一级界面和二级界面作为目标调度界面进行实验。

1. 任务完成时间分析

分别对比原始界面、一级界面和二级界面的起飞、巡航和转向阶段的任务完成时间,结果如图 10.6、图 10.7 和图 10.8 所示。

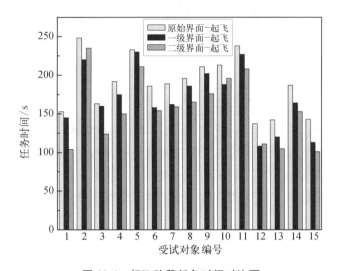

图 10.6　起飞阶段任务时间对比图

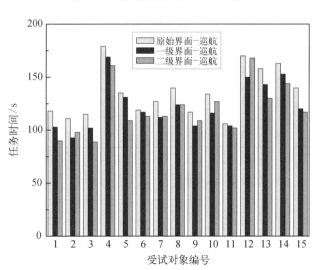

图 10.7　巡航阶段任务时间对比图

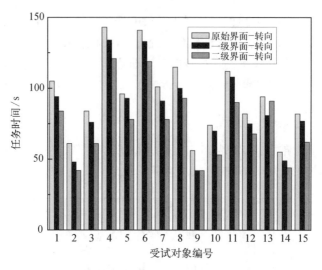

图 10.8　转向阶段任务时间对比图

通过任务时间对比图可以发现：在三个不同的飞行阶段中，飞行员的任务完成时间呈递减趋势，基本上二级尺寸为调度目标的飞行任务完成时间最短，反映受试对象对该界面的信息获取较为容易，绩效较好，根据兴趣度的大小对 PFD 界面进行优化是可行的，基于优先级调度算法的界面智能重构对降低飞行员任务操纵时间有较好成效。

2. 视觉注意力分析

重构后的一级和二级界面各个功能信息在不同视觉可视化区域内的单元格个数如表 10.5 和表 10.6 所示。

表 10.5　一级界面各视觉区域单元格个数

一级界面	①	②	③	④	⑤	⑥	⑦
A	0	0	0	32	515	30	77
B	0	30	30	259	66	261	35
C	69	98	98	99	88	92	302

表 10.6　二级界面各视觉区域单元格个数

二级界面	①	②	③	④	⑤	⑥	⑦
A	0	0	0	36	548	32	82
B	0	30	30	261	81	265	55
C	69	98	98	121	96	114	336

根据注意力强度计算公式,对优化后的两种级别的 PFD 界面进行计算得到各受试对象的注意力分配强度值,并与原始界面 Z 值进行对比分析,如表 10.7、表 10.8和表 10.9所示。

表 10.7　起飞阶段注意力分配强度值

起飞阶段	Z_0	Z_1	Z_2
1	970.979 3	986.097 3	1 031.049 0
2	939.703 1	950.340 2	981.661 6
3	1 011.188 0	1 026.043 0	1 067.942 0
4	968.083 1	984.424 6	1 004.444 0
5	984.545 0	990.930 6	1 035.907 0
6	961.846 8	970.992 8	987.746 2
7	988.149 4	1 008.209 0	1 009.000 0
8	985.681 2	995.157 7	1 003.084 0
9	922.893 8	958.636 5	988.766 6
10	1 022.877 0	1 030.944 0	1 070.645 0
11	998.458 4	1 006.693 7	1 019.872 0
12	986.699 5	1 011.040 0	1 056.925 2
13	998.335 0	1 005.043 0	1 014.592 0
14	1 003.145 0	1 018.014 0	1 019.888 0
15	965.235 8	978.149 2	986.918 3

表 10.8　巡航阶段注意力分配强度值

巡航阶段	Z_0	Z_1	Z_2
1	858.431 4	870.549 6	931.212 7
2	844.927 9	886.415 8	921.487 0
3	884.660 8	899.079 7	951.731 8
4	888.674 2	913.427 4	996.746 3
5	823.417 1	883.682 6	896.813 1
6	897.791 3	905.403 2	958.545 1
7	861.681 0	879.096 4	885.114 7
8	916.927 1	941.600 2	1 013.828 0
9	854.407 6	871.508 5	964.831 2
10	895.348 8	907.703 3	921.442 3
11	901.173 7	922.951 3	962.706 7
12	865.445 9	878.633 7	958.781 8
13	835.095 8	857.029 4	867.518 2
14	900.946 5	907.847 5	915.280 4
15	920.133 2	937.541 5	986.157 4

表 10.9   转向阶段注意力分配强度值

转向阶段	Z_0	Z_1	Z_2
1	899.215 6	913.237 4	968.300 9
2	843.849 4	874.329 2	935.745 4
3	894.955 1	917.356 5	974.689 4
4	882.738 0	907.100 8	959.313 7
5	875.944 7	925.404 2	1 004.933 0
6	888.549 0	906.857 4	946.753 0
7	841.336 8	870.461 1	950.900 5
8	838.931 5	874.911 5	938.147 9
9	861.538 4	904.111 8	906.431 3
10	922.561 6	960.921 9	1 018.472 0
11	909.952 2	940.936 9	997.114 6
12	877.553 3	891.707 2	996.247 9
13	885.967 2	902.134 0	982.301 7
14	886.131 6	923.144 6	940.886 8
15	885.864 6	911.118 4	1 028.103 0

将注意力分配强度值进行可视化,得到图 10.9、图 10.10 和图 10.11,分别表示起飞任务、巡航任务和转向任务下的注意力分配强度变化直方图。Z_0、Z_1、Z_2 分别代表原始界面、一级界面和二级界面注意力分配强度值,可以看出无论是起飞任务

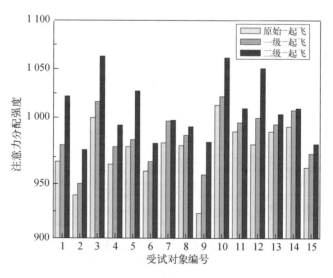

图 10.9   起飞阶段注意力分配强度

还是巡航任务,注意力分配强度值呈递增趋势,说明重构后的界面布局能够提高注意力分配强度值。结合上节受试对象的任务完成时间分析可知,优化界面的任务绩效也比原始界面绩效好,证明了注意力分配模型对提高视觉注意力、提升任务绩效具有积极效果。

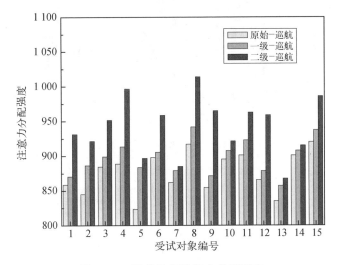

图 10.10　巡航阶段注意力分配强度

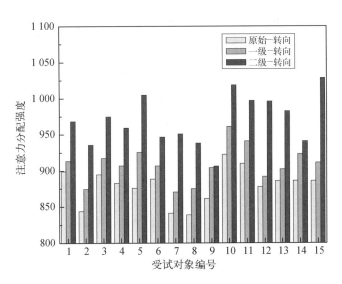

图 10.11　转向阶段注意力分配强度

3. 认知负荷评估分析

　　分别对起飞、巡航和转向阶段中目标重构界面分别为原始界面、一级界面和二级界面的认知负荷进行评估,评估结果如图 10.12、图 10.13 和图 10.14 所示。

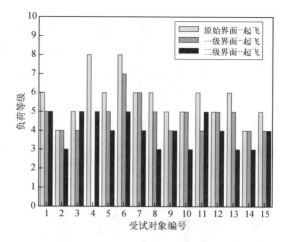

图 10.12　起飞阶段负荷等级

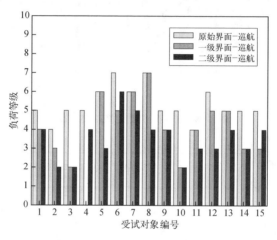

图 10.13　巡航阶段负荷等级

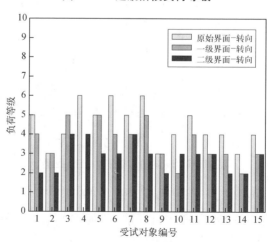

图 10.14　转向阶段负荷等级

针对同一飞行阶段,不同重构界面对应的受试对象认知负荷等级存在个体性差异。由负荷等级可以看出,自适应重构后的界面对应的认知负荷等级普遍低于原始界面,其中二级界面的受试对象平均认知负荷最低。

10.4　基于模糊控制的工作负荷均衡方法

10.4.1　工作负荷均衡模型

1. 工作负荷失衡问题

操作节点和异常对象是工作量的主要来源,并作为外在信息流传递至飞行员,最终形成工作负荷。单位时间内需要完成的平均工作量决定工作负荷状态,如图10.15 所示。当信息流持续输入,平均工作量超出工作量上限时,容易产生工作负荷超载现象;当信息流停止输入或工作量远低于平均可承受工作量时,会导致飞行员处于空闲状态,产生工作负荷过低现象。

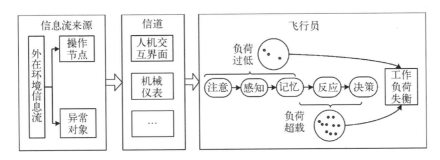

图 10.15　工作负荷失衡示意图

工作负荷失衡问题主要指工作负荷超载以及过低的情况,都会对飞行员的工作绩效产生干扰,是人为差错的主要诱因之一。工作负荷超载主要对飞行员的决策和反应层产生影响,极易造成反应时间延长、操作准确率下降和心理压力增加等问题;工作负荷过低主要对飞行员的注意、感知、记忆层产生影响,由于信息量过低,飞行员产生松懈心理,极易造成敏感度下降、工作消极、信息遗漏等问题。基于工作负荷评估模型量化负荷之后,需要通过工作负荷均衡方法使工作负荷保持适中状态。

2. 工作负荷调整方法

一方面,通过人机功能分配(部分操作由机器自动执行)可以实现飞行员工作负荷的降低,其原理在于降低产生工作负荷的外在信息流输入,以减少飞行员单位时间内工作量;另一方面,人机交互界面显示的信息十分复杂,飞行员需要提取有用信息,提取过程的难易程度影响工作负荷状态。通过异常提示的方法增加工作负荷,其原理在于提高产生工作负荷的外在信息流输入,以增加飞行员单位时间内工作量。

1）功能分配

该方法可以减少飞行员的操作,降低工作负荷。功能分配的自动化等级决定工作负荷的降低程度,自动化等级越高,工作负荷越低。

2）界面提示

界面提示的内容对飞行员工作负荷产生影响并具有以下特点:

（1）提示内容的数量不是引起工作负荷变化的根本原因。提示内容多,但对当前时间节点来说是无效信息,则不会对飞行员产生持续影响。

（2）即使提示有效内容,也可能不会引起工作负荷的单一变化。提示内容虽然是有效信息,但该信息被飞行员遗忘操作时,不仅不会引起工作负荷增加,甚至使工作负荷降低。

（3）提示额外有效内容,会引起工作负荷的增加。提示的内容是额外有效信息,即飞行员提取后需要完成额外工作量,会增加飞行员单位时间内的工作量,进而增加工作负荷。

3. 工作负荷均衡模型设计

均衡工作负荷[151]的出发点在于合理分布飞行过程中的信息,利用功能分配和界面提示可以使工作负荷减小或增加的特点,设计合理的功能分配方式和界面提示内容,并基于实时获取的工作负荷数值,将两者协调可以实现工作负荷的均衡。

工作负荷均衡模型框图如图 10.16 所示,首先设计合理的界面提示内容与功能分配方式,分别作为工作负荷提高和降低的实现方式,并依据工作负荷等级选择合适的自动化等级与界面提示等级,用于实现工作负荷的多级调整。工作负荷评估模型将量化的数值输入工作负荷均衡模型,工作负荷过低则增加提示信息,具体

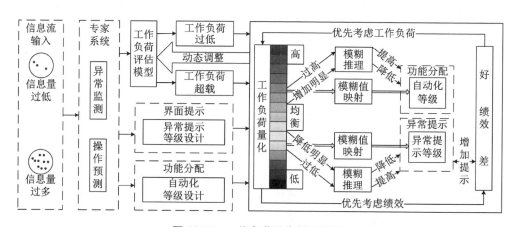

图 10.16　工作负荷均衡模型框图

信息量的大小取决于对当前负荷数值解模糊运算得到的提示等级;工作负荷过高则开启功能分配,具体自动化等级取决于对当前负荷数值解模糊运算得到的自动化等级。

由于存在工作负荷过低而无可提示内容和工作负荷过高而无可功能分配操作的极端情况,通过均衡中心转移机制平衡工作负荷调整和飞行绩效的优先级。当出现极端情况,无法实现工作负荷均衡时,则优先考虑飞行绩效;当飞行绩效良好,则优先考虑工作负荷均衡。

10.4.2　交互方式协调方法

1. 工作负荷模糊控制算法设计

飞行员工作负荷均衡控制系统属于非线性复杂系统,难以建立精确的数学模型,而模糊控制理论具有不依赖被控对象的数学模型、可通过自然语言控制、易于理解和构造等优点,通过模糊控制可以将自然语言表达的控制规则转换成计算机可以处理的数学表达,可以实现工作负荷的均衡控制。

工作负荷模糊控制算法框图如图 10.17 所示,由输入输出模糊化、模糊逻辑推理和去模糊化三部分组成。工作负荷量化数值(e)和工作负荷变化趋势(ec)作为控制系统的输入,针对不同 e 和 ec,采取不同控制方式(y)。其中 e、ec、y 均采取三角型隶属度函数(trimf)建立工作负荷等级、工作负荷变化趋势等级和交互方式的隶属度区间,最后通过去模糊化方法确定交互方式。

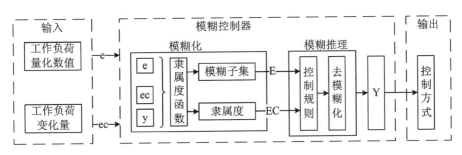

图 10.17　工作负荷模糊控制算法框图

2. 模糊化处理

工作负荷量化数值从区间[0, 1]映射到区间[-0.5, 0.5]后,通过三角型隶属度函数建立的工作负荷等级隶属度区间如表 10.10 所示,由工作负荷等级、符号与对应的隶属度区间组成。工作负荷变化量的区间为[-0.333, 0.333],超出该范围上限记为急速增加(PH),超出该范围下限记为急速减小(NH),通过三角型隶属度函数建立的工作负荷变化趋势等级隶属度区间如表 10.11 所示,由工作负荷变化趋势等级、符号与对应的隶属度区间组成。

表 10.10　工作负荷等级隶属度区间

工作负荷等级	符号	trimf
极高	H2	[0.333, 0.500, 0.667]
高	H1	[0.167, 0.333, 0.500]
偏大	H0	[0.000, 0.167, 0.333]
适中	M	[−0.167, 0.000, 0.167]
偏小	L0	[−0.333, −0.167, 0.000]
低	L1	[−0.500, −0.333, −0.167]
极低	L2	[−0.667, −0.500, −0.333]

表 10.11　工作负荷变化趋势等级隶属度区间

工作负荷变化趋势等级	符号	trimf
急速增加	PH	[0.222, 0.333, 0.444]
明显增加	PM	[0.111, 0.222, 0.333]
增　加	PL	[0.000, 0.111, 0.222]
保持不变	ZM	[−0.111, 0.000, 0.111]
减　　小	NL	[−0.222, −0.111, 0.000]
明显减小	NM	[−0.333, −0.222, −0.111]
急速减小	NH	[−0.444, −0.333, −0.222]

　　模糊控制可选择的交互方式名称、符号与隶属度区间和确定区间如表 10.12 所示。其中异常提示等级、自动化等级和不进行任何操作组成模糊控制的 7 种交互方式,依据提示等级和自动化等级建立规则表,去模糊化后得到的结果与确定区间比较,得到最终交互方式。

表 10.12　交互方式隶属度区间

交互方式名称	符号	trimf	确定区间
高级自动控制	AH	[5.833, 7.000, 8.169]	[6, 7]
中级自动控制	AM	[4.667, 5.833, 7.000]	[5, 6)
低级自动控制	AL	[3.500, 4.667, 5.833]	[4, 5)
不做任何操作	NO	[2.333, 3.500, 4.667]	[3, 4)
低级界面提示	VL	[1.167, 2.333, 3.500]	[2, 3)
中级界面提示	VM	[0.000, 1.167, 2.333]	[1, 2)
高级界面提示	VH	[−1.167, 0.000, 1.167]	[0, 1)

　　依据工作负荷等级和变化趋势等级的模糊值共设计 49 条规则,如表 10.13 所示,行列表示交互方式需要满足的条件。可以用“IF（E）AND（EC）THEN（Y）”

的语句描述规则,其中 E、EC 分别表示工作负荷等级、工作负荷变化趋势等级的模糊输出结果,Y 表示模糊控制输出的交互方式,建立的部分 IF THEN 规则实例库示例如图 10.18 所示。

表 10.13　模糊控制规则表

EC\E	L2	L1	L0	M	H0	H1	H2
PH	NO	VL	AM	AH	AH	AH	AH
PM	VM	NO	NO	AM	AM	AH	AH
PL	VH	VL	NO	NO	AL	AM	AH
ZM	VH	VM	VL	NO	AL	AM	AH
NL	VH	VH	VM	NO	NO	AL	AH
NM	VH	VH	VM	VM	NO	NO	AM
NH	VH	VH	VH	VH	VM	AL	NO

1. If (工作负荷等级 is L2) and (工作负荷变化趋势 is PH) then (交互方式 is NO) (1)
2. If (工作负荷等级 is L2) and (工作负荷变化趋势 is PM) then (交互方式 is VM) (1)
3. If (工作负荷等级 is L2) and (工作负荷变化趋势 is PL) then (交互方式 is VH) (1)
4. If (工作负荷等级 is L2) and (工作负荷变化趋势 is ZM) then (交互方式 is VH) (1)
5. If (工作负荷等级 is L2) and (工作负荷变化趋势 is NL) then (交互方式 is VH) (1)
6. If (工作负荷等级 is L2) and (工作负荷变化趋势 is NM) then (交互方式 is VH) (1)
7. If (工作负荷等级 is L2) and (工作负荷变化趋势 is NH) then (交互方式 is VH) (1)
8. If (工作负荷等级 is L1) and (工作负荷变化趋势 is PH) then (交互方式 is VL) (1)
9. If (工作负荷等级 is L1) and (工作负荷变化趋势 is PM) then (交互方式 is NO) (1)
10. If (工作负荷等级 is L1) and (工作负荷变化趋势 is PL) then (交互方式 is VL) (1)
11. If (工作负荷等级 is L1) and (工作负荷变化趋势 is ZM) then (交互方式 is VM) (1)
12. If (工作负荷等级 is L1) and (工作负荷变化趋势 is NL) then (交互方式 is VH) (1)
13. If (工作负荷等级 is L1) and (工作负荷变化趋势 is NM) then (交互方式 is VH) (1)
14. If (工作负荷等级 is L1) and (工作负荷变化趋势 is NH) then (交互方式 is VH) (1)
15. If (工作负荷等级 is L0) and (工作负荷变化趋势 is PH) then (交互方式 is AM) (1)
16. If (工作负荷等级 is L0) and (工作负荷变化趋势 is PM) then (交互方式 is NO) (1)
17. If (工作负荷等级 is L0) and (工作负荷变化趋势 is PL) then (交互方式 is NO) (1)
18. If (工作负荷等级 is L0) and (工作负荷变化趋势 is ZM) then (交互方式 is VL) (1)
19. If (工作负荷等级 is L0) and (工作负荷变化趋势 is NL) then (交互方式 is VM) (1)
20. If (工作负荷等级 is L0) and (工作负荷变化趋势 is NM) then (交互方式 is VM) (1)
21. If (工作负荷等级 is L0) and (工作负荷变化趋势 is NH) then (交互方式 is VH) (1)
22. If (工作负荷等级 is M) and (工作负荷变化趋势 is PH) then (交互方式 is AH) (1)
23. If (工作负荷等级 is M) and (工作负荷变化趋势 is PM) then (交互方式 is AM) (1)
24. If (工作负荷等级 is M) and (工作负荷变化趋势 is PL) then (交互方式 is NO) (1)

图 10.18　部分 IF THEN 规则实例库示例

3. 模糊推理

1) 模糊推理过程

输入工作负荷数值为 e,工作负荷变化量为 ec,对应的模糊隶属度分别用 ec_i($ec_i \in EC$,$EC_{1 \times 7}$ 表示工作负荷趋势隶属度集合)和 e_j($e_j \in E$,$E_{1 \times 7}$ 表示工作负荷等级隶属度集合)表示。交互方式隶属度函数记为 $I(x)$,由规则表得到该输入下具体交互方式隶属度函数记为 $I_{ij}(x)$。采用 Mamdani 算法,模糊规则矩阵

$R_{ij}(i, j = 1, 2, \cdots, 7)$ 表示为

$$R_{ij}(x) = \mathrm{ec}_i \cap \mathrm{e}_j \cap I_{ij}(x) \qquad (10.6)$$

式中，$R_{ij}(x)$ 表示规则 R_{ij} 在隶属度函数 $I(x)$ 下的隶属度值；$\cap$ 表示取最小值。

最后对所有激活的 $I(x)$ 取并集，得到模糊逻辑推理的输出函数 $U(x)$ 可以表示为

$$U(x) = \cup_{i=1, j=1}^{7} R_{ij}(x), \ \mathrm{ec}_i * \mathrm{e}_j \neq 0 \qquad (10.7)$$

式中，$\cup$ 表示取最大值。

2）去模糊化

去模糊化常用的方法有最大隶属度法、面积重心法等，其中面积重心法输出的推理控制更加平滑，应用更加广泛，指取隶属度函数曲线与横坐标围成面积的重心，作为模糊推理的最终输出值。对 $U(x)$ 去模糊化处理可以得到最终输出的交互方式 r，可以表示为

$$r = \frac{\int x U(x) \, \mathrm{d}x}{\int U(x) \, \mathrm{d}x} \qquad (10.8)$$

式中，r 表示最终输出结果；$U(x)$ 表示交互方式函数曲线；x 表示交互方式可取的值。

4. 实例分析

工作负荷模糊控制的曲面构成图如图 10.19 所示，可知三维空间曲面近似倾

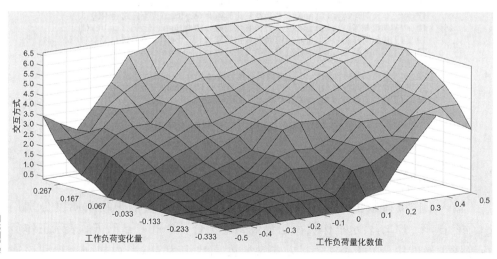

图 10.19　工作负荷模糊控制曲面构成图

斜平面,表明了模糊规则设计的合理性。选择工作负荷量化数值为 0.515 7(映射到模糊区间为 0.015 7)及其变化量为 −0.199 的输入数据为例,模糊控制实例输出结果如图 10.20 所示。工作负荷适中(M),且明显减小(NM),因此最终输出结果为 1.82,即采取中级界面提示(VM)操作,即增加界面提示以提高飞行员的工作负荷,表明了模糊控制算法的准确性。

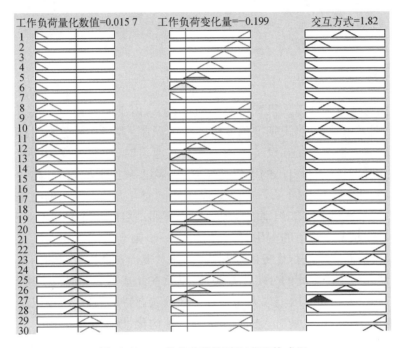

图 10.20　工作负荷模糊控制曲面构成图

第 11 章
飞机驾驶舱人机演化博弈与智能协作机制

11.1 引言

在飞机驾驶舱多通道人机智能交互的背景下,由于通道数量、信息负载、信息有效性、识别区域重叠度、识别准确度等因素的限制,多交互通道之间存在着产生冲突的可能性。当多台交互设备共用一种交互通道时,如在多设备的手势交互环境中,每种设备独立运行自己的手势交互方法,多设备之间协作的缺陷会导致手势识别的冲突;针对飞行员同一手势输入,基于不同交互方法识别出的结果也可能不同,或者出现某一设备不能识别的情况。多交互通道之间的冲突如不能及时消解,则会直接导致某单一通道的占用时间过长,进一步则会造成重要人机交互需求无法得到满足,从而影响飞行任务的顺利执行,并对飞行安全构成威胁。人机协作机制描述的是人与系统之间的分工协作关系,以及在此基础上实现自主交互、互利共赢的运作方式;人机协作模型以人与系统不同的状态特征为输入,输出趋于稳定态的博弈策略与决策行为,是对人机协作机制的结构化、模块化、动态化、形式化描述方式。研究飞机驾驶舱人机演化博弈与智能协作机制,基于演化博弈理论,构建人机系统博弈的复制动力学模型,揭示飞行员行为状态、人机系统决策性能、人机演化博弈过程的时变特性,提出多因素耦合作用下的智能决策系统博弈策略和飞行机组博弈策略演化机制,建立人机智能协作系统动力学模型。

11.2 人机系统演化博弈建模方法

在人机智能交互的背景下,"智能系统"作为重要的参与者,被赋予了一定的判断决策能力,飞机驾驶舱人机系统具备了博弈模型的基本要素,具体指以下几种。

1. 博弈参与者

飞机驾驶舱人机系统的博弈参与者包括飞行员和智能系统。在建立博弈模型时,不区分飞行机组成员的具体角色分工,而将其作为一个整体参与者来分析其与智能系统的博弈关系。智能系统是泛化后的具有一定决策能力的软硬件系统,而不指向某一特定机载系统。博弈参与者之间会因共同的利益目标而协作,也会因对条件判断结果的差异而产生冲突。

2. 博弈策略

博弈策略是指飞行员和智能系统在博弈过程中可能采取的行动决策所构成的集合。智能系统的博弈策略空间 S1={干预飞行机组决策(S11),不干预飞行机组决策(S12)},采取不同策略的情形分别对应为判断飞行员误操作时的主动截获和飞行员授权操作时的被动接受;飞行机组的博弈策略空间 S2={信任智能系统决策(S21),不信任智能系统决策(S22)},采取不同策略的依据是机组当前的任务负荷状态和情境意识水平。

3. 博弈收益

博弈收益是指参与者在采取不同策略之后所产生的后果,包括所得和所失。参照适航符合性方法 AC/AMC 25.1309 给定的系统安全性影响等级,建立不同博弈策略可能产生的后果与影响等级之间的映射关系,可具体划分为 L1(无影响)、L2(较小影响)、L3(较大影响)、L4(危险影响)、L5(灾难性影响)五类,其含义如表 11.1 所示。

表 11.1　博弈收益的影响等级

影响等级	对飞机的影响	对飞行机组的影响
L1(无影响)	不影响飞机运行能力和安全性	无影响
L2(较小影响)	轻微降低功能能力或安全裕度	轻微增加工作负荷
L3(较大影响)	明显降低功能能力或安全裕度	造成身体不适或明显增加工作负荷
L4(危险影响)	极大降低功能能力或安全裕度	造成身体痛苦或产生过量的工作负荷,削弱了完成任务的能力
L5(灾难性影响)	造成机体重大损失	飞行机组死亡或失能

11.2.1　博弈模型参数的定义

根据人机系统博弈模型基本要素的定义,对于智能系统博弈参与者,假设 α 表示其干预飞行机组决策的概率,则有 $0 \leqslant \alpha \leqslant 1$, $\alpha = 0$ 表示智能系统采取完全不干预飞行机组决策的博弈策略, $\alpha = 1$ 表示智能系统完全截获了飞行机组的决策权限。智能系统博弈策略的收益可用 B_{1s} 和 B_{1w} 表示, B_{1s} 为提高决策速率的积极影响, B_{1w} 为减少飞行机组任务负荷的积极影响;智能系统博弈策略的代价可用 C_{1a} 和 C_{1c} 表示, C_{1a} 为降低决策准确率的消极影响, C_{1c} 为提高智能化运行成本的消极影响,智能化运行成本定义为智能系统具备决策能力所需的条件。

对于视为一个整体的飞行机组博弈参与者,设 β 表示其信任智能系统决策的概率，则有 $0 \leqslant \beta \leqslant 1$，$\beta = 0$ 表示飞行机组完全不信任智能系统决策，$\beta = 1$ 表示飞行机组完全信任智能系统决策的任何结果。飞行机组博弈策略的收益可用 B_{1a} 表示，为提高决策准确率的积极影响；飞行机组博弈策略的代价可用 C_{1s} 和 C_{1w} 表示，C_{1s} 为降低决策速率的消极影响，C_{1w} 为增加任务负荷的消极影响。

人机博弈模型参数定义汇总如表 11.2 所示，人机系统博弈模型的收益矩阵如表 11.3 所示。

表 11.2　人机博弈模型基本参数定义

参数符号	定　义	参数符号	定　义
α	智能系统干预飞行机组决策的概率	β	飞行机组信任智能系统决策的概率
B_{1s}	决策速率提高的收益	B_{1a}	决策准确率提高的收益
B_{1w}	飞行机组任务负荷减少的收益	C_{1s}	决策速率降低的代价
C_{1a}	决策准确率下降的代价	C_{1w}	飞行机组任务负荷增加的代价
C_{1c}	智能化运行成本提高的代价		

表 11.3　人机系统博弈模型的收益矩阵

飞行机组博弈策略	智能系统博弈策略	
	干预飞行机组决策(α)	不干预飞行机组决策($1-\alpha$)
信任智能系统决策(β)	B_{1w}，$B_{1s}-C_{1a}-C_{1c}$	B_{1w}，B_{1s}
不信任智能系统决策($1-\beta$)	$B_{1a}-C_{1s}-C_{1w}$，$B_{1s}-C_{1a}-C_{1c}$	$B_{1a}-C_{1s}-C_{1w}$，B_{1s}

当飞行机组信任智能系统决策行为，且智能系统干预飞行机组决策时，最终的决策权限属于智能系统。此时，飞机机组的博弈收益来自任务负荷减少产生的积极影响，其值为 B_{1w}；智能系统的博弈收益来自决策速率提高、决策准确率降低、智能化运行成本提高等因素产生的综合影响，其值为 $B_{1s}-C_{1a}-C_{1c}$。

当飞行机组信任智能系统决策行为，但智能系统不干预飞行机组决策时，最终的决策权限属于飞行机组，智能系统只为飞行机组提供辅助决策功能。此时，飞机机组的博弈收益来自任务负荷减少产生的积极影响，其值为 B_{1w}；智能系统的博弈收益来自决策速率提高产生的积极影响，其值为 B_{1s}。

当飞行机组不信任智能系统决策行为，但智能系统做出干预飞行机组决策的博弈策略时，最终的决策权限可能属于飞行机组或者智能系统。此时，飞机机组的博弈收益来自决策准确率提高、决策速率降低、任务负荷增加等因素产生的综合影响，其值为 $B_{1a}-C_{1s}-C_{1w}$；智能系统的博弈收益来自决策速率提高、决策准确率降低、智能化运行成本提高等因素产生的综合影响，其值为 $B_{1s}-C_{1a}-C_{1c}$。

当飞行机组不信任智能系统决策行为,且智能系统不干预飞行机组决策时,最终的决策权限属于飞行机组,智能系统为飞行机组提供辅助决策。此时,飞行机组的博弈收益来自决策准确率提高、决策速率降低、任务负荷增加等因素产生的综合影响,其值为 $B_{1a}-C_{1s}-C_{1w}$;智能系统的博弈收益来自决策速率提高产生的积极影响,其值为 B_{1s}。

11.2.2 博弈模型动力学演化机制

根据演化博弈理论,为了揭示博弈模型的不同策略分布在状态空间中的演化规律,需建立描述博弈演化过程时变特性的微分方程,这一微分方程称为复制动力学方程(replicator dynamic equation, RDE)[152]。针对智能系统干预飞行机组决策的博弈策略 α 和飞行机组信任智能系统决策的博弈策略 β,将 α 和 β 随时间的变化率表示成复制动力学方程的过程,即求博弈模型动力学解的过程。以下的推导中均将 α 和 β 视为时间的函数。

根据人机系统博弈模型的收益矩阵,智能系统干预飞行机组决策、智能系统不干预飞行机组决策、飞行机组信任智能系统决策、飞行机组不信任智能系统决策的期望收益分别为

$$E_{\alpha} = \beta(B_{1s} - C_{1a} - C_{1c}) + (1 - \beta)(B_{1s} - C_{1a} - C_{1c}) = B_{1s} - C_{1a} - C_{1c} \tag{11.1}$$

$$E_{1-\alpha} = \beta B_{1s} + (1 - \beta)B_{1s} = B_{1s} \tag{11.2}$$

$$E_{\beta} = \alpha B_{1w} + (1 - \alpha)B_{1w} = B_{1w} \tag{11.3}$$

$$E_{1-\beta} = \alpha(B_{1a} - C_{1s} - C_{1w}) + (1 - \alpha)(B_{1a} - C_{1s} - C_{1w}) = B_{1a} - C_{1s} - C_{1w} \tag{11.4}$$

进一步地,智能系统和飞行机组的平均期望收益分别为

$$\overline{E}_{\alpha, 1-\alpha} = \alpha E_{\alpha} + (1 - \alpha)E_{1-\alpha} = \alpha(B_{1s} - C_{1a} - C_{1c}) + (1 - \alpha)B_{1s} \tag{11.5}$$

$$\overline{E}_{\beta, 1-\beta} = \beta E_{\beta} + (1 - \beta)E_{1-\beta} = \beta B_{1w} + (1 - \beta)(B_{1a} - C_{1s} - C_{1w}) \tag{11.6}$$

根据复制动力学[152],智能系统干预飞行机组决策的概率 α、飞行机组信任智能系统决策的概率 β 随时间的变化率分别可用常微分方程表示为

$$\frac{d\alpha}{dt} = \alpha(E_{\alpha} - \overline{E}_{\alpha, 1-\alpha}) = \alpha(1 - \alpha)(-C_{1a} - C_{1c}) \tag{11.7}$$

$$\frac{d\beta}{dt} = \beta(E_{\beta} - \overline{E}_{\beta, 1-\beta}) = \beta(1 - \beta)(B_{1w} - B_{1a} + C_{1s} + C_{1w}) \tag{11.8}$$

至此,人机系统演化博弈模型的时变动力学特征即可用式(11.7)、式(11.8)所示的复制动力学方程来表征。

11.2.3　博弈模型稳定性机制

采用美国加州大学教授 Friedman 提出的演化博弈过程动态稳定性分析方法[153],令 $F(\alpha) \triangleq \dfrac{\mathrm{d}\alpha}{\mathrm{d}t}$, $F(\beta) \triangleq \dfrac{\mathrm{d}\beta}{\mathrm{d}t}$,由 $F(\alpha) = 0$、$F(\beta) = 0$ 可得博弈模型的均衡点,均衡点处 α 和 β 的取值分别为: $\alpha = 0$, $\beta = 0$; $\alpha = 1$, $\beta = 0$; $\alpha = 0$, $\beta = 1$; $\alpha = 1$, $\beta = 1$。

构造人机系统演化博弈动力学系统的 Jacobian 矩阵,即

$$
\begin{aligned}
J &= \begin{bmatrix} \dfrac{\mathrm{d}F(\beta)}{\mathrm{d}\beta} & \dfrac{\mathrm{d}F(\beta)}{\mathrm{d}\alpha} \\[2mm] \dfrac{\mathrm{d}F(\alpha)}{\mathrm{d}\beta} & \dfrac{\mathrm{d}F(\alpha)}{\mathrm{d}\alpha} \end{bmatrix} \\[2mm]
&= \begin{bmatrix} (1 - 2\beta)(B_{1w} - B_{1a} + C_{1s} + C_{1w}) & 0 \\ 0 & (1 - 2\alpha)(-C_{1a} - C_{1c}) \end{bmatrix}
\end{aligned} \tag{11.9}
$$

矩阵 J 的行列式为

$$
\det(J) = (1 - 2\alpha)(1 - 2\beta)(-C_{1a} - C_{1c})(B_{1w} - B_{1a} + C_{1s} + C_{1w}) \tag{11.10}
$$

矩阵 J 的迹为

$$
\mathrm{tr}(J) = (1 - 2\alpha)(-C_{1a} - C_{1c}) + (1 - 2\beta)(B_{1w} - B_{1a} + C_{1s} + C_{1w}) \tag{11.11}
$$

在该博弈模型的均衡点处,矩阵 J 的行列式和迹如表 11.4 所示。

表 11.4　博弈模型均衡点的 Jacobian 矩阵行列式和迹

均衡点(α, β)	$\det(J)$	$\mathrm{tr}(J)$
$(0, 0)$	$(-C_{1a} - C_{1c})(B_{1w} - B_{1a} + C_{1s} + C_{1w})$	$(-C_{1a} - C_{1c}) + (B_{1w} - B_{1a} + C_{1s} + C_{1w})$
$(1, 0)$	$(C_{1a} + C_{1c})(B_{1w} - B_{1a} + C_{1s} + C_{1w})$	$(C_{1a} + C_{1c}) + (B_{1w} - B_{1a} + C_{1s} + C_{1w})$
$(0, 1)$	$(C_{1a} + C_{1c})(B_{1w} - B_{1a} + C_{1s} + C_{1w})$	$(-C_{1a} - C_{1c}) - (B_{1w} - B_{1a} + C_{1s} + C_{1w})$
$(1, 1)$	$(-C_{1a} - C_{1c})(B_{1w} - B_{1a} + C_{1s} + C_{1w})$	$(C_{1a} + C_{1c}) - (B_{1w} - B_{1a} + C_{1s} + C_{1w})$

均衡点局部稳定性的判据为矩阵 J 的所有特征值都存在负实部,该判据等价于矩阵 J 的行列式为正、矩阵 J 的迹为负[154-155],即当 $\det(J) > 0$ 且 $\mathrm{tr}(J) < 0$ 时,

该均衡点局部稳定。根据不同博弈策略收益取值的相对大小,讨论不同情形下人机系统博弈模型可能趋向的演化稳定策略(evolutionarily stable strategy, ESS):

(1)当 $B_{1w} > B_{1a} - C_{1s} - C_{1w}$ 时,只有均衡点$(0,1)$处满足 $\det(J) > 0$ 且 $\text{tr}(J) < 0$ 的条件,人机系统的博弈趋向于智能系统不干预飞行机组决策(S12)且飞行机组完全信任智能系统决策(S21)这一演化稳定策略;

(2)当 $B_{1w} < B_{1a} - C_{1s} - C_{1w}$ 时,只有均衡点$(0,0)$处满足 $\det(J) > 0$ 且 $\text{tr}(J) < 0$ 的条件,人机系统的博弈趋向于智能系统不干预飞行机组决策(S12)且飞行机组不信任智能系统决策(S22)这一演化稳定策略;

(3)当 $B_{1w} = B_{1a} - C_{1s} - C_{1w}$ 时,在所有均衡点处都有 $\det(J) = 0$,不满足 $\det(J) > 0$ 且 $\text{tr}(J) < 0$ 的条件,人机系统的博弈趋向于不稳定的演化状态。

上述两类演化稳定策略的人机演化博弈相位图分别如图 11.1(a)和图 11.1(b)所示,相应的人机博弈演化路径示意图分别如图 11.2(a)和图 11.2(b)所示。

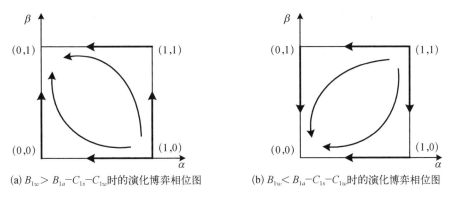

(a) $B_{1w} > B_{1a} - C_{1s} - C_{1w}$ 时的演化博弈相位图　　(b) $B_{1w} < B_{1a} - C_{1s} - C_{1w}$ 时的演化博弈相位图

图 11.1　人机演化博弈相位图

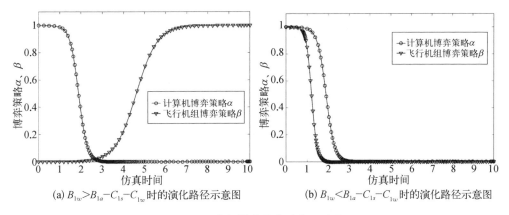

(a) $B_{1w} > B_{1a} - C_{1s} - C_{1w}$ 时的演化路径示意图　　(b) $B_{1w} < B_{1a} - C_{1s} - C_{1w}$ 时的演化路径示意图

图 11.2　人机博弈演化路径示意图

对比人机演化博弈相位图和人机博弈演化路径示意图可以看出,当飞机机组任务负荷减少产生的博弈收益高于由决策准确率提高、决策速率降低、任务负荷增加等因素产生的综合博弈收益时,人机系统更倾向于采用智能系统辅助飞行机组决策的博弈策略;而当飞机机组任务负荷减少产生的博弈收益低于由决策准确率提高、决策速率降低、任务负荷增加等因素产生的综合博弈收益时,随着飞行机组不信任智能系统决策概率的增加,人机系统更倾向于采用飞行机组单独决策的博弈策略以规避可能产生的风险。

11.3　人机博弈与智能协作系统动力学模型

飞机驾驶舱人机智能交互信息流的传递过程中存在着多种一阶和高阶反馈回路。区别于传统交互通道,人机智能交互反馈回路通过触屏控制依托的梯度阻力参数、语音识别依托的语义解析装置、体感交互依托的姿态识别算法等,提供设备是否成功启动的信息或告知飞行员当前设备的使用情况。反馈回路的阶数取决于回路中状态变量的数目,而状态变量的数目可由人机智能交互的类型和特点确定,典型的一阶反馈回路模型如图 11.3 所示[156]。

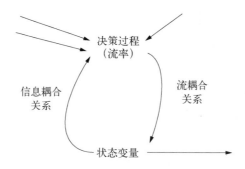

图 11.3　典型的一阶反馈回路模型示意图

为了形象化地描述复杂系统的内部结构和行为方式,揭示多阶反馈回路对系统外在行为的作用机理,美国麻省理工学院的 Forrester 教授提出了系统动力学建模方法[157],该方法最初致力于解决市场经济领域的调控政策问题,发展至今已在航空、交通、建筑、灾害等多个关注系统安全的领域内得到广泛应用。如第 2 章所述,飞机驾驶舱人机系统具有典型的社会-技术系统特征,无须大量事故数据支撑、可灵活分类事故致因、可预测安全风险水平等优势[158]。系统动力学流图(stock-and-flow diagram)是采用特定符号描述复杂系统动力学行为的建模工具,又可称为Forrester 图。构成系统动力学流图的基本要素包括状态变量、一般变量、流率变量、隐藏变量、流耦合关系、时间滞延、正/负反馈环等,在 Ventana Systems 公司开发的 Vensim 系统动力学建模环境中[159],不同要素的符号及其含义如表 11.5 所示。

表 11.5　系统动力学流图符号及其含义

名　　称	符　　号	名　　称	符　　号
状态变量	x_i	一般变量	y_i
流率变量	u_i	隐藏变量	$\langle v_i \rangle$
流耦合关系	$i \longrightarrow j$	时间滞延	
正反馈环	+	负反馈环	—

描述飞机驾驶舱人机智能协作过程的系统动力学模型由飞行员行为状态模块、人机系统决策性能模块以及人机演化博弈模块组成,其中:飞行员行为状态模块包括任务负荷评估、情境意识评估、人为差错触发等子模块;人机系统决策性能模块包括决策速率、决策准确率、智能化运行成本等子模块;人机演化博弈模块包括智能系统博弈策略、飞行机组博弈策略等子模块。各模块之间的功能逻辑关系如图 11.4 所示。

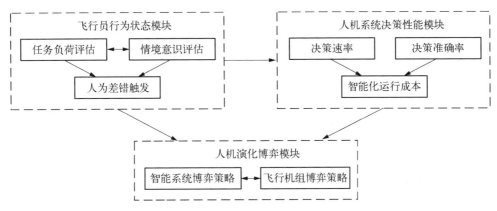

图 11.4　人机博弈与智能协作系统动力学模型的功能逻辑关系

11.3.1　飞行员行为状态模块

受人-机-环等多种因素的影响,飞行员会产生感知错误、判断错误、动作不当等差错情况,智能交互系统也会由于设计问题产生错误的信息反馈。在人为差错模板(human error template, HET)[160]基础上,结合不同人机智能交互方式的适用性特点,根据信息流的传递方向对人为差错模式进行细化与聚类,如表 11.6 所示。

表 11.6　基于 HET 的人机(智能)交互差错模式分类

类别		人为差错模式	适用的人机(智能)交互场景
信息认知		漏读(听)信息	例如未注意到告警显示信息或告警提示音等情形
		误读(听)信息	例如错误地理解了告警显示信息或告警提示音的含义等情形
控制执行	任务层面	未执行任务	例如在爬升或下降阶段到达指定飞行高度未执行收放起落架、襟翼操作等情形
		未完整执行任务	例如下降到指定飞行高度时打开了着陆灯电门但未打开座椅安全带电门等情形
		执行了错误的任务	例如遇到了突发故障事件但执行了错误的检查单等情形
		任务重复执行	例如在触控屏上重复按压某按钮等情形
	编码层面	执行在了错误的方向上	例如在触摸屏上向相反方向滑动了滑条
		执行在了错误的人机接口元素上	例如错误地发出了语音或手势控制指令、误按压了触摸控制按钮等情形
	时间层面	操作过早执行	例如未到达指定飞行高度即执行收放起落架、襟翼操作等情形
		操作过晚执行	例如超过了指定飞行高度才执行收放起落架、襟翼操作等情形
	程度层面	执行程度过多	例如在触摸屏上过多移动滑条设置了某飞行参数值等情形
		执行程度过少	例如在触摸屏上过少移动滑条设置了某飞行参数值等情形

　　任务负荷和情境意识都是触发人为差错的关键因素,根据第 4 章和第 5 章的定义,评估任务负荷所需的因子包括飞行特征参数(外部任务状态因子)和生理特征参数(内部认知状态因子),任务负荷水平与各评估因子之间为非线性映射关系;评估情境意识需考虑其在感知、理解、规划的形成过程中,对视觉、听觉等感官通道信息的处理能力。

　　在待考察的时间区间内,任务负荷是依从时间的动态变量(记为 TL),情境意识是描述初始时刻点认知状态的静态变量(记为 SA),定义压力函数(记为 ST)表示在任务负荷和情境意识的耦合作用下,飞行员压力水平随时间的变化关系,则 t 时刻的压力水平可表示为

$$ST[t, var(t)] = SA[t_0, v(t_0)] + \int_{t_0}^{t} TL[\tau, var(\tau)] d\tau \qquad (11.12)$$

式中,t_0 表示待考察时间区间的初始时刻点;τ 表示 $[t_0, t]$ 时间区间内的积分变量;$var(t)$ 表示 t 时刻所有任务负荷水平影响因素构成的向量。当飞行员在某时刻的压力水平达到设定的阈值时,可认为人为差错的触发概率达到了引发稳态人机系统发生突变的"分歧点"[161],阈值越小说明人机系统越容易因为飞行员人为差错而产生不稳定的内部因素。

　　飞行员行为状态模块的系统动力学流图如图 11.5 所示,图中各变量类型及其含义如表 11.7 所示。系统动力学流图中,任务负荷和人为差错随时间累积,其中任务负荷变化率受飞行参数和生理参数影响。当累积任务负荷超过了阈值,人为差错触发概率将发生阶跃性突变。在人为差错触发概率的驱动下,人为差错随机事件累积发生次数逐步增加,当观测时间足够长时,人为差错触发频率(单位时间内发生人为差错的平均次数)将无限趋近于人为差错触发概率,人为差错随机事件是人机系统决策性能模块和人机演化博弈模块分析的重要输入。

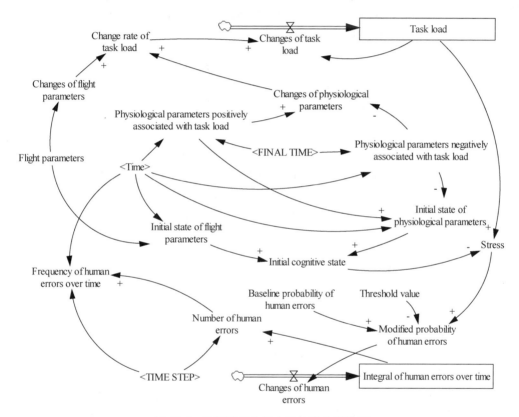

图 11.5　飞行员行为状态系统动力学流图

表 11.7　飞行员行为状态系统动力学流图中各变量的类型及其含义

变量类型	变量名称	变量含义
状态变量	Task load	飞行机组任务负荷
	Integral of human errors over time	人为差错触发次数在时间跨度上的积分
流率变量	Changes of task load	单位时间内任务负荷的变化量
	Changes of human errors	单位时间内人为差错的触发量

续 表

变量类型	变 量 名 称	变 量 含 义
一般变量	Flight parameters	无量纲化和归一化后的飞行参数(如俯仰角、航向、空速等)
	Physiological parameters positively associated with task load	无量纲化和归一化后的与任务负荷正相关的生理参数(如心率、心率变异性、呼吸频率等)
	Physiological parameters negatively associated with task load	无量纲化和归一化后的与任务负荷负相关的生理参数(如扫视时间、眨眼时间、呼吸深度等)
	Changes of flight parameters	飞行参数随时间的变化量
	Changes of physiological parameters	生理参数随时间的变化量
	Change rate of task load	任务负荷的变化率
	Initial state of flight parameters	飞行参数的初始状态
	Initial state of physiological parameters	生理参数的初始状态
	Initial cognitive state	初始认知状态
	Stress	飞行机组压力水平
	Threshold value	人机系统状态分歧点对应的阈值
	Baseline probability of human errors	人为差错触发概率
	Modified probability of human errors	压力水平修正后的人为差错触发概率
	Number of human errors	人为差错的累积触发次数
	Frequency of human errors over time	人为差错触发频率
隐藏变量	Time	仿真时间
	TIME STEP	仿真时间步长
	FINAL TIME	仿真截止时间

11.3.2 人机系统决策性能模块

人机系统决策性能可从人机决策速率、人机决策准确率、智能化运行成本等方面来衡量,根据人机系统演化博弈模型参数的定义,这三者同时也是影响智能系统和飞机机组博弈收益的关键因素。飞行机组掌控人机系统决策权限可提高决策的准确率,但同时也会降低系统整体的决策速率,智能系统对人机系统决策性能的影响与之相反。此外,对智能系统决策能力的依赖也需要相匹配的智能化运行成本作为保证。

对于人机决策速率和人机决策准确率,遵循 BDI 理论对认知行为的解释方法,人机系统决策性能模块通过感知飞行员行为状态信息和智能系统信息而生成"信念"(Belief),并对"交由智能系统决策"或"交由飞行机组决策"的不同"愿望"(Desire)做出判断,从而生成具有相应决策倾向的"意图"(Intention)。根据 Gao 等[162]提出的扩展决策场理论(extended decision field theory, EDFT)所持的观点,前序决策会改变后序事件和决策的性质,人机系统生成对决策速率和决策准确

率的信念,可用递归过程表示为

$$DS(t) = (1 - s_1) \cdot DS(t - 1) + s_1 \cdot | \text{Belief}_{HS}(t) - \text{Belief}_{CS}(t) | + \varepsilon_1$$

$$(11.13)$$

$$DA(t) = (1 - s_2) \cdot DA(t - 1) + s_2 \cdot | \text{Belief}_{HA}(t) - \text{Belief}_{CA}(t) | + \varepsilon_2$$

$$(11.14)$$

式中,$DS(t)$、$DA(t)$分别表示 t 时刻人、机在决策速率和决策准确率上的差异;$\text{Belief}_{HS}(t)$、$\text{Belief}_{CS}(t)$分别表示 t 时刻人机系统感知飞行员行为状态信息、智能系统信息所生成的对决策速率的信念;$\text{Belief}_{HA}(t)$、$\text{Belief}_{CA}(t)$分别表示 t 时刻人机系统感知飞行员行为状态信息、智能系统信息所生成的对决策准确率的信念;s_1、s_2分别表示决策速率、决策准确率随时间的"增长-衰减"率,描述的是当前状态对过去状态的依赖强度;ε_1、ε_2分别为表示不确定性影响的随机变量,其均值为 0、方差分别为 σ_1^2 和 σ_2^2。

将 $\text{Belief}_{HS}(t)$ 和 $\text{Belief}_{HA}(t)$ 共同记为 $\text{Belief}_H(t)$,表示感知飞行员行为状态信息所生成的信念;将 $\text{Belief}_{CS}(t)$ 和 $\text{Belief}_{CA}(t)$ 共同记为 $\text{Belief}_C(t)$,表示感知智能系统信息所生成的信念。区别于飞行员和智能系统的实际决策能力,$\text{Belief}_H(t)$、$\text{Belief}_C(t)$ 只表示人机系统通过观测到的外在信息而对当前对象决策水平形成的认知结论,由于信息偏差和认知误差的存在,这样的认知结论不一定能够全面反映实际决策能力,可用递归过程表示为

$$\text{Belief}_H(t) = \text{Belief}_H(t - 1) + (\text{Fact}_H(t - 1) - \text{Belief}_H(t - 1))/b_H$$

$$(11.15)$$

$$\text{Belief}_C(t) = \text{Belief}_C(t - 1) + (\text{Fact}_C(t - 1) - \text{Belief}_C(t - 1))/b_C$$

$$(11.16)$$

式中,$\text{Fact}_H(t-1)$、$\text{Fact}_C(t-1)$分别表示 $t-1$ 时刻飞行员和智能系统的实际决策能力;b_H表示所观测信息反映飞行机组实际决策能力的完整程度,b_C表示所观测信息反映智能系统实际决策能力的完整程度,取值越大表示所观测信息的完整程度越欠缺,其值取为 1 时表示所有信息可被完整观测到,即此时有 $\text{Belief}_H(t) = \text{Fact}_H(t - 1)$、$\text{Belief}_C(t) = \text{Fact}_C(t - 1)$。

当观测时间足够充分时,人机系统对当前决策水平的认知将无限趋近于其实际决策能力,其收敛的速度取决于 b_H、b_C 的取值大小。另外,由于 0 时刻尚未开始对飞行员行为状态信息和智能系统信息的观测,$\text{Belief}_H(0)$、$\text{Belief}_C(0)$表示 0 时刻人机系统基于飞机机组经验、智能系统性能等背景知识而产生的初始偏差。

　　在以上定义的基础上,人机系统决策性能模块的系统动力学流图如图 11.6 所示,图中各变量类型及其含义如表 11.8 所示。系统动力学流图中,人机决策速率、人机决策准确率等状态变量随时间变化,其数值增加或减少的梯度受信念、完整度系数等因素影响。针对人机系统决策性能模块信念相关参数的时变规律,随着观测时间的推移,人机系统对飞行机组或智能系统决策水平的认知将逐渐接近于其实际决策能力,收敛梯度决定于观测信息完整程度系数 b_H、b_C 的大小。针对人机系统决策性能模块输出参数的时变规律,人机系统决策速率差异和决策准确率差异在信念相关参数的影响下产生波动,最终将收敛于飞行机组和智能系统实际决策能力的差异值,智能化运行成本定义为决策速率差异变化与决策准确率差异变化的比值,反映的是人机系统决策性能对智能系统运行成本的依赖程度,当决策速率差异逐渐增加、决策准确率差异逐渐减小时,智能化运行成本将在观测时间段内达到局部极大值。

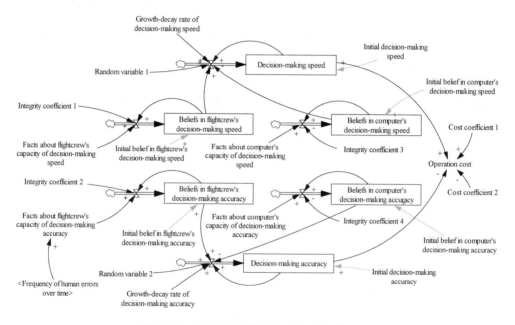

图 11.6　人机系统决策性能系统动力学流图

表 11.8　人机系统决策性能系统动力学流图中各变量的类型及其含义

变量类型	变量名称	变量含义
状态变量	Decision-making speed	人机决策速率
	Decision-making accuracy	人机决策准确率
	Beliefs in flightcrew's decision-making speed	对飞行机组决策速率的信念

续　表

变量类型	变量名称	变量含义
	Beliefs in flightcrew's decision-making accuracy	对飞行机组决策准确率的信念
	Beliefs in computer's decision-making speed	对智能系统决策速率的信念
	Beliefs in computer's decision-making accuracy	对智能系统决策准确率的信念
一般变量	Operation cost	智能化运行成本
	Cost coefficient 1	与决策速率相关的成本系数
	Cost coefficient 2	与决策准确率相关的成本系数
	Growth-decay rate of decision-making speed	决策速率的"增长-衰减"率
	Growth-decay rate of decision-making accuracy	决策准确率的"增长-衰减"率
	Initial decision-making speed	决策速率初始值
	Initial decision-making accuracy	决策准确率初始值
	Random variable 1	影响决策速率的随机变量
	Random variable 2	影响决策准确率的随机变量
	Facts about flightcrew's capacity of decision-making speed	飞行机组实际决策速率
	Facts about flightcrew's capacity of decision-making accuracy	飞机机组实际决策准确率
	Facts about computer's capacity of decision-making speed	智能系统实际决策速率
	Facts about computer's capacity of decision-making accuracy	智能系统实际决策准确率
	Initial belief in flightcrew's decision-making speed	对飞行机组决策速率的初始信念
	Initial belief in flightcrew's decision-making accuracy	对飞机机组决策准确率的初始信念
	Initial belief in computer's decision-making speed	对智能系统决策速率的初始信念
	Initial belief in computer's decision-making accuracy	对智能系统决策准确率的初始信念
	Integrity coefficient 1	表征观测到飞机机组决策速率相关信息的完整度系数
	Integrity coefficient 2	表征观测到飞机机组决策准确率相关信息的完整度系数
	Integrity coefficient 3	表征观测到智能系统决策速率相关信息的完整度系数
	Integrity coefficient 4	表征观测到智能系统决策准确率相关信息的完整度系数
隐藏变量	Frequency of human errors over time	人为差错频率随时间的变化情况

11.3.3　人机演化博弈模块

根据演化博弈模型的定义,可根据飞行机组决策和智能系统决策之间四种不同博弈策略的收益,确定最终决策权限的归属情况,人机系统采取不同博弈策略具有时变动力学特征。人机演化博弈模块的系统动力学流图如图 11.7 所示,图中各变量类型及其含义如表 11.9 所示。

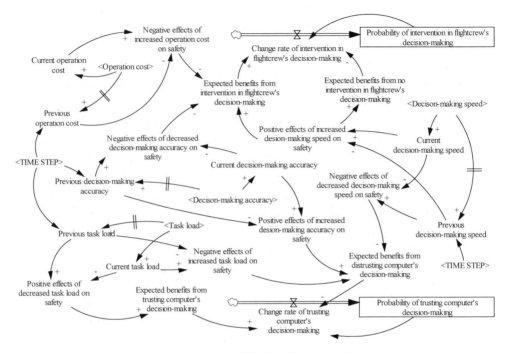

图 11.7 人机演化博弈系统动力学流图

表 11.9 人机演化博弈系统动力学流图中各变量的类型及其含义

变量类型	变 量 名 称	变 量 含 义
状态变量	Probability of intervention in flightcrew's decision-making (α)	智能系统干预飞行机组决策的概率
	Probability of trusting computer's decision-making (β)	飞行机组信任智能系统决策的概率
流率变量	Change rate of intervention in flightcrew's decision-making ($d\alpha/dt$)	智能系统干预飞行机组决策概率随时间的变化率
	Change rate of trusting computer's decision-making ($d\beta/dt$)	飞行机组信任智能系统决策概率随时间的变化率
一般变量	Expected benefits from intervention in flightcrew's decision-making (E_{α})	智能系统干预机组决策的期望收益
	Expected benefits from no intervention in flightcrew's decision-making ($E_{1-\alpha}$)	智能系统不干预机组决策的期望收益
	Expected benefits from trusting computer's decision-making (E_{β})	飞机机组信任智能系统决策的期望收益
	Expected benefits from distrusting computer's decision-making ($E_{1-\beta}$)	飞机机组不信任智能系统决策的期望收益
	Positive effects of increased decision-making speed on safety (B_{1s})	提高决策速率的积极影响程度
	Positive effects of increased decision-making accuracy on safety (B_{1a})	提高决策准确率的积极影响程度

续　表

变量类型	变量名称	变量含义
	Positive effects of decreased task load on safety (B_{1w})	减少飞机机组任务负荷的积极影响程度
	Negative effects of decreased decision-making speed on safety (C_{1s})	降低决策速率的消极影响程度
	Negative effects of decreased decision-making accuracy on safety (C_{1a})	降低决策准确率的消极影响程度
	Negative effects of increased task load on safety (C_{1w})	增加飞机机组任务负荷的消极影响程度
	Negative effects of increased operation cost on safety (C_{1c})	提高智能化运行成本的消极影响程度
	Current decision-making speed	当前人机决策速率
	Previous decision-making speed	前序人机决策速率
	Current decision-making accuracy	当前人机决策准确率
	Previous decision-making accuracy	前序人机决策准确率
	Current task load	当前飞行机组任务负荷
	Previous task load	前序飞行机组任务负荷
	Current operation cost	当前智能化运行成本
	Previous operation cost	前序智能化运行成本
隐藏变量	Decision-making speed	人机决策速率
	Decision-making accuracy	人机决策准确率
	Task load	飞行机组任务负荷
	Operation cost	智能化运行成本
	TIME STEP	仿真时间步长

人机演化博弈模块系统动力学流图中,智能系统干预飞行机组决策的概率和飞行机组信任智能系统决策的概率随时间变化,其变化梯度受流率变量控制,其他变量的设置符合人机博弈模型基本参数定义,人机演化博弈模块系统动力学流图的运行机制符合人机系统博弈模型的收益矩阵。人机演化博弈模块系统动力学流图描述的不同博弈策略时变规律与理论分析的结论一致,人机系统根据计算机和飞行机组的决策速率、决策准确率等性能变化特征进行最终决策权限的选择。

11.4　基于智能交互场景的实验验证

基于人机博弈与智能协作系统动力学模型的基本功能结构,通过实验探究人机系统决策性能(即实验设定的处理因素)和行为状态(即任务负荷、情境意识及人为差错)对人机演化博弈策略的影响机理,验证人机博弈与智能协作系统动力学模型的有效性。本节基于驾驶舱智能交互平台,设计典型实验任务场景,通过系统故障注入的方式,触发人机博弈与协作机制,开展人机博弈与智能协作模型的实验验证。

11.4.1　实验任务场景设计

实验采用双因素重复测量组内设计的实验范式,处理因素为系统可靠度和操作熟练度,每种处理因素分为高、中、低三类水平,即每名受试对象共需完成9组正式实验任务。系统可靠度因素的不同水平,通过故障注入的方式进行控制;操作熟练度因素的不同水平,通过重复测量的次数控制,即基于学习理论,可认为在每组任务场景中,受试对象的操作熟练度随着实验次数的增加而提高。在正式实验之前,设置1组系统高可靠度实验任务作为适应组,该组实验数据不与其他9组正式实验数据进行统计分析。受试对象每人依次连续完成10组实验任务,每次任务时间约20 min,受试对象执行的任务为适应实验平台而调整的本场五边飞行任务。实验效应包括任务负荷、情境意识、人为差错、任务绩效,以及眼动、心电、肌电等生理应激特征。实验任务总体时间线如图11.8所示。

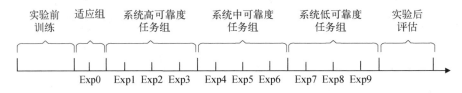

图11.8　实验任务总体时间线

高可靠度实验场景中,系统不触发任何故障;中可靠度场景中,以0.01的概率触发系统控制飞行高度、速度、航向的故障,即系统平均每百次进行自主决策判断时出现1次不可靠状态;低可靠度场景中,以0.1的概率触发系统控制飞行高度、速度、航向的故障,即系统平均每十次进行自主决策判断时出现1次不可靠状态。触发不可靠状态时,驾驶舱遮光板上设定的自动飞行高度、速度、航向每次将出现1单位的数值变化。如果受试对象不加任何干预,系统将控制飞机偏离预设的任务剖面,进而对受试对象的任务绩效产生负面影响;如果受试对象做出任何干预行为(如纠正面板设定的数值或手动接管飞行控制权限),其任务绩效、任务负荷、生理特征将出现与实验场景相关联的动力学演化。

根据《一般运行和飞行规则》(CCAR-91-R4)第91.323条对航空器速度的要求,除经局方批准并得到空中交通管制的同意外,航空器在修正海平面气压高度10 000 ft以下的指示空速不得超过250节,在离地高度2 500 ft以下的指示空速不得超过200节[163]。结合上海航空公司B737-800飞机的机组标准操作程序,以本场五边飞行为任务背景,选定上海浦东国际机场35L跑道为起降跑道(磁航向347°、标高12 ft),进行驾驶舱人机博弈与智能协作实验任务设计。

本场五边飞行任务涵盖了起飞、爬升、转向、巡航、下降、进近、着陆等飞行阶段,在训练飞行员熟悉机场空中交通环境、安全操作飞机离场和进场等方面具有重要意义[164]。如图11.9所示,本场五边飞行航线包括离场边、侧风边、顺风边、底

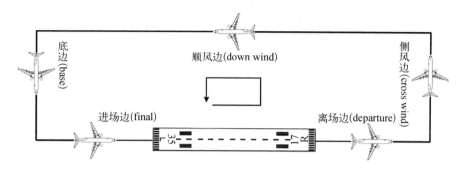

图 11.9　本场五边飞行任务示意图

边、进场边五段航线路[164],其中离场边和进场边与 35L 跑道保持相同航向,四次转向角度都为逆时针方向 90°。

本场五边飞行任务背景下,驾驶舱人机博弈与智能协作实验的垂直飞行剖面如图 11.10 所示,飞机在爬升到 1 500 ft 左右时开始从离场边转向侧风边,机组可根据飞行操纵状态在 3 000~6 000 ft 之间选择巡航高度,最后在 2 000 ft 左右转入进场边。实验只观测操纵飞机的飞行员和系统之间的人机博弈与协作效应,不同飞行阶段的操作程序 UML 时序图如图 11.11 所示。在保证任务描述完整度的前提下,图 11.11 省略了监控飞机的飞行员与辅助动力、防冰、灯光、刹车等系统的交互过程,实际实验中未减免标准操作程序中规定的必有操作。

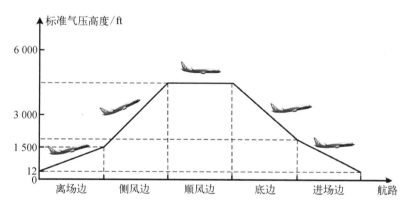

图 11.10　本场五边飞行剖面

11.4.2　人机博弈功能设计

基于驾驶舱智能交互平台的人机博弈与智能协作实验中,系统被赋予了一定的决策能力,可根据不同任务阶段的态势需求和飞行机组的认知功能状态,自主决定与飞行机组之间的飞行控制权限转移策略。其中,系统感知的飞行机组认知功能状态,反映了飞行机组某段时间内的任务负荷和情境意识水平,通过实时解算飞

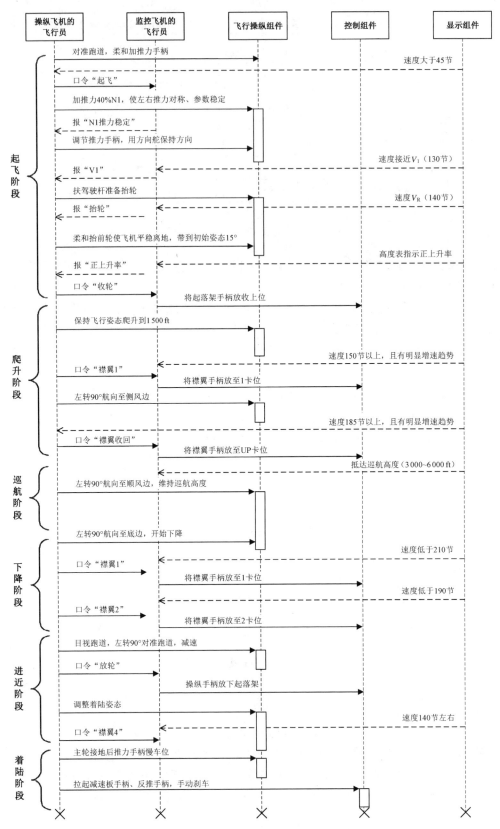

图 11.11 本场五边飞行操作程序 UML 时序图

行机组的生理特征,可将飞行机组状态判定为认知负荷高、认知负荷低或认知负荷均衡。根据实验场景设定,系统决策与飞行控制能力的可靠度同样具有高、中、低三类水平,反映在其介入飞行机组控制权限的合理性与及时性、执行飞行控制功能的稳定性等方面。

飞行机组也可决定是否与系统进行飞行控制权限的转移,飞行机组根据系统不同可靠度下的行为表现,结合自身随任务态势演化的决策与操控自信度水平,形成飞行控制权转移策略。此外,根据实验设定,当飞行机组决策与系统决策产生冲突时,飞行机组拥有最终决策权限,即当飞行机组不信任系统行为,且对自身决策具有较高的自信度时,飞行机组完全抑制系统行为。综合以上基本原则,人机博弈与智能协作实验的运行原理如图 11.12 所示。

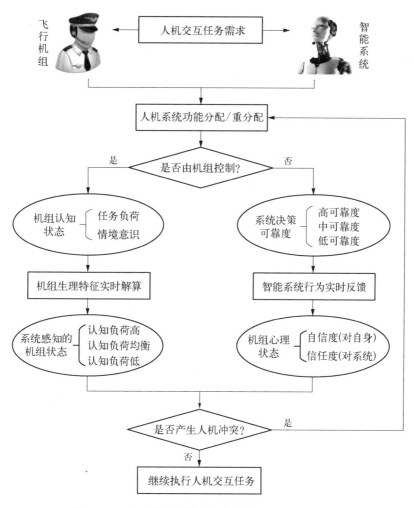

图 11.12　驾驶舱人机博弈与智能协作实验运行原理

以机组获得控制权限并手动执行任务为起始状态,人机系统功能分配策略在任务进程中不断产生变化,飞行控制权限随之在飞行机组和智能系统之间转移,基于驾驶舱智能交互平台的人机博弈与协作实验运行流程如图 11.13 所示。

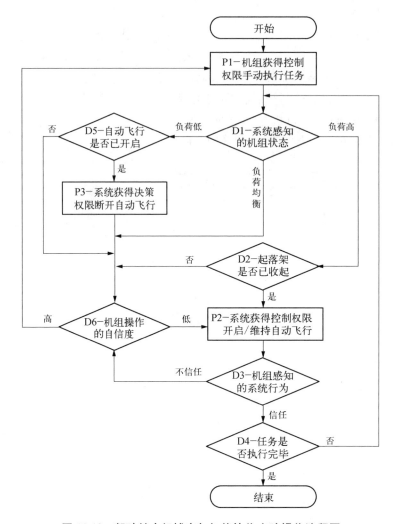

图 11.13 驾驶舱人机博弈与智能协作实验操作流程图

实验采用 EyeSo Ex150Pro 遥测式眼动仪采集受试对象眼动数据,其中,眼动交互设计相关的特征参数名称及其数据属性如表 11.10 所示。与心电图(electrocardiogram,ECG)、肌电图(electromyogram, EMG)、EEG 等生物电特征数据采集方法相比,遥测式眼动特征数据采集方法受物理环境、动作幅度等干扰因素的影响较小。实验基于眼动特征数据进行眼动交互设计,ECG 和 EMG 特征在数据分析时作为任务负荷的辅助验证指标。

表 11.10　眼动交互设计相关的特征参数名称及其数据属性

参数名称	数据类型	数 据 含 义
FPOGX	浮点数	受试对象注视点横坐标,以 PFD 屏幕左上角为坐标原点,PFD 屏幕右上角横坐标为 1,坐标刻度等距分布
FPOGY	浮点数	受试对象注视点纵坐标,以 PFD 屏幕左上角为坐标原点,PFD 屏幕左下角纵坐标为 1,坐标刻度等距分布
FPOGD	浮点数	受试对象对某注视点的注视时间,单位为 s
FPOGV	布尔数	表征受试对象注视点数据是否有效的标志值,若数据有效则为 1,若数据无效则为 0
BKID	整　数	若检测到眨眼行为,则为其分配一个 ID 值并逐次加 1;若未检测到眨眼行为,则 BKID 值为 0
BKDUR	浮点数	前一次眨眼的持续时间,单位为 s
BKPMIN	整　数	前 60 s 时间段内的累计眨眼次数

一般认为,当受试对象眼跳范围较小时,眨眼频率和眨眼时间随着任务负荷的增加而减少[165-167]。对于眼跳范围出现大幅度变化的高负荷任务场景,例如在飞机着陆过程中,飞行员需要频繁地注视舱内信息和舱外视野,其眨眼频率和眨眼时间都显著增加[166,168]。在一般任务场景中,注视时间大于 500 ms 可作为判定受试对象任务负荷增加的基础阈值[167]。不同年龄段的受试对象在不同任务场景中的眨眼频率具有显著差异,Bentivoglio 等[169]给出了眨眼频率的统计结果,根据实验受试对象所属年龄段,高任务负荷场景中的受试对象平均眨眼频率约为 5 次/min,中等任务负荷场景中的受试对象平均眨眼频率约为 15 次/min,低任务负荷场景中的受试对象平均眨眼频率约为 22 次/min。本实验综合注视时间、注视区域、眨眼频率等眼动特征,经参数适配性调整和模拟实验测试,最终确定的眼动交互设计参数取值如表 11.11 所示,该参数取值可作为系统感知机组负荷状态(D1 步骤)的决策依据。

表 11.11　眼动交互设计参数值

眼动特征	参数取值	含　　义
注视	FPOGX>0.5 FPOGY<0.5	受试对象注视点位于 PFD 屏幕右上方 1/4 区域,该区域显示了姿态、高度、速度、爬升率、下降率等重要飞行信息
	FPOGD>2	受试对象连续注视 PFD 屏幕右上方 1/4 区域的时间超过 2 s
眨眼	BKPMIN>20	受试对象在前 60 s 内的累计眨眼次数超过 20,表示当前受试对象的任务负荷较低
	15≤BKPMIN≤20	受试对象在前 60 s 内的累计眨眼次数在 15~20 次之间,表示当前受试对象的任务负荷较均衡
	5<BKPMIN<15	受试对象在前 60 s 内的累计眨眼次数在 5~15 次之间,表示当前受试对象的任务负荷较高

11.4.3　实验样本选择

基于统计检验效能分析(statistical power analysis)方法[170],预先估算实验所需受试对象样本数量的下限,取显著性水平 $\alpha = 0.05$、检验效能 $1 - \beta = 0.95$ [171];采用双因素重复测量组内设计的实验范式,每一因素都有三类不同水平,则统计检验效能分析的球形假设修正系数下限 $\varepsilon = 1/(3 \times 3 - 1) = 0.125$;实验中不同次测量数据之间互相独立,即相关系数 Corr = 0;基于 Cohen 效应量理论,取中等效应量水平 ES = 0.25[172];G* Power 软件计算结果表明,受试对象样本总数至少应为 169,即受试对象至少为 169/9 ≈ 19 人。

实际参与实验的受试对象共计 21 人,由具备两年及以上飞行专业背景的本科生和研究生组成(全部为男性),平均年龄为 22.76±1.92 岁,平均身高为 175.95±4.79 cm,受试对象人体尺寸均值位于中国男性运输机飞行员第 50 百分位数值(P_{50} = 172 cm)附近[173]。正式实验前,受试对象在驾驶舱智能交互平台熟悉任务环境的平均时间为 11.90±1.76 h。实验设置劳务费奖励机制,激励受试对象尽最大努力完成模拟飞行任务。综上,受试对象性别、年龄、人体测量参数、知识经验、操作技能、积极程度等非预期处理因素对实验效应的影响可控。

基于驾驶舱智能交互平台的人机博弈与协作实验场景如图 11.14 所示,受试对象佩戴的 ECG 和 EMG 参数传感器全程记录其生物电特征数据,可为实验后的任务负荷分析提供辅助验证手段;嵌入在主飞行显示器屏幕下方的眼动仪,可捕捉受试对象注视时间、眨眼频率、瞳孔直径等眼动特征数据,经模型解算后可作为系统实时评判受试对象认知负荷的重要依据,同时也是平台实现眼动交互的主要人机接口。

图 11.14　基于驾驶舱智能交互平台的人机博弈与协作实验场景

11.4.4　实验结果分析

实验的处理因素为系统可靠度(R)和任务熟练度(P),其中:在学习效应的驱动下,受试对象在实验场景中的任务熟练度逐步提高,可分为低、中、高三个水平;

在故障注入的影响下,系统可靠度也分为高、中、低三个水平。将上述两因素进行组内交叉设计实验,分析两因素的主效应和交叉效应,对比不同效应的基本统计结果(均值 M、标准差 SD、标准误差 SE)、方差分析结果(F 值、p 值)、效应量(η^2)及检验力($1-\beta$)。

1. 任务负荷分析

受试对象生理特征与其任务绩效紧密相关,当任务绩效降低时,生理特征一般向负效应方向演变,主要体现在当前可分配的注意力、体力等生理资源无法满足任务需要。除作为交互设计的眼动特征之外,实验提取的生理特征还包括心率、心率变异性、肌肉激活度。一般情况下,心率与心率变异性越高、肌肉激活度越接近峰值,受试对象的任务负荷越高[174-176]。此外,实验还基于 NASA – TLX 量表,从主观层面评估受试对象任务负荷。不同实验场景的眼动特征、生物电特征及任务负荷主观评估结果变化情况分别如图 11.15~图 11.17 所示。

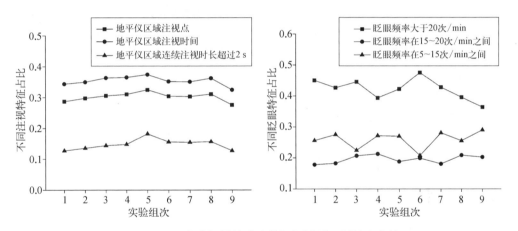

图 11.15　不同实验场景的眼动特征(注视和眨眼)变化情况

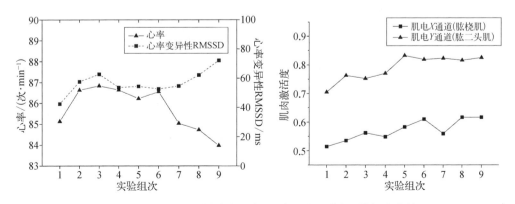

图 11.16　不同实验场景的生物电(心电图和肌电图)特征变化情况

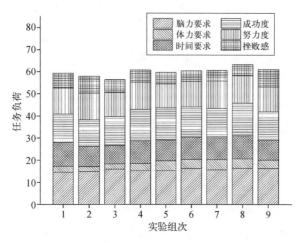

图 11.17　不同实验场景的任务负荷变化情况

在眼动特征方面,受试对象近 30% 的注视点($M=0.302$ 、SD $=0.148$ 、SE $=0.011$)和 35% 的注视时间($M=0.354$ 、SD $=0.148$ 、SE $=0.011$)集中在地平仪区域,其中 15% 左右的连续注视时长超过 2 s($M=0.148$ 、SD $=0.129$ 、SE $=0.010$),眨眼频率大于 20 次/min 的占比最高($M=0.422$ 、SD $=0.299$ 、SE $=0.022$),其次分别是眨眼频率 5~15 次/min 的占比($M=0.259$ 、SD $=0.229$ 、SE $=0.017$)和眨眼频率 15~20 次/min 的占比($M=0.195$ 、SD $=0.092$ 、SE $=0.007$)。

在心电特征方面,受试对象总体心率水平($M=85.752$ 、SD $=11.449$ 、SE $=0.853$)高于静息状态下的心率范围(50~70 次/min),衡量心率变异性快成分特征的指标——连续相邻两次心跳时间间隔差值的均方根(root mean square of successive differences, RMSSD)呈现出较为剧烈的变化($M=56.976$ 、SD $=25.430$ 、SE $=1.895$);在肌电特征方面,肱桡肌的平均肌肉激活水平($M=0.571$ 、SD $=0.275$ 、SE $=0.020$)明显低于肱二头肌的平均肌肉激活水平($M=0.790$ 、SD $=0.339$ 、SE $=0.025$),且两者都呈现出持续的上升趋势。

在不同实验场景中,任务负荷的主观评估结果未出现大幅波动($M=59.978$ 、SD $=8.220$ 、SE $=0.613$),其中脑力要求、成功度、努力度三个子维度占据主导作用,体力要求对任务负荷总体水平的影响最小。

受试对象任务负荷评估结果的组内效应 F 检验结果如表 11.12 所示。从方差分析结果可以看出,任务负荷主观评估结果在系统可靠度的主效应上存在显著性差异($p=0.019$);心率变异性 RMSSD 和肱桡肌平均激活度在操作熟练度的主效应上存在显著性差异(分别为 $p=0.002$ 、 $p=0.040$),肱二头肌平均激活度在该因素的主效应上存在边缘显著性差异($p=0.101$);心率变异性 RMSSD 在两因素的交叉效应上存在显著性差异($p=0.023$),眨眼频率大于 20 次/min 的占比在两因素的交叉效应上存在边缘显著性差异($p=0.093$)。

表 11.12　任务负荷评估结果的组内效应 F 检验结果($\alpha = 0.05$)

评估指标	效　应	因素	F 值	p 值	效应量 η^2	检验力 $1-\beta$
地平仪区域注视点数量占比	主效应	R	0.447	0.643	0.023	0.117
		P	0.765	0.472	0.039	0.170
	交叉效应	$R \times P$	0.656	0.624	0.033	0.205
地平仪区域注视时间占比	主效应	R	0.402	0.672	0.021	0.110
		P	0.669	0.518	0.034	0.154
	交叉效应	$R \times P$	0.851	0.497	0.043	0.259
地平仪区域连续注视 > 2 s 占比	主效应	R	1.266	0.294	0.062	0.258
		P	1.119	0.337	0.056	0.232
	交叉效应	$R \times P$	0.988	0.419	0.049	0.298
眨眼频率 > 20 次/min 占比	主效应	R	0.931	0.403	0.047	0.199
		P	0.197	0.822	0.010	0.079
	交叉效应	$R \times P$	2.071	0.093	0.098	0.591
眨眼频率 15 ~ 20 次/min 占比	主效应	R	0.310	0.735	0.016	0.096
		P	0.979	0.385	0.049	0.208
	交叉效应	$R \times P$	1.116	0.355	0.055	0.335
眨眼频率 5 ~ 15 次/min 占比	主效应	R	0.447	0.643	0.023	0.117
		P	1.302	0.284	0.064	0.265
	交叉效应	$R \times P$	1.549	0.197	0.075	0.457
心率/(次/min)	主效应	R	0.968	0.389	0.048	0.205
		P	0.074	0.929	0.004	0.060
	交叉效应	$R \times P$	0.751	0.560	0.038	0.231
心率变异性 RMSSD/ms	主效应	R	0.639	0.539	0.066	0.140
		P	8.566	0.002	0.488	0.935
	交叉效应	$R \times P$	3.809	0.023	0.488	0.778
肱桡肌平均激活度	主效应	R	1.842	0.172	0.088	0.360
		P	3.519	0.040	0.156	0.621
	交叉效应	$R \times P$	0.226	0.923	0.012	0.096
肱二头肌平均激活度	主效应	R	1.466	0.244	0.072	0.294
		P	2.436	0.101	0.114	0.461
	交叉效应	$R \times P$	1.127	0.379	0.220	0.275
任务负荷主观量表	主效应	R	4.399	0.019	0.188	0.725
		P	0.794	0.459	0.040	0.175
	交叉效应	$R \times P$	1.429	0.233	0.070	0.424

2. 情境意识分析

实验采用改进的 SART 量表,从注意力需求、注意力实际供给、理解程度三个方面,评估受试对象的情境意识水平[177],情境意识总体水平=(注意力实际供给+理解程度)-注意力需求。为了与其他主观量表的度量范围一致,改进的 SART 量表将原量表 5 级尺度等比例扩充为 20 级,每一级的分度值为 5 分。不同实验场景的情境意识主观评估结果变化情况如图 11.18 所示,受试对象情境意识水平未出现大范围变化($M=286.750$、$SD=77.806$、$SE=5.799$),但在系统可靠度改变时出现小幅下降。

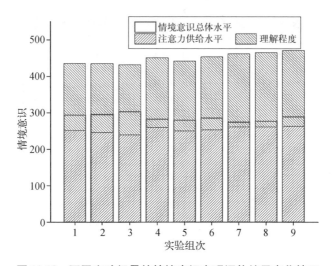

图 11.18　不同实验场景的情境意识主观评估结果变化情况

受试对象情境意识评估结果的组内效应 F 检验结果如表 11.13 所示。从方差分析结果可以看出,情境意识评估结果在系统可靠度、操作熟练度的主效应,以及两者的交叉效应上,均不存在显著性差异。

表 11.13　情境意识评估结果的组内效应 F 检验结果($\alpha=0.05$)

评估指标	效应	因素	F 值	p 值	效应量 η^2	检验力 $1-\beta$
情境意识	主效应	R	1.474	0.242	0.072	0.295
主观量表		P	2.044	0.159	0.185	0.365
	交叉效应	$R\times P$	0.180	0.948	0.009	0.086

3. 人为差错分析

不同实验场景的人为差错率变化情况如图 11.19 所示,在实验全程中,人为差错率一直保持在较低的水平（$M = 0.080$、$SD = 0.093$、$SE = 0.007$），且随着实验次数的增加，人为差错率呈现出波动下降的变化特点。

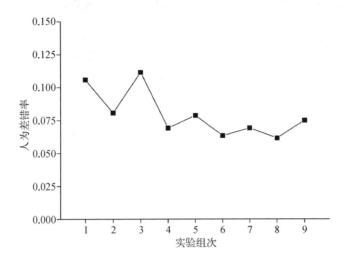

图 11.19　不同实验场景的人为差错率变化情况

受试对象人为差错评估结果的组内效应 F 检验结果如表 11.14 所示。从方差分析结果可以看出，人为差错率在系统可靠度的主效应上存在显著性差异（$p = 0.033$），而在操作熟练度的主效应和两因素的交叉效应上不存在显著性差异。

表 11.14　人为差错评估结果的组内效应 F 检验结果（$\alpha = 0.05$）

评估指标	效　应	因素	F 值	p 值	效应量 η^2	检验力 $1-\beta$
人为差错率 /%	主效应	R	4.157	0.033	0.316	0.657
		P	0.335	0.717	0.017	0.100
	交叉效应	$R \times P$	1.230	0.305	0.061	0.368

4. 任务绩效分析

对应实验故障设定方式，从飞行高度、姿态、航向三个方面评估任务绩效。在高度控制方面，根据操作程序要求，侧风边的飞行高度不得低于 1 500 ft，顺风边的飞行高度需维持在 3 000～6 000 ft 之间；在姿态控制方面，整个飞行过程中的仰角不得超过 15°；在航向控制方面，五边飞行实际磁航向与标准磁航向的偏差不得超过 2°。不同实验场景的任务绩效变化情况如图 11.20 所示，姿态控制准确度（$M = 0.941$、$SD = 0.044$、$SE = 0.003$）高于航向控制准确度（$M = 0.541$、$SD = 0.262$、$SE = $

0.020)和高度控制准确度($M=0.830$、$SD=0.158$、$SE=0.012$),系统可靠度的降低未对俯仰姿态控制产生明显影响,而对高度和航向控制的影响更明显,受试对象控制飞行航向的绩效最低,且随着系统可靠度的降低,受试对象控制飞行航向的准确度出现了明显降低。

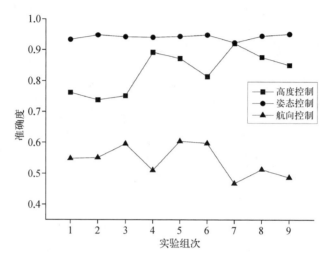

图 11.20   不同实验场景的任务绩效变化情况

受试对象任务绩效评估结果的组内效应 F 检验结果如表 11.15 所示。从方差分析结果可以看出,高度和航向控制准确度在系统可靠度的主效应上存在显著性差异(分别为 $p < 0.001$、$p = 0.049$),而姿态控制准确度在该因素的主效应上不存在显著性差异;高度控制准确度在操作熟练度的主效应上存在边缘显著性差异($p = 0.057$);高度、航向和姿态控制准确度在两因素的交叉效应上均不存在显著性差异。

表 11.15   任务绩效评估结果的组内效应 F 检验结果($\alpha = 0.05$)

评估指标	效应	因素	F 值	p 值	效应量 η^2	检验力 $1-\beta$
高度控制 准确度/%	主效应	R	9.417	<0.001	0.331	0.970
		P	3.091	0.057	0.140	0.562
	交叉效应	$R \times P$	0.720	0.581	0.037	0.222
姿态控制 准确度/%	主效应	R	0.320	0.730	0.034	0.093
		P	1.465	0.257	0.140	0.272
	交叉效应	$R \times P$	0.466	0.760	0.104	0.132

评估指标	效　应	因素	F 值	p 值	效应量 η^2	检验力 $1-\beta$
航向控制	主效应	R	3.267	0.049	0.147	0.587
准确度/%		P	0.748	0.480	0.038	0.167
	交叉效应	$R \times P$	0.266	0.899	0.014	0.106

5. 行为特征分析

受试对象交互行为是可直接观测的驾驶舱人机博弈与协作结果,可反映人机博弈演化路径和人机之间采取的协作策略,同时也是任务负荷、情境意识、自信度、信任度等心理特征的外在表现。实验观测的交互行为特征包括系统控制时间占比和机组控制时间占比。一般情况下,手动飞行控制时间越长,表明受试对象操作自信度越高、系统可信任度越低,同时受试对象的任务负荷也会增加;系统控制时间越长,表明受试对象操作自信度越低、系统可信任度越高,同时受试对象的任务负荷也会减少。不同实验场景的人机控制时间占比变化情况如图 11.21 所示,随着实验次数的增加,系统控制时间占比呈现出明显的下降趋势($M = 0.496$、SD = 0.224、SE = 0.017),而机组控制时间占比呈现出明显的上升趋势($M = 0.504$、SD = 0.224、SE = 0.017)。

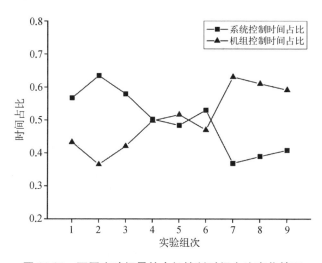

图 11.21　不同实验场景的人机控制时间占比变化情况

受试对象行为特征评估结果的组内效应 F 检验结果如表 11.16 所示。从方差分析结果可以看出,系统控制时间占比和机组控制时间占比在系统可靠度的主效应上存在显著性差异(p 值均小于 0.001),而在操作熟练度的主效应和两因素的交叉效应上均不存在显著性差异。

表 11.16 行为特征评估结果的组内效应 F 检验结果 ($\alpha = 0.05$)

评估指标	效 应	因素	F 值	p 值	效应量 η^2	检验力 $1-\beta$
系统控制 时间占比/%	主效应	R	14.151	<0.001	0.427	0.997
		P	0.560	0.576	0.029	0.136
	交叉效应	$R \times P$	1.019	0.427	0.203	0.250
机组控制 时间占比/%	主效应	R	14.151	<0.001	0.427	0.997
		P	0.560	0.576	0.029	0.136
	交叉效应	$R \times P$	1.019	0.427	0.203	0.250

综合以上分析结果,在系统可靠度的主效应上,存在显著性差异或边缘显著性差异的评估指标包括任务负荷总体水平、人为差错率、高度控制准确度、航向控制准确度、系统控制时间占比及机组控制时间占比;在操作熟练度的主效应上,存在显著性差异或边缘显著性差异的评估指标包括心率变异性 RMSSD、肱桡肌平均激活度、肱二头肌平均激活度及高度控制准确度;在系统可靠度和操作熟练度的交叉效应上,存在显著性差异或边缘显著性差异的评估指标包括心率变异性 RMSSD 和眨眼频率大于 20 次/min 的占比。

在人机系统决策性能和受试对象行为状态对人机演化博弈策略的影响机理方面,系统可靠度降低最易观测到的影响结果是,机组控制时间占比显著提高、系统控制时间占比显著降低,人机博弈趋向于机组不信任并持续干预系统决策。在系统可靠度降低的干扰下,受试对象任务负荷显著提高、航向控制准确度显著降低,而受操作熟练度主效应叠加的显著性影响下,高度控制准确度出现改善,同时在人为差错率显著降低的激励下,受试对象对手动控制的自信度提高、对系统自动控制的信任度降低,人机博弈策略逐渐趋于稳定,机组手动控制逐渐优于系统自动控制,这与模型描述的变化情况一致,从而验证了人机智能协作系统动力学模型的有效性。

此外,由于机组控制时间占比逐渐处于优势地位,受试对象工作量增加,除了体现在受试对象任务负荷主观评估结果具有显著性之外,关联任务负荷的生理指标变化情况也验证了这一特征,即眨眼频率大于 20 次/min 的占比显著下降、心率变异性 RMSSD 显著提高,以及肱桡肌与肱二头肌平均激活度显著提高。

参考文献

[1] JARRETT D N. Cockpit engineering [M]. New York: Routledge, 2016.

[2] EBERMANN H-J, SCHEIDERER J. Human factors on the flight deck: safe piloting behaviour in practice [M]. Berlin: Springer, 2012.

[3] COOMBS L F E. Control in the sky: the evolution & history of the aircraft cockpit [M]. Barnsley: Pen and Sword, 2005.

[4] BELL D, LONG E F, AVINO M A, et al. In the cockpit: inside 50 history-making aircraft [M]. New York: Harper Design, 2007.

[5] Advisory Group for Aerospace Research and Development. Flight vehicle integration panel working group 21 on glass cockpit operational effectiveness [R]. North Atlantic Treaty Organization, 1996.

[6] COLLINSON R P G. Introduction to avionics systems [M]. London: Springer, 2011.

[7] BILLINGS C E. Aviation automation: the search for a human-centered approach [M]. Mahwah: Lawrence Erlbaum Associates, 1997.

[8] SCHROER R. UAVs: the future [J]. IEEE Aerospace and Electronic Systems Magazine, 2003, 18(7): 61−63.

[9] YOUNG S D, WALKER C K, BURIAN B. Integrated intelligent flight deck technologies [R]. National Aeronautics and Space Administration, 2009.

[10] SCHUTTE P C, GOODRICH K H, COX D E, et al. The naturalistic flight deck system: an integrated system concept for improved single-pilot operations [R]. National Aeronautics and Space Administration, 2007.

[11] IATA. Safety report 2021 (58th Edition) [R]. International Air Transport Association, 2022.

[12] ICAO. State of global aviation safety (Safety Report 2021 Edition) [R]. Montreal: International Civil Aviation Organization, 2021.

[13] Boeing. Statistical summary of commercial jet airplane accidents: worldwide operations 1959−2020 [R]. Boing Company, 2021.

[14] Airbus. A statistical analysis of commercial aviation accidents 1958−2020 [R]. Airbus Company, 2021.

[15] 董大勇,俞金海,李宝峰,等.民机驾驶舱人为因素适航符合性验证技术[J].航空学报, 2016,37(1): 310−316.

[16] LAZARO M, LEE J, CHUN J, et al. Multimodal interaction: input-output modality combinations for identification tasks in augmented reality [J]. Applied Ergonomics, 2022, 105: 103842.

［17］ AGAH A. Human interactions with intelligent systems: research taxonomy ［J］. Computers and Electrical Engineering, 2000, 27(1): 71 - 107.

［18］ KIM W, XIONG S. Pseudo-haptic button for improving user experience of mid-air interaction in VR ［J］. International Journal of Human-Computer Studies, 2022, 168: 102907.

［19］ CHUGH N, AGGARWAL S. Hybrid brain-computer interface spellers: a walkthrough recent advances in signal processing methods and challenges ［J］. International Journal of Human-Computer Interaction, 2022, 39(15): 3096 - 3113.

［20］ VEITCH E, ALSOS O A. A systematic review of human-AI interaction in autonomous ship systems ［J］. Safety Science, 2022, 152: 105778.

［21］ XU W, DAINOFF M J, GE L, et al. Transitioning to human interaction with AI systems: new challenges and opportunities for HCI professionals to enable human-centered AI ［J］. International Journal of Human-Computer Interaction, 2022, 39(3): 494 - 518.

［22］ JIN S, TIEFEL T H, WOLFE R, et al. Optically transparent, electrically conductive composite medium ［J］. Science, 1992, 255(5043): 446 - 448.

［23］ GIUDICE N, LOOMIS J, KLATZKY R, et al. Touch-screen technology for the dynamic display of 2D spatial information without vision: promise and progress ［J］. Multisensory Research, 2014, 27(5 - 6): 359 - 378.

［24］ FIROUZI K, NIKOOZADEH A, CARVER T, et al. Lamb wave multitouch ultrasonic touchscreen ［J］. IEEE Transactions on Ultrasonics, Ferroelectrics, and Frequency Control, 2016, 63(12): 2174 - 2186.

［25］ KORRES G, CHEHABEDDINE S, EID M. Mid-air tactile feedback co-located with virtual touchscreen improves dual-task performance ［J］. IEEE Transactions on Haptics, 2020, 13(4): 825 - 830.

［26］ BARBÉ J, WOLFF M, MOLLARD R. Human centered design approach to integrate touch screen in future aircraft cockpits ［C］. Las Vegas: International Conference on Human-Computer Interaction, 2013.

［27］ AVSAR H. Exploring potential benefits and challenges of touch screens on the flight deck ［D］. Nottingham: University of Nottingham, 2017.

［28］ MOHAMED A, DAHL G E, HINTON G. Acoustic modeling using deep belief networks ［J］. IEEE Transactions on Audio, Speech and Language Processing, 2012, 20(1): 14 - 22.

［29］ DAHL G E, YU D, DENG L, et al. Context-dependent pre-trained deep neural networks for large-vocabulary speech recognition ［J］. IEEE Transactions on Audio, Speech and Language Processing, 2012, 20(1): 30 - 42.

［30］ JOY N M, UMESH S. Improving acoustic models in TORGO dysarthric speech database ［J］. IEEE Transactions on Neural Systems and Rehabilitation Engineering, 2018, 26(3): 637 - 645.

［31］ SARRAF S. French word recognition through a quick survey on recurrent neural networks using long-short term memory RNN-LSTM ［J］. American Scientific Research Journal for Engineering, Technology, and Sciences, 2018, 39(1): 250 - 267.

［32］ DHIMAN A, KUMAR D. Sentiment analysis approach based N-gram and KNN classifier ［J］. International Journal of Computer Applications, 2018, 182(4): 29 - 32.

［33］ FURNESS T A. The super cockpit and its human factors challenges ［C］. Furness: Human

Factors Society Annual Meeting, 1986.

[34] BECKETT P. Voice control of cockpit systems [R]. British Aerospace PLC, Military Aircraft Division, 1987.

[35] REISING J M, CURRY D G. A comparison of voice and multifunction controls: logic design is the key [J]. Ergonomics, 1987, 30(7): 1063 – 1077.

[36] STEENEKEN H J M, PIJPERS E W. Development and performance of a cockpit control system operated by voice [R]. Audio Effectiveness in Aviation, 1997.

[37] DRU-DRURY R, FARRELL P S E, TAYLOR R M. Cognitive cockpit systems: voice for cognitive control of tasking automation [C]. Edinburgh: International Conference on Engineering Psychology and Cognitive Ergonomics, 2001.

[38] PANEV S, MANOLOVA A. Improved multi-camera 3d eye tracking for human-computer interface [C]. Warsaw: IEEE International Conference on Intelligent Data Acquisition and Advanced Computing Systems: Technology and Applications, 2015.

[39] MURAWSKI K, RÓŻANOWSKI, K, KREJ M. Research and parameter optimization of the pattern recognition algorithm for the eye tracking infrared sensor [J]. Acta Physica Polonica A, 2013, 124(3): 513 – 516.

[40] MA J, ZHANG Y, CICHOCKI A, et al. A novel EOG/EEG hybrid human-machine interface adopting eye movements and ERPs: application to robot control [J]. IEEE Transactions on Bio Medical Engineering, 2015, 62(3): 876 – 889.

[41] HUANG W Z, ZHANG S W. A novel face recognition algorithm based on the deep convolution neural network and key points detection jointed local binary pattern methodology [J]. Journal of Electrical Engineering & Technology, 2017, 12(1): 363 – 372.

[42] GLAHOLT M G. Eye tracking in the cockpit: a review of the relationships between eye movements and the aviators cognitive state [R]. Defence Research and Development Canada, 2014.

[43] LOUNIS C, PEYSAKHOVICH V, CAUSSE M. Intelligent cockpit: eye tracking integration to enhance the pilot-aircraft interaction [C]. Warsaw: ACM Symposium on Eye Tracking Research & Applications, 2018.

[44] TOET A. Gaze directed displays as an enabling technology for attention aware systems [J]. Computers in Human Behavior, 2006, 22(4): 615 – 647.

[45] ROSCH J L, VOGEL-WALCUTT J J. A review of eye-tracking applications as tools for training [J]. Cognition, Technology & Work, 2013, 15(3): 313 – 327.

[46] CARROLL M, SURPRIS G, STRALLY S, et al. Enhancing HMD-based F-35 training through integration of eye tracking and electroencephalography technology [C]. Las Vegas: International Conference on Augmented Cognition, 2013.

[47] GREENBERG S, MARQUARDT N, BALLENDAT T, et al. Proxemic interactions: the new ubicomp? [J]. Interactions, 2011, 18(1): 42 – 50.

[48] HAQUE F, NANCEL M, VOGEL D. Myopoint: pointing and clicking using forearm mounted electromyography and inertial motion sensors [C]. Seoul: ACM Conference on Human Factors in Computing Systems, 2015.

[49] HAN J, SHAO L, XU D, et al. Enhanced computer vision with microsoft kinect sensor: a

review [J]. IEEE Transactions on Cybernetics, 2013, 43(5): 1318-1334.

[50] LI W C, YAN Z P, ZHANG J Y, et al. Evaluating pilot's perceived workload on interacting with augmented reality device in flight operations [C]. Copenhagen: International Conference on Human-Computer Interaction, 2020.

[51] CAPUTO A, JACOTA S, KRAYEVSKYY S, et al. XR-Cockpit: a comparison of VR and AR solutions on an interactive training station [C]. Vienna: IEEE International Conference on Emerging Technologies and Factory Automation, 2020.

[52] 乔体洲,戴树岭.基于特征点识别的头部姿态计算[J].北京航空航天大学学报,2014, 40(8): 1038-1043.

[53] 周来,郑丹力,顾宏斌,等.虚拟现实飞行模拟训练中的视觉交互技术研究[J].航空学报, 2013,34(10): 2391-2401.

[54] LIANG X Q, YAN Z. A survey on game theoretical methods in human-machine networks [J]. Future Generation Computer Systems, 2019, 92: 674-693.

[55] GABLER V, STAHL T, HUBER G, et al. A game-theoretic approach for adaptive action selection in close proximity human-robot-collaboration [C]. Singapore: IEEE International Conference on Robotics and Automation, 2017.

[56] HU B, CHEN J. Optimal task allocation for human-machine collaborative manufacturing systems [J]. IEEE Robotics and Automation Letters, 2017, 2(4): 1933-1940.

[57] BAYRAK A E, MCCOMB C, CAGAN J, et al. A differential game approach to dynamic competitive decisions toward human-computer collaboration [C]. Anaheim: International Design Engineering Technical Conferences and Computers and Information in Engineering Conference, 2019.

[58] ZHOU J L, LUO S, CHEN F. Effects of personality traits on user trust in human-machine collaborations [J]. Journal on Multimodal User Interfaces, 2020, 14: 387-400.

[59] SCHELBLE B, FLATHMANN C, CANONICO L B, et al. Understanding human-AI cooperation through game-theory and reinforcement learning models [C]. Hawaii: 54th Hawaii International Conference on System Sciences, 2021.

[60] 黄宏程,刘宁,胡敏,等.基于博弈的机器人认知情感交互模型[J].电子与信息学报,2019, 41(10): 2471-2478.

[61] 许雄锐.基于零行列式策略的网络博弈理论与人机博弈实验研究[D].成都:电子科技大学,2019.

[62] MINSKY M L. The society of mind [M]. New York: Simon & Schuster, 1988.

[63] RYAN J C, CUMMINGS M L. A systems analysis of the introduction of unmanned aircraft into aircraft carrier operations [J]. IEEE Transactions on Human-Machine Systems, 2016, 46(2): 209-220.

[64] BRITTAIN M W, WEI P. One to any: distributed conflict resolution with deep multi-agent reinforcement learning and long short-term memory [C]. Nashville: AIAA SciTech Forum, 2021.

[65] STROEVE S H, EVERDIJ M H C. Agent-based modelling and mental simulation for resilience engineering in air transport [J]. Safety Science, 2017, 93: 29-49.

[66] 廖守亿,戴金海.复杂适应系统及基于 Agent 的建模与仿真方法[J].系统仿真学报,2004,

16(1)：113 – 117.

［67］ 冯强,曾声奎,康锐.基于多主体的舰载机综合保障过程建模方法［J］.系统工程与电子技术,2010,32(1)：211 – 216.

［68］ TUNG Y W, CHAN K C C. A unified human-computer interaction requirements analysis framework for complex socio-technical systems ［J］. International Journal of Human-Computer Interaction, 2009, 26(1)：1 – 21.

［69］ ROSSON M B, CARROLL J M. Usability engineering：scenario-based development of human-computer interaction ［M］. San Francisco：Morgan Kaufmann Publishers Inc, 2002.

［70］ NICOLÁS J C O, AURISICCHIO M. A scenario of user experience ［C］. Copenhagen：18th International Conference on Engineering Design-Impacting Society Through Engineering Design, 2011.

［71］ POKLUKAR Š, PAPA G, NOVAK F. A formal framework of human-machine interaction in proactive Maintenance-MANTIS experience ［J］. Automatika, 2017, 58(4)：450 – 459.

［72］ WOOLDRIDGE M. Reasoning about rational agents ［M］. Cambridge：The MIT Press, 2000：7.

［73］ BRATMAN M E. Intentions, plans, and practical reason ［M］. Cambridge：Harvard University Press, 1987.

［74］ RUMBAUGH J, BLAHA M, PREMERLANI W, et al. Object-oriented modeling and design ［M］. New Jersey：Prentice Hall, 1991.

［75］ JIN Z, CHEN X, ZOWGHI D. Performing projection in problem frames using scenarios ［C］. Batu Ferringhi：16th Asia-Pacific Software Engineering Conference, IEEE, 2009.

［76］ JÉRÉMIE G. Hazard analysis of human-robot interactions with HAZOP-UML ［J］. Safety Science, 2016, 84：225 – 237.

［77］ RIBEIRO F G, PEREIRA C E, RETTBERG A, et al. Model-based requirements specification of real-time systems with UML, SysML and MARTE ［J］. Software and Systems Modeling, 2018, 17(1)：343 – 361.

［78］ SUN X G, HOUSSIN R, RENAUD J, et al. Towards a human factors and ergonomics integration framework in the early product design phase：function-task-behaviour ［J］. International Journal of Production Research, 2018, 56(14)：4941 – 4953.

［79］ PEREZ A G, BENJAMINS V R. Overview of knowledge sharing and reuse components：ontologies and problem-solving methods ［C］. Stockholm：International Joint Conference on Artificial Intelligence, 1999.

［80］ SMAILAGIC A, SIEWIOREK D P. Matching interface design with user tasks：modalities of interaction with CMU wearable computers ［J］. IEEE Personal Communications, 1996, 3(1)：14 – 25.

［81］ 国防科学技术工业委员会.飞机握杆操纵装置通用规范：GJB 5441 – 2005［S］.国防科学技术工业委员会,2005.

［82］ 中国人民解放军总装备部.军用视觉显示器人机工程设计通用要求：GJB 1062A – 2008 ［S］.中国人民解放军总装备部,2008.

［83］ ROUWHORST W, VERHOEVEN R, SUIJKERBUIJK M, et al. Use of touch screen display applications for aircraft flight control ［C］. St. Petersburg：IEEE/AIAA 36th Digital Avionics Systems Conference, 2017.

[84] VAN ZON N C M, BORST C, POOL D M, et al. Touchscreens for aircraft navigation tasks: comparing accuracy and throughput of three flight deck interfaces using fitts' law [J]. Human Factors, 2020, 62(6): 897 - 908.

[85] DRU-DRURY R, FARRELL P S E, TAYLOR R M. Cognitive cockpit systems: voice for cognitive control of tasking automation [C]. Edinburgh: Third International Conference on Engineering Psychology and Cognitive Ergonomics, 2001.

[86] TRZOS M, DOSTL M, MACHKOV P, et al. Voice control in a real flight deck environment [C]. Brno: International Conference on Text, Speech, and Dialogue, 2018.

[87] HOLLOMON M J, KRATCHOUNOVA D, NEWTON D C, et al. Current status of gaze control research and technology literature review [R]. Federal Aviation Administration, 2017.

[88] SONG Y, DEMIRDJIAN D, DAVIS R. Continuous body and hand gesture recognition for natural human-computer interaction [J]. ACM Transactions on Interactive Intelligent Systems, 2012, 2(1): 5.

[89] GAWRON V J. Human performance, workload, and situational awareness measures handbook [M]. Boca Raton: CRC Press, 2008: 14 - 47.

[90] MACKENZIE I S. Human-computer interaction: an empirical research perspective [M]. Burlington: Morgan Kaufmann, 2013: 54 - 67.

[91] REASON J. Human error [M]. Cambridge: Cambridge University Press, 1990: 112 - 124.

[92] 杨明浩, 陶建华. 多通道人机交互信息融合的智能方法[J]. 中国科学: 信息科学, 2018, 48(4): 433 - 448.

[93] ADRIAENSEN A, PATRIARCA R, SMOKER A, et al. A socio-technical analysis of functional properties in a joint cognitive system: a case study in an aircraft cockpit [J]. Ergonomics, 2019, 62(12): 1598 - 1616.

[94] DANCILA R, BOTEZ R. Vertical flight profile optimization for a cruise segment with RTA constraints [J]. Aeronautical Journal, 2019, 123(1265): 970 - 992.

[95] DRISKELL J E, MULLEN B. Social network analysis [M]. Boca Raton: CRC Press, 2005.

[96] STANTON N A, HARRIS D, STARR A. The future flight deck: modelling dual, single and distributed crewing options [J]. Applied ergonomics, 2016, 53: 331 - 342.

[97] SCHMID D, KORN B, STANTON N A. Evaluating the reduced flight deck crew concept using cognitive work analysis and social network analysis: comparing normal and data-link outage scenarios [J]. Cognition, Technology & Work, 2020, 22: 109 - 124.

[98] NIU K, FANG W N, SONG Q, et al. An evaluation method for emergency procedures in automatic metro based on complexity [J]. IEEE Transactions on Intelligent Transportation Systems, 2021, 22(1): 370 - 383.

[99] PARK J, JUNG W, HA J. Development of the step complexity measure for emergency operating procedures using entropy concepts [J]. Reliability Engineering & Safety, 2001, 71: 115 - 130.

[100] MCCRACKEN J H, ALDRICH T B. Analyses of selected LHX mission functions implications for operator workload and system automation goals [R]. Anacapa Science Inc, 1984.

[101] ALDRICH T B, SZABO S M, BIERBAUM C R. The development and application of models to predict operator workload during system design [M]. New York: Plenum, 1989.

[102] LIU P, LI Z Z, WANG Z. Task complexity measure for emergency operating procedures based on resource requirements in human information processing [C]. Helsinki: 11th International Probabilistic Safety Assessment and Management Conference and The Annual European Safety and Reliability Conference, 2012.

[103] LIU P, LI Z Z. Comparison of task complexity measures for emergency operating procedures: convergent validity and predictive validity [J]. Reliability Engineering & System Safety, 2014, 121: 289 – 293.

[104] LIU P, LI Z Z. Comparison between conventional and digital nuclear power plant main control rooms: a task complexity perspective, Part II: detailed results and analysis [J]. International Journal of Industrial Ergonomics, 2016, 51: 10 – 20.

[105] THORVALD P, HOGBERG D, CASE K. Applying cognitive science to digital human modelling for user centred design [J]. International Journal of Human Factors Modelling and Simulation, 2012, 3(1): 90 – 106.

[106] JUNG S, PARK J, PARK J, et al. Effect of touch button interface on in-vehicle information systems usability [J]. International Journal of Human-computer Interaction, 2021, 37(15): 1404 – 1422.

[107] 孙建华,蒋婷,王春慧,等.航天器软件人机界面工效评价指标与评价方法研究[J].载人航天,2020,26(2): 208 – 213.

[108] XIA X Q, WU W Y. User experience of virtual reality interfaces based on cognitive load [J]. Lecture Notes in Networks and Systems, 2021, 275: 340 – 347.

[109] ZHANG Z, HAO Y L. Research on emotional design of visual interaction based on cognitive psychology [C]. Bari: International Conference on Human-Computer Interaction, 2021.

[110] TAO D, YUAN J, LIU S, et al. Effects of button design characteristics on performance and perceptions of touchscreen use [J]. International Journal of Industrial Ergonomics, 2018, 64: 59 – 68.

[111] CHENG Y C, CHEN H J, HUNG W H. The effect of different icon shape and width on touch behavior [C]. Copenhagen: 2nd HCI International Conference, 2020.

[112] GRAHN H, KUJALA T. Impacts of touch screen size, user interface design, and subtask boundaries on in-car task's visual demand and driver distraction [J]. International Journal of Human-Computer Studies, 2020: 142: 32 – 44.

[113] TIJAI T, TANACHUTIWAT S. Graphical user interface design guideline for an automatic machine using an official raspberry pi touch screen [C]. Bangkok: 2nd International Conference on Engineering Innovation, 2018.

[114] CHEN K B, SAVAGE A B, CHOURASIA A O, et al. Touch screen performance by individuals with and without motor control disabilities [J]. Applied Ergonomics, 2013, 44 (2): 297 – 302.

[115] SESTO M E, IRWIN C B, CHEN K B, et al. Effect of touch screen button size and spacing on touch characteristics of users with and without disabilities [J]. Human Factors, 2012, 54(3): 425 – 436.

[116] CHOURASIA A O, WIEGMANN D A, CHEN K B, et al. Effect of sitting or standing on touch screen performance and touch characteristics [J]. Human Factors, 2013, 55(4): 789 – 802.

［117］陶达,袁娟,刘双,等.触摸屏按键特征因素对键盘输入操作可用性的影响［J］.人类工效学,2016,22(5)：1-6.

［118］CHOI Y, MYUNG R. Modeling time pressure effect on visual search strategy［J］. Journal of Korean Institute of Industrial Engineer, 2016, 42(6)：377-385.

［119］WANG H Y, HUANG Y M, CHEN M, et al. Analysis of cognitive model in icon search behavior based on ACT-R model［J］. Journal of Computer Aided Design & Computer Graphics, 2016, 28(10)：1740-1749.

［120］徐兆方,柳忠起,王兴伟,等.多目标搜索过程中的眼动研究［J］.生物医学工程学杂志,2017,34(2)：214-219.

［121］鲍俊平.驾驶舱噪声对飞行员情景意识的影响研究［D］.南京：南京航空航天大学,2019.

［122］蓝天,彭川,李森,等.单声道语音降噪与去混响研究综述［J］.计算机研究与发展,2020,57(5)：928-953.

［123］SRINIVASARAO V, GHANEKAR U. Speech intelligibility enhancement：a hybrid wiener approach［J］. International Journal of Speech Technology, 2020, 23(3)：517-525.

［124］JIA H, WANG W M, WANG D, et al. Speech enhancement using modified MMSE-LSA and phase reconstruction in voiced and unvoiced speech［J］. International Journal of Pattern Recognition and Artificial Intelligence, 2019, 33(2)：1958002.

［125］SWAIN M, SAHOO S, ROUTRAY A, et al. Study of feature combination using HMM and SVM for multilingual Odiya speech emotion recognition［J］. International Journal of Speech Technology, 2015, 18(3)：387-393.

［126］YANG W Z, CHEN B, YU L. Bayesian-wavelet-based multisource decision fusion［J］. IEEE Transactions on Instrumentation and Measurement, 2021, 70：2511810.

［127］DAI W H, HAN D M, DAI Y H, et al. Emotion recognition and affective computing on vocal social media［J］. Information & Management, 2015, 52(7)：777-788.

［128］LIN T Y, MAIRE M, BELONGIE S, et al. Microsoft COCO：common objects in context［M］. Cham：Springer International Publishing, 2014：740-755.

［129］ANDRILUKA M, PISHCHULIN L, GEHLER P, et al. 2D human pose estimation：new benchmark and state of the art analysis［C］. Columbus：2014 IEEE Conference on Computer Vision and Pattern Recognition, 2014.

［130］DOSOVITSKIY A, BEYER L, KOLESNIKOV A, et al. An image is worth 16x16 words：transformers for image recognition at scale［J］. arXiv preprint arXiv：2010.11929, 2020.

［131］XIAO B, WU H P, WEI Y C. Simple baselines for human pose estimation and tracking［C］. Munich：European Conference on Computer Vision (ECCV), 2018.

［132］SUN K, XIAO B, LIU D, et al. Deep high-resolution representation learning for human pose estimation［C］. Long Beach：IEEE Conference on Computer Vision and Pattern Recognition, 2019.

［133］ZHANG F, BAZAREVSKY V, VAKUNOV A, et al. MediaPipe hands：on-device real-time hand tracking［J］. arXiv preprint arXiv：2006.10214, 2020.

［134］HE K M, ZHANG X Y, REN S Q, et al. Deep residual learning for image recognition［C］. Las Vegas：IEEE Conference on Computer Vision and Pattern Recognition, 2016.

［135］YAN S J, XIONG Y J, LIN D H. Spatial temporal graph convolutional networks for skeleton-based action recognition [C]. New Orleans: AAAI Conference on Artificial Intelligence, 2018.

[136] YANG H, YAN D, ZHANG L, et al. Feedback graph convolutional network for skeleton-based action recognition [J]. IEEE Trans. Image Process, 2022, 31: 164 – 175.

[137] DELABARRE E B. A method of recording eye-movements [J]. The American Journal of Psychology, 1898, 9(4): 572 – 574.

[138] ZHU M, LI G H, HUANG Q. Analysis of eye movements of workers in safe and unsafe behaviors using a video-based method [J]. International Journal of Environmental Research and Public Health, 2023, 29(1): 254 – 262.

[139] MENAYO R, MANZANARES A, SEGADO F. Complexity, regularity and non-linear behavior in human eye movements: analyzing the dynamics of gaze in virtual sailing programs [J]. Symmetry, 2018, 10(10): 528.

[140] DONG M Y, GAO Z G, LIU L L. Hybrid model of eye movement behavior recognition for virtual workshop [C]. Zhengzhou: International Conference on Man-Machine-Environment System Engineering, 2020.

[141] NIU Y F, LI X, YANG W J, et al. Smooth pursuit study on an eye-control system for continuous variable adjustment tasks [J]. International Journal of Human-computer Interaction, 2023, 39(1): 23 – 33.

[142] MAHANAMA B, JAYAWARDANA Y, JAYARATHNA S. Gaze-Net: appearance-based gaze estimation using capsule networks [C]. Winnipeg: The 11th Augmented Human International Conference, 2021.

[143] Federal Aviation Administration. Factors to consider when reviewing an applicant's proposed human factors methods for compliance for flight deck certification: PS-ANM100-01-03A [S]. Washington, D.C.: Federal Aviation Administration, 2021.

[144] SAE International. Flight crew interface considerations in the flight deck design process for Part 25 aircraft: SAE ARP 5056A [S]. USA: SAE International, 2020.

[145] 斯坦顿,萨尔蒙,拉弗蒂,等.人因工程学研究方法工程与设计实用指南[M].罗晓利,陈德贤,陈勇刚,译.2版.重庆: 西南师范大学出版社,2017.

[146] SAE International. Guidelines for development of civil aircraft and systems: SAE ARP 4754A [S] USA: SAE International, 2010.

[147] WAGNER W P. Trends in expert system development: a longitudinal content analysis of over thirty years of expert system case studies [J]. Expert systems with applications, 2017, 76: 85 – 96.

[148] HUSSAIN T, IQBAL N, MAQBOOL H F, et al. Intent based recognition of walking and ramp activities for amputee using sEMG based lower limb prostheses [J]. Biocybernetics and Biomedical Engineering, 2020, 40(3): 1110 – 1123.

[149] BI L Z, FELEKE A G, GUAN C T. A review on EMG-based motor intention prediction of continuous human upper limb motion for human-robot collaboration [J]. Biomedical Signal Processing and Control, 2019, 51: 113 – 127.

[150] YANG Z L, CHEN Y M. Surface EMG-based sketching recognition using two analysis windows and gene expression programming [J]. Front Neurosci, 2016, 10(58): 445.

[151] 李晶.均衡认知负荷的人机界面信息编码方法[D].南京: 东南大学,2015.

［152］ TIAN Z H, GAO X S, SU S, et al. Evaluating reputation management schemes of internet of vehicles based on evolutionary game theory ［J］. IEEE Transactions on Vehicular Technology, 2019, 68(6): 5971 - 5980.

［153］ FRIEDMAN D. Evolutionary game in economics ［J］. Econometrica, 1991, 59(3): 637 - 666.

［154］ RABANAL J P, FRIEDMAN D. Incomplete information, dynamic stability and the evolution of preferences: two examples ［J］. Dynamic Games and Applications, 2013, 4(4): 448 - 467.

［155］ CRESSMAN R, APALOO J. Evolutionary game theory ［M］. Switzerland: Springer, 2018: 461 - 510.

［156］ BURNS J R. Converting signed digraphs to forrester schematics and converting forrester schematics to differential equations ［J］. IEEE Transactions on Systems, Man and Cybernetics, 1977, 7(10): 695 - 707.

［157］ FORRESTER J W. Industrial dynamics ［J］. Journal of the Operational Research Society, 1997, 48(10): 1037 - 1041.

［158］ SHIRE M I, JUN G T, ROBINSON S. The application of system dynamics modelling to system safety improvement: present use and future potential ［J］. Safety Science, 2018, 106: 104 - 120.

［159］ GARCÍA J M. Theory and practical exercises of system dynamics ［D］. Barcelona: Polytechnic University of Catalonia, 2006.

［160］ STANTON N A, SALMON P, HARRIS D, et al. Predicting pilot error: testing a new methodology and a multi-methods and analysts approach ［J］. Applied Ergonomics, 2009, 40(3): 464 - 471.

［161］ CACCIABUE P C. Modelling and simulation of human behaviour for safety analysis and control of complex systems ［J］. Safety Science, 1998, 28(2): 97 - 110.

［162］ GAO J, LEE J D. Extending the decision field theory to model operators' reliance on automation in supervisory control situations ［J］. IEEE Transactions on Systems, Man, and Cybernetics-Part A: Systems and Humans, 2006, 36(5): 943 - 959.

［163］ 中国民用航空局.一般运行和飞行规则: CCAR - 91 - R4［S］.中国民用航空局,2022.

［164］ Federal Aviation Administration. Airplane flying handbook: FAA-H-8083-3C ［S］. U. S. Department of Transportation & Federal Aviation Administration, 2021.

［165］ MAY J G, KENNEDY R S, WILLIAMS M C, et al. Eye movement indices of mental workload ［J］. Acta Psychologica, 1990, 75(1): 75 - 89.

［166］ VAN ORDEN K F, LIMBERT W, MAKEIG S, et al. Eye activity correlates of workload during a visuospatial memory task ［J］. Human Factors, 2001, 43(3): 111 - 121.

［167］ AHLSTROM U, FRIEDMAN-BERG F J. Using eye movement activity as a correlate of cognitive workload ［J］. International Journal of Industrial Ergonomics, 2006, 36 (7): 623 - 636.

［168］ GUO Y, FREER D, DELIGIANNI F, et al. Eye-tracking for performance evaluation and workload estimation in space telerobotic training ［J］. IEEE Transactions on Human-Machine Systems, 2022, 52(1): 1 - 11.

［169］ BENTIVOGLIO A R, BRESSMAN S B, CASSETTA E, et al. Analysis of blink rate patterns in normal subjects ［J］. Movement Disorders, 1997, 12(6): 1028 - 1034.

［170］ FAUL F, ERDFELDER E, LANG A G, et al. G*Power 3: a flexible statistical power analysis program for the social, behavioral, and biomedical sciences ［J］. Behavior Research Methods, 2007, 39(2): 175 - 191.

［171］ SHAHINI F, PARK J, WELCH K, et al. Effects of unreliable automation, non-driving related task, and takeover time budget on drivers' takeover performance and workload ［J］. Ergonomics, 2023,66(2): 182 - 197.

［172］ COHEN J. Statistical power analysis for the behavioral sciences ［M］. 2nd ed. New York: Routledge, 1988: 284 - 288.

［173］ 中国人民解放军总装备部.中国男性飞行员人体尺寸: GJB 4856 - 2003［S］.中国人民解放军总装备部,2003: 22 - 27.

［174］ MACIEJEWSKA M, GALANT-GOŁĘBIEWSKA M. Case study of pilot's heart rate variability (HRV) during flight operation ［J］. Transportation Research Procedia, 2021, 59: 244 - 252.

［175］ HIDALGO-MUÑOZ A R, MOURATILLE D, MATTON N, et al. Cardiovascular correlates of emotional state, cognitive workload and time-on-task effect during a realistic flight simulation ［J］. International Journal of Psychophysiology, 2018, 128: 62 - 69.

［176］ ZANONI A, ZAGO M, PAOLINI R, et al. On task dependence of helicopter pilot biodynamic feedthrough and neuromuscular admittance: an experimental and numerical study ［J］. IEEE Transactions on Human-Machine Systems, 2021, 51(5): 421 - 431.

［177］ BRAARUD P Ø. Investigating the validity of subjective workload rating (NASA TLX) and subjective situation awareness rating (SART) for cognitively complex human-machine work ［J］. International Journal of Industrial Ergonomics, 2021, 86: 103233.